Python自然语言处理 微课版

周元哲 ◎ 编著

清華大学出版社
北京

内 容 简 介

本书内容包括自然语言处理概述、Python 语言简述、Python 数据类型、Python 流程控制、Python 函数、Python 数据科学、Sklearn 和 NLTK、语料清洗、特征工程、中文分词、文本分类、文本聚类、评价指标、信息提取和情感分析。附录给出教学大纲。

本书采用基于 Python 语言的 Sklearn 平台和 NLTK 实现，便于学生更快地掌握自然语言处理的基本思想。实践是最好的学习方法，本书的所有程序都在 Anaconda 下调试和运行。本书配有源代码、教学课件、语料集、教学大纲、程序安装包、每章的视频讲解等资料。

本书内容精练、文字简洁、结构合理，实训题目经典实用、综合性强，面向初、中级读者，由"入门"起步，侧重"提高"。特别适合作为高等院校自然语言处理和机器学习入门的本科或研究生教材或参考书，也可以供从事人工智能等工作的技术人员应用参考。

图书在版编目(CIP)数据

Python 自然语言处理：微课版/周元哲编著.—北京：清华大学出版社，2021.11(2023.8重印)
(清华开发者书库.Python)
ISBN 978-7-302-59069-9

Ⅰ.①P… Ⅱ.①周… Ⅲ.①软件工具－程序设计 ②自然语言处理 Ⅳ.①TP311.56 ②TP391

中国版本图书馆 CIP 数据核字(2021)第 176226 号

责任编辑：张 玥 薛 阳
封面设计：刘 键
责任校对：胡伟民
责任印制：杨 艳

出版发行：清华大学出版社
网 址：http://www.tup.com.cn，http://www.wqbook.com
地 址：北京清华大学学研大厦 A 座 **邮 编**：100084
社 总 机：010-83470000 **邮 购**：010-62786544
投稿与读者服务：010-62776969，c-service@tup.tsinghua.edu.cn
质量反馈：010-62772015，zhiliang@tup.tsinghua.edu.cn
课件下载：http://www.tup.com.cn，010-83470236
印 装 者：三河市君旺印务有限公司
经 销：全国新华书店
开 本：185mm×260mm **印 张**：20 **字 数**：496 千字
版 次：2021 年 11 月第 1 版 **印 次**：2023 年 8 月第 4 次印刷
印 数：5201 ～ 7200
定 价：69.80 元

产品编号：092535-01

前 言

PREFACE

本书从零开始，以 Python 编程语言为基础，在不涉及大量数学模型与复杂编程知识的前提下逐步带领读者熟悉并掌握传统的机器学习算法。

本书内容包括自然语言处理概述、Python 语言简述、Python 数据类型、Python 流程控制、Python 函数、Python 数据科学、Sklearn 和 NLTK、语料清洗、特征工程、中文分词、文本分类、文本聚类、评价指标、信息提取和情感分析。附录给出教学大纲。

Python 与自然语言处理入门

本书采用基于 Python 语言的 Sklearn 平台和 NLTK 实现，便于学生更快地掌握自然语言处理的基本思想，较为快速地入门。实践是最好的学习方法，本书的所有程序都在 Anaconda 下调试和运行。本书配有源代码、教学课件、语料集、教学大纲、程序安装包、每章的视频讲解等资料。读者可登录清华大学出版社官方网站下载配套资源；扫描封底的刮刮卡注册，再扫描书中的二维码观看视频讲解。在编写过程中，陕西省网络数据分析与智能处理重点实验室的李晓戈、西安邮电大学的贾阳、王红玉、高巍然、孔韦韦、张庆生等阅读了部分手稿，提出了很多宝贵意见。强成宇、吴奕霖、王睿笙等调试了部分代码。本书的编写参阅了大量中英文专著、教材、论文、报告及网络资料，由于篇幅所限，未能一一列出，在此一并表示敬意和衷心的感谢。

本书内容精练、文字简洁、结构合理，实训题目经典实用、综合性强，面向初、中级读者，由“入门”起步，侧重“提高”。特别适合作为高等院校自然语言处理和机器学习入门的本科或研究生教材或参考书，也可供从事计算机应用开发工作的各类技术人员应用参考。

由于作者水平有限，时间紧迫，本书难免有疏漏之处，恳请广大读者批评指正。

编　者

2021 年 5 月

目录

CONTENTS

第1章　自然语言处理概述…… 1

1.1　人工智能发展历程 …… 1

1.1.1　第一阶段：20年黄金时代 …… 1

1.1.2　第二阶段：第一次寒冬 …… 1

1.1.3　第三阶段：繁荣期 …… 1

1.1.4　第四阶段：第二次寒冬 …… 2

1.1.5　第五阶段：稳健时代 …… 2

1.2　自然语言处理 …… 2

1.2.1　概述 …… 2

1.2.2　发展历程 …… 3

1.2.3　处理流程 …… 4

1.2.4　研究内容 …… 4

1.3　机器学习算法 …… 6

1.3.1　监督学习 …… 6

1.3.2　无监督学习 …… 7

1.4　自然语言处理相关库 …… 8

1.4.1　NumPy …… 8

1.4.2　Matplotlib …… 8

1.4.3　Pandas …… 8

1.4.4　SciPy …… 9

1.4.5　NLTK …… 9

1.4.6　SnowNLP …… 11

1.4.7　Sklearn …… 12

1.5　语料库 …… 12

1.5.1　认识语料库 …… 12

1.5.2　分类 …… 13

1.5.3　构建原则 …… 13

1.5.4　常用语料库 …… 13

1.5.5　搜狗新闻语料库 …… 15

第2章 Python语言简述 …… 19

2.1 Python简介 …… 19
2.1.1 Python发展历程 …… 19
2.1.2 Python的特点 …… 19
2.1.3 Python应用场合 …… 20
2.2 Python解释器 …… 21
2.2.1 Ubuntu下安装Python …… 21
2.2.2 Windows下安装Python …… 21
2.3 Python编辑器 …… 22
2.3.1 IDLE …… 22
2.3.2 VS Code …… 23
2.3.3 PyCharm …… 23
2.3.4 Anaconda …… 24
2.3.5 Jupyter …… 31
2.4 代码书写规则 …… 32
2.4.1 缩进 …… 32
2.4.2 多行语句 …… 33
2.4.3 注释 …… 33
2.4.4 编码习惯 …… 33
2.5 自学网站 …… 34
2.5.1 菜鸟网站 …… 34
2.5.2 廖雪峰学Python网站 …… 35
2.5.3 Python官方网站 …… 35
2.5.4 Python - 100天从新手到大师网站 …… 35

第3章 Python数据类型 …… 37

3.1 变量 …… 37
3.1.1 变量命名 …… 37
3.1.2 变量引用 …… 38
3.2 运算符 …… 38
3.2.1 算术运算符 …… 38
3.2.2 关系运算符 …… 39
3.2.3 赋值运算符 …… 40
3.2.4 逻辑运算符 …… 41
3.2.5 位运算符 …… 41
3.2.6 成员运算符 …… 43
3.2.7 身份运算符 …… 43
3.3 表达式 …… 43

3.3.1 概念 …… 43
3.3.2 操作 …… 44
3.4 数据类型 …… 44
3.5 数字 …… 45
3.5.1 概念 …… 45
3.5.2 操作 …… 45
3.6 字符串 …… 46
3.6.1 概念 …… 46
3.6.2 操作 …… 46
3.7 列表 …… 48
3.7.1 概念 …… 48
3.7.2 操作 …… 48
3.8 元组 …… 53
3.8.1 概念 …… 53
3.8.2 操作 …… 54
3.9 字典 …… 55
3.9.1 字典的概念 …… 55
3.9.2 字典操作 …… 56
3.9.3 字典举例 …… 59
3.10 集合 …… 59
3.10.1 集合的概念 …… 59
3.10.2 集合操作 …… 60
3.10.3 集合举例 …… 61
3.11 组合数据类型 …… 62
3.11.1 相互关系 …… 62
3.11.2 数据类型转换 …… 62

第 4 章 Python 流程控制 …… 63

4.1 流程结构 …… 63
4.2 顺序结构 …… 63
4.2.1 输入输出 …… 64
4.2.2 举例 …… 67
4.3 选择结构 …… 67
4.3.1 单分支 …… 67
4.3.2 双分支 …… 68
4.3.3 多分支 …… 69
4.3.4 分支嵌套 …… 70
4.4 循环概述 …… 72
4.4.1 循环结构 …… 72

4.4.2 循环分类 …… 72
4.5 while 语句 …… 72
4.5.1 基本形式 …… 72
4.5.2 else 语句 …… 73
4.5.3 无限循环 …… 74
4.6 for 语句 …… 74
4.6.1 应用序列类型 …… 74
4.6.2 内置函数 range() …… 75
4.7 循环嵌套 …… 76
4.7.1 原理 …… 76
4.7.2 实现 …… 76
4.8 辅助语句 …… 77
4.8.1 break 语句 …… 77
4.8.2 continue 语句 …… 79
4.8.3 pass 语句 …… 79

第 5 章 Python 函数 …… 81

5.1 函数声明与调用 …… 81
5.1.1 函数声明 …… 81
5.1.2 函数调用 …… 81
5.1.3 函数返回值 …… 83
5.2 参数传递 …… 84
5.2.1 实参与形参 …… 84
5.2.2 传对象引用 …… 84
5.3 参数分类 …… 85
5.3.1 必备参数 …… 85
5.3.2 默认参数 …… 85
5.3.3 关键参数 …… 86
5.3.4 不定长参数 …… 86
5.4 两类特殊函数 …… 87
5.4.1 匿名函数 …… 87
5.4.2 递归函数 …… 88

第 6 章 Python 数据科学 …… 93

6.1 科学计算 …… 93
6.2 NumPy …… 94
6.2.1 认识 NumPy …… 94
6.2.2 创建数组 …… 95
6.2.3 查看数组 …… 97

6.2.4　索引和切片 …… 97
6.2.5　矩阵运算 …… 98
6.3　Matplotlib …… 99
6.3.1　认识 Matplotlib …… 99
6.3.2　线形图 …… 100
6.3.3　散点图 …… 101
6.3.4　饼状图 …… 102
6.3.5　直方图 …… 102
6.4　Pandas …… 103
6.4.1　认识 Pandas …… 103
6.4.2　Series …… 104
6.4.3　DataFrame …… 108
6.4.4　Index …… 112
6.4.5　Plot …… 114
6.5　SciPy …… 115
6.5.1　认识 SciPy …… 115
6.5.2　稀疏矩阵 …… 115
6.5.3　线性代数 …… 116
6.6　Seaborn …… 117
6.6.1　认识 Seaborn …… 117
6.6.2　图表分类 …… 119

第 7 章　Sklearn 和 NLTK …… 120

7.1　Sklearn 简介 …… 120
7.2　安装 Sklearn …… 121
7.3　数据集 …… 122
7.3.1　小数据集 …… 122
7.3.2　大数据集 …… 127
7.3.3　生成数据集 …… 128
7.4　机器学习流程 …… 132
7.4.1　语料清洗 …… 132
7.4.2　划分数据集 …… 132
7.4.3　特征工程 …… 137
7.4.4　机器算法 …… 137
7.4.5　模型评估 …… 137
7.5　NLTK 简介 …… 138
7.6　NLTK 语料库 …… 139
7.6.1　inaugural 语料库 …… 139
7.6.2　gutenberg 语料库 …… 139

7.6.3 movie_reviews 语料库 …… 140
7.7 NLTK 文本分类 …… 141
7.7.1 分句分词 …… 141
7.7.2 停止词 …… 142
7.7.3 词干提取 …… 143
7.7.4 词形还原 …… 143
7.7.5 WordNet …… 144
7.7.6 语义相关性 …… 145

第 8 章 语料清洗 …… 146

8.1 认识语料清洗 …… 146
8.2 清洗策略 …… 147
8.2.1 一致性检查 …… 147
8.2.2 格式内容检查 …… 147
8.2.3 逻辑错误检查 …… 147
8.3 缺失值清洗 …… 147
8.3.1 认识缺失值 …… 147
8.3.2 Pandas 处理 …… 148
8.3.3 Sklearn 处理 …… 150
8.4 异常值清洗 …… 151
8.4.1 散点图方法 …… 151
8.4.2 箱线图方法 …… 151
8.4.3 3σ 法则 …… 153
8.5 重复值清洗 …… 155
8.5.1 NumPy 处理 …… 155
8.5.2 Pandas 处理 …… 155
8.6 数据转换 …… 157
8.6.1 数据值替换 …… 157
8.6.2 数据值映射 …… 158
8.6.3 数据值合并 …… 159
8.6.4 数据值补充 …… 160
8.7 Missingno 库 …… 161
8.7.1 认识 Missingno 库 …… 161
8.7.2 示例 …… 163
8.8 词云 …… 165
8.8.1 认识词云 …… 165
8.8.2 示例 …… 166

第 9 章　特征工程 …… 168
9.1　特征预处理 …… 168
9.1.1　归一化 …… 168
9.1.2　标准化 …… 169
9.1.3　鲁棒化 …… 171
9.1.4　正则化 …… 171
9.1.5　示例 …… 172
9.2　独热编码 …… 176
9.2.1　认识独热编码 …… 176
9.2.2　Pandas 实现 …… 177
9.2.3　Sklearn 实现 …… 178
9.2.4　DictVectorizer …… 179
9.3　CountVectorizer …… 180
9.3.1　认识 CountVectorizer …… 180
9.3.2　Sklearn 调用 CountVectorizer …… 180
9.4　TF-IDF …… 181
9.4.1　认识 TF-IDF …… 181
9.4.2　计算 TF-IDF …… 181
9.4.3　Sklearn 调用 TF-IDF …… 182
第 10 章　中文分词 …… 183
10.1　概述 …… 183
10.1.1　简介 …… 183
10.1.2　特点 …… 183
10.2　常见中文分词方法 …… 184
10.2.1　基于规则和词表方法 …… 184
10.2.2　基于统计方法 …… 184
10.2.3　基于理解方法 …… 185
10.3　中文分词困惑 …… 185
10.4　jieba 分词库 …… 186
10.4.1　认识 jieba …… 186
10.4.2　三种模式 …… 187
10.4.3　自定义词典 …… 188
10.4.4　词性标注 …… 189
10.4.5　断词位置 …… 190
10.4.6　关键词抽取 …… 190
10.4.7　停止词表 …… 192
10.5　HanLP 分词 …… 195

10.5.1 认识 HanLP …… 195
10.5.2 pyhanlp …… 196
10.5.3 中文分词 …… 196
10.5.4 依存分析使用 …… 197
10.5.5 关键词提取 …… 198
10.5.6 命名实体识别 …… 199
10.5.7 自定义词典 …… 199
10.5.8 简体繁体转换 …… 200
10.5.9 摘要提取 …… 200

第 11 章 文本分类 …… 202

11.1 历史回顾 …… 202
11.2 文本分类方法 …… 202
11.2.1 朴素贝叶斯 …… 202
11.2.2 支持向量机 …… 203
11.3 贝叶斯定理 …… 203
11.4 朴素贝叶斯 …… 204
11.4.1 GaussianNB 方法 …… 204
11.4.2 MultinomialNB 方法 …… 205
11.4.3 BernoulliNB 方法 …… 207
11.5 朴素贝叶斯进行新闻分类 …… 208
11.6 支持向量机 …… 210
11.6.1 线性核函数 …… 210
11.6.2 多项式核函数 …… 211
11.6.3 高斯核函数 …… 212
11.7 支持向量机对鸢尾花分类 …… 213
11.8 垃圾邮件分类 …… 216
11.8.1 朴素贝叶斯定理实现 …… 217
11.8.2 Sklearn 朴素贝叶斯实现 …… 219

第 12 章 文本聚类 …… 222

12.1 概述 …… 222
12.1.1 算法原理 …… 222
12.1.2 流程 …… 223
12.2 K-Means 算法 …… 223
12.2.1 算法原理 …… 223
12.2.2 数学理论实现 …… 223
12.2.3 Python 实现 …… 225
12.3 主成分分析 …… 228

12.3.1 算法原理 …… 228
12.3.2 components 参数 …… 228
12.3.3 对鸢尾花数据降维 …… 230
12.4 K-Means 评估指标 …… 232
12.4.1 调整兰德系数 …… 232
12.4.2 轮廓系数 …… 232
12.5 K-Means 英文文本聚类 …… 235
12.5.1 构建 DataFrame 数据 …… 236
12.5.2 进行分词和停止词去除 …… 236
12.5.3 向量化 …… 236
12.5.4 TF-IDF 模型 …… 236
12.5.5 计算余弦相似度 …… 237
12.5.6 K-Means 聚类 …… 237
12.6 K-Means 中文文本聚类 …… 237
12.6.1 程序流程 …… 237
12.6.2 程序文件 …… 238
12.6.3 执行代码 …… 238

第 13 章 评价指标 …… 242

13.1 Sklearn 中的评价指标 …… 242
13.2 混淆矩阵 …… 242
13.2.1 认识混淆矩阵 …… 242
13.2.2 Pandas 计算混淆矩阵 …… 243
13.2.3 Sklearn 计算混淆矩阵 …… 244
13.3 准确率 …… 244
13.3.1 认识准确率 …… 244
13.3.2 Sklearn 计算准确率 …… 245
13.4 精确率 …… 245
13.4.1 认识精确率 …… 245
13.4.2 Sklearn 计算精确率 …… 245
13.5 召回率 …… 246
13.5.1 认识召回率 …… 246
13.5.2 Sklearn 计算召回率 …… 246
13.6 F1 Score …… 247
13.6.1 认识 F1 Score …… 247
13.6.2 Sklearn 计算 F1 Score …… 247
13.7 综合实例 …… 247
13.7.1 数学计算评价指标 …… 248
13.7.2 Python 计算评价指标 …… 248

13.8 ROC 曲线 …… 250
13.8.1 认识 ROC 曲线 …… 250
13.8.2 Sklearn 计算 ROC 曲线 …… 251
13.9 AUC 面积 …… 252
13.9.1 认识 AUC 面积 …… 252
13.9.2 Sklearn 计算 AUC 面积 …… 252
13.10 分类评估报告 …… 253
13.10.1 认识分类评估报告 …… 253
13.10.2 Sklearn 计算分类评估报告 …… 253
13.11 NLP 评价指标 …… 254
13.11.1 中文分词精确率和召回率 …… 254
13.11.2 未登录词和登录词召回率 …… 254

第 14 章 信息提取 …… 258

14.1 概述 …… 258
14.2 相关概念 …… 258
14.2.1 信息 …… 258
14.2.2 信息熵 …… 258
14.2.3 信息熵与霍夫曼编码 …… 259
14.2.4 互信息 …… 260
14.3 正则表达式 …… 260
14.3.1 基本语法 …… 261
14.3.2 re 模块 …… 261
14.3.3 提取电影信息 …… 264
14.4 命名实体识别 …… 266
14.4.1 认识命名实体 …… 266
14.4.2 常见方法 …… 266
14.4.3 NLTK 命名实体识别 …… 267
14.4.4 Stanford NLP 命名实体识别 …… 269
14.5 马尔可夫模型 …… 273
14.5.1 认识马尔可夫 …… 273
14.5.2 隐马尔可夫模型 …… 273

第 15 章 情感分析 …… 275

15.1 概述 …… 275
15.1.1 认识情感分析 …… 275
15.1.2 基于词典方法 …… 275
15.2 情感倾向分析 …… 276
15.2.1 情感词 …… 276

15.2.2 程度词 …… 276
15.2.3 感叹号 …… 276
15.2.4 否定词 …… 276
15.3 textblob …… 276
15.3.1 分句分词 …… 278
15.3.2 词性标注 …… 278
15.3.3 情感分析 …… 279
15.3.4 单复数 …… 279
15.3.5 过去式 …… 279
15.3.6 拼写校正 …… 280
15.3.7 词频统计 …… 280
15.4 SnowNLP …… 280
15.4.1 分词 …… 281
15.4.2 词性标注 …… 281
15.4.3 断句 …… 281
15.4.4 情绪判断 …… 282
15.4.5 拼音 …… 282
15.4.6 繁转简 …… 283
15.4.7 关键字抽取 …… 283
15.4.8 摘要抽取 …… 283
15.4.9 词频和逆文档词频 …… 284
15.5 Gensim …… 284
15.5.1 认识 Gensim …… 284
15.5.2 认识 LDA …… 286
15.5.3 Gensim 实现 LDA …… 286
15.6 小说人物情感分析 …… 288
15.6.1 流程 …… 288
15.6.2 代码 …… 288
15.7 电影影评情感分析 …… 289
15.7.1 流程 …… 289
15.7.2 代码 …… 289

附录 A 教学大纲 …… 292

一、课程简介 …… 292
二、课程内容及要求 …… 292
三、教学安排及学时分配 …… 298
四、考核方式 …… 299
五、建议教材及参考文献 …… 299

参考文献 …… 300

第1章 自然语言处理概述

本章首先介绍了人工智能发展历程的五个阶段，自然语言处理的发展历程、研究内容等，其后介绍了机器学习算法的基本概念、自然语言处理相关库，最后介绍了语料库的相关知识。

自然语言处理概述

1.1 人工智能发展历程

人工智能(Artificial Intelligence,AI)是研究、开发用于模拟、延伸和扩展人的智能的理论、方法、技术及应用系统的一门新的技术科学，经历了如下几个阶段。

1.1.1 第一阶段：20年黄金时代

第一阶段为1956—1974年。1956年，在《达特茅斯夏季人工智能研究计划》会议上，"人工智能"的概念被首次提出，因此1956年被认为是人工智能元年。其后，发生了如下重要事件：计算机游戏先驱亚瑟·塞缪尔在IBM 701上编写西洋跳棋程序，战胜了西洋棋大师罗伯特·尼赖；LISP语言被约翰·麦卡锡开发，成为人工智能领域最主要的编程语言；马文·闵斯基发现简单神经网络的不足，引入多层神经网络、反向传播算法；专家系统开始起步；第一台工业机器人走上了通用汽车的生产线；第一个能够自主动作的移动机器人出现；等等。

1.1.2 第二阶段：第一次寒冬

第二阶段为1974—1980年。1974年，著名数学家拉特·希尔对当时的机器人技术、语言处理技术和图像识别技术进行批评，认为人工智能宏伟的目标根本无法实现，此时的研究已经完全失败。虽然很多难题理论上可以解决，但由于计算量增长惊人，实际上根本无法解决相关问题。

1.1.3 第三阶段：繁荣期

第三阶段为1980—1987年。1980年，卡耐基·梅隆大学研发的XCON专家系统投入使用，成为这一个时期的里程碑。由于专家系统限定解决特定问题，避免了通用人工智能的各种难题，从而解决了许多领域的问题。

1.1.4 第四阶段：第二次寒冬

第四阶段为1987—1993年。由于专家系统无法自我学习、更新知识库，而且维护麻烦，被迫放弃，从而人工智能进入到理论研究的迷茫之中。

1.1.5 第五阶段：稳健时代

第五阶段为1993年至今。由于计算机硬件提供了强大的计算能力，使得人工智能取得突破性的成果。1997年，IBM计算机“深蓝”战胜了人类世界象棋冠军卡斯帕罗夫。2016年，谷歌的人工智能程序AlphaGo战胜围棋世界冠军李世石。至此，人工智能在专家系统、机器学习、进化计算、模糊逻辑、计算机视觉、自然语言处理、推荐系统等各个领域蓬勃发展。

人工智能的发展历程如图1-1所示。

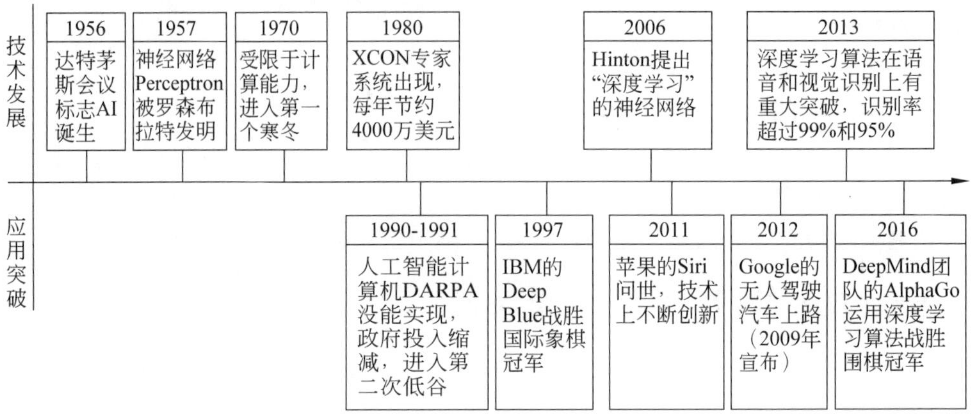

图1-1 人工智能的发展历程

1.2 自然语言处理

1.2.1 概述

自然语言(Natural Language)是人类交流和思考的主要工具，通常是指一种自然地随文化演化的语言(如英语、汉语等)。编程语言是指计算机程序设计语言，如C、Java、Python等。自然语言与编程语言的对比如表1-1所示。

表1-1 自然语言和编程语言对比

比较	不同
词汇量	自然语言中的词汇比编程语言中的关键词丰富，随时创造各种类型的新词
结构化	自然语言非结构化，而编程语言是结构化的
歧义性	自然语言含有大量歧义，而编程语言是确定的
容错性	自然语言的错误随处可见，而编程语言错误会导致编译不通过
易变性	自然语言变化相对迅速嘈杂一些，而编程语言的变化要缓慢得多
简略性	自然语言往往简洁、干练，而编程语言就要明确定义

自然语言处理(Natural Language Processing,NLP)主要探讨如何让计算机"理解"(Natural Language Understanding,NLU)人类的语言、让计算机自动"生成"语言(Natural Language Generation,NLG)。自然语言处理是一门融合了计算机科学、人工智能及语言学的交叉学科,研究如何通过机器学习等技术,让计算机学会处理人类语言、理解人类语言,如图 1-2 所示。

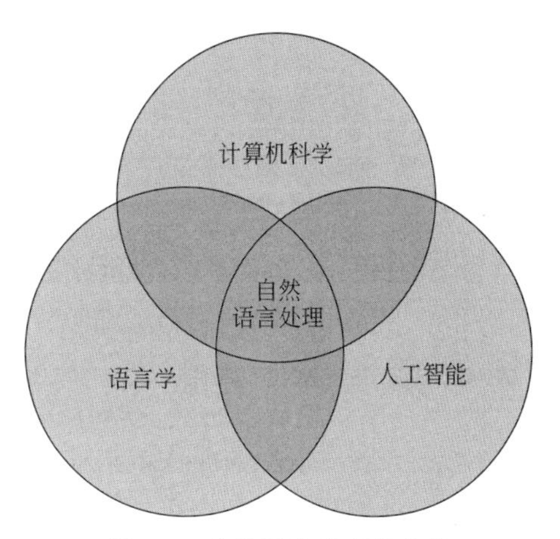

图 1-2 自然语言处理的定位

1.2.2 发展历程

自然语言处理发展历程如图 1-3 所示,大致分为以下三个阶段。

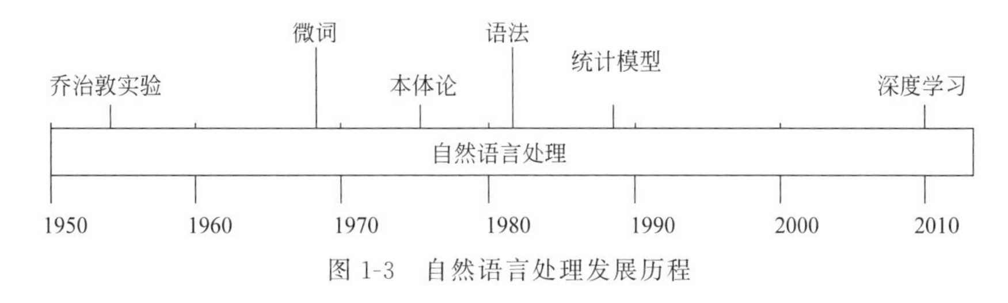

图 1-3 自然语言处理发展历程

第一阶段:1950—1990 年,基于语言学规则的语言处理技术。

通过用计算机程序设计语言、制定一系列的规则表示人类语言。1948 年,香农把离散马尔可夫过程的概率模型应用于描述语言的自动机,同时又把"熵"的概念引入自然语言处理。克莱尼在同一时期研究了有限自动机和正则表达式。1956 年,乔姆斯基提出了上下文无关语法,导致了基于规则和基于概率两种不同的自然语言处理方法,使得该领域的研究分成了采用规则方法的符号派和采用概率方法的随机派两大阵营,进而引发了其后数十年有关这两种方法孰优孰劣的争执。同年,人工智能诞生以后,自然语言处理迅速融入了人工智能的研究中。随机派学者利用贝叶斯方法等统计学原理取得了一定的进步,符号派也进行了形式语言理论生成句法和形式逻辑系统的研究。这一时期,多数学者注重研究推理和逻辑问题,只有少数学者在研究统计方法和神经网络。1967 年,美国心理学家 Neisser 提出了认知心理学,从而把自然语言处理与人类的认知联系起来。

第二阶段:1990 年—2010 年,基于统计的机器学习处理技术。

运用统计模型和语料库进行自然语言处理,统计学习方法其实就是机器学习的别称,其中,基于隐马尔可夫模型的统计方法和话语分析在这一时期取得了重大进展。20 世纪 90 年代以后,随着计算机的速度和存储量大幅提高,网络技术的大力发展,语音和语言处理的商品化开发成为可能,基于自然语言的信息检索和信息抽取的需求变得更加突出,自然语言处理不再局限于机器翻译、语音控制等早期研究领域。

第三阶段:2010 年至今,基于神经网络的深度学习。

从 20 世纪 90 年代末起,人们逐渐认识到仅基于规则或基于统计的方法,无法取得成功。基于神经网络的深度学习被应用于自然语言处理,取得了较好的结果。

1.2.3 处理流程

计算机处理自然语言的过程具有"四化":形式化——算法化——程序化——实用化,具体如下。

(1) 形式化:把需要研究的问题在语言上建立形式化模型,使其以数学形式严密规整地表示出来,这个过程就是"形式化"。

(2) 算法化:把数学模型表示为算法的过程称为"算法化"。

(3) 程序化:根据算法建立自然语言处理系统,这个过程就是"程序化"。

(4) 实用化:对系统进行评测和改进最终满足现实需求,这个过程就是"实用化"。

自然语言处理流程如图 1-4 所示。

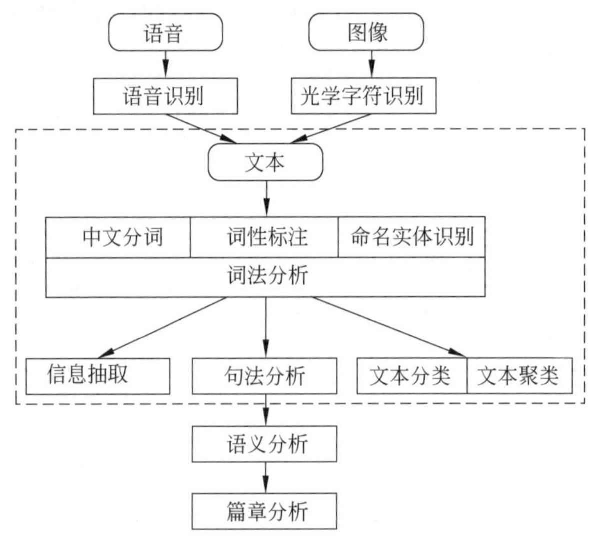

图 1-4 自然语言处理流程

1.2.4 研究内容

自然语言处理,是研究计算机处理人类语言的一门技术,分为:语言学方向、数据处理方向、语言工程方向、人工智能和认知科学方向 4 大方向。

自然语言处理的研究方向包括如下内容。

(1) 句法语义分析:对于给定的句子,进行分词、词性标记、命名实体识别和链接、句法分析、语义角色识别和多义词消歧。

(2) 信息抽取:从给定文本中抽取重要的信息,如时间、地点、人物等,涉及实体识别、时间抽取、因果关系抽取等关键技术。

(3) 文本挖掘:包括文本聚类、分类、信息抽取、摘要、情感分析以及对挖掘的信息和知识的可视化、交互式的表达界面。目前主流的技术都是基于统计机器学习。

(4) 机器翻译:把输入的源语言文本通过自动翻译获得另外一种语言的文本,可分为文本翻译、语音翻译、图形翻译等。机器翻译从最早的基于规则的方法到二十年前的基于统计的方法,再到如今的基于神经网络的方法,逐渐形成了一套比较严谨的方法体系。

(5) 信息检索：对大规模的文档进行索引。在查询时，对表达式的检索词或者句子进行分析，在索引里面查找匹配的候选文档，通过排序机制把候选文档排序，输出得分最高的文档。

(6) 问答系统：对自然语言查询语句进行某种程度的语义分析，包括实体链接、关系识别，形成逻辑表达式，在知识库中查找可能的候选答案，通过排序机制找出最佳的答案。

(7) 对话系统：系统通过一系列的对话，跟用户进行聊天、回答、完成某一项任务，涉及用户意图理解、通用聊天引擎、问答引擎、对话管理等技术。

自然语言处理的内容如图 1-5 所示。

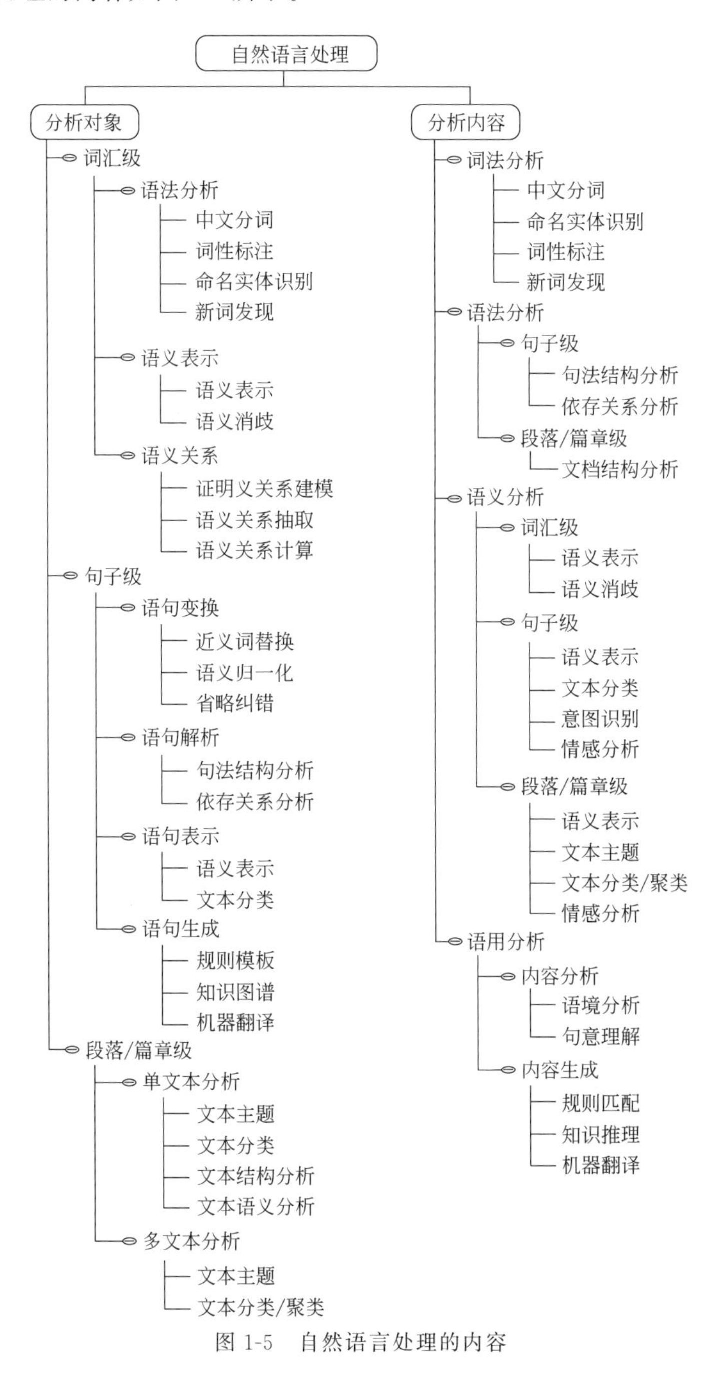

图 1-5 自然语言处理的内容

1.3 机器学习算法

机器学习算法分为监督学习和无监督学习,如图 1-6 所示。

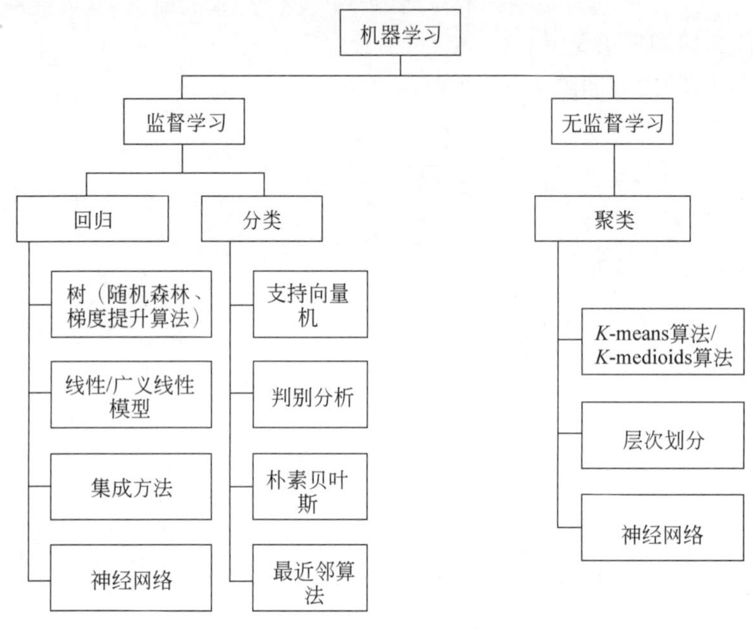

图 1-6 机器学习分类

1.3.1 监督学习

监督学习(Supervised Learning)是通过训练数据集得出建模,再用模型对新的数据样本进行分类或者回归分析的机器学习方法。这种学习方法类似学生通过研究问题和参考答案来学习,在掌握问题和答案之间的对应关系后,学生可以解决相似的新问题。

监督学习是指“喂”给算法的数据提前带有正确答案。正确答案在机器学习领域被称为标签(Label),需要进行标注。监督学习的“输出”不同,当算法输出的是连续值时,就是回归问题(Regression);若输出是离散值时,则是分类问题(Classification)。

1. 分类

分类是在有限的离散的类别中给每个样本贴上正确的标签。例如,比赛结果的赢或输,如表 1-2 所示。

表 1-2 分类学习示例

	得分	篮板	助攻	比赛结果
1	27	10	12	赢
2	33	9	9	输
3	51	10	8	输
4	40	13	15	赢

又如，电子邮箱里的垃圾邮件分类器，通过对每封邮件进行“垃圾”或“非垃圾”的标签区分，从而自动过滤垃圾邮件。邮箱通过学习垃圾邮件有哪些特点，构建判别模式，自动区分新邮件是“垃圾”或“非垃圾”。

2. 回归

回归任务预测目标数值是连续值。例如，效率的值为65.1、70.3等，如表1-3所示。

表1-3　回归预测示例

	得分	篮板	助攻	效率
1	27	10	12	50.1
2	33	9	9	48.7
3	51	10	8	65.1
4	40	13	15	70.3

1.3.2　无监督学习

无监督学习(Unsupervised Learning)又称为非监督学习，是在没有训练数据集的情况下，对没有标签的数据进行分析并建立模型，发现数据本身的分布特点。与监督学习不同，无监督学习事先没有对数据进行标注，因此无法预测任务，而适合数据分析。

无监督学习分为数据聚类和特征降维。

1. 数据聚类

数据聚类(Clustering)是无监督学习的主流应用之一，其目的也是把数据进行分类。对没有标注的数据集，按数据的内在相似性将数据集划分为多个类别，使类别内的数据相似度较大而类别间的数据相似度较小。

2. 特征降维

特征降维(Dimensionality Reduction)是对事物的特性进行压缩和筛选，使用较少的特征概括该数据的重要特性。

机器学习模式总结如表1-4所示。

表1-4　机器学习模式总结

学习模式	建模方法	举例
有监督	模型训练目的是识别哪些输出是正确的案例的结果，哪些输出不是	根据历史数据集中的特定疾病人，对新的(未标注过的)病人预测是否患有这种疾病
无监督	模型通过自我描述或组织数据，自己发现模式或规律	对网民行为的分析区分是否访问特定网站。在没有先验假设的情况下，对浏览网站的人自动进行分类

1.4 自然语言处理相关库

1.4.1 NumPy

NumPy 是 Python 数据分析的基本库，是在 Python 的 Numeric 数据类型的基础上，引入 Scipy 模块中针对数据对象处理的功能，用于数值数组和矩阵类型的运算、矢量处理等。

NumPy 的官方网址为 http://numpy.org/，如图 1-7 所示。

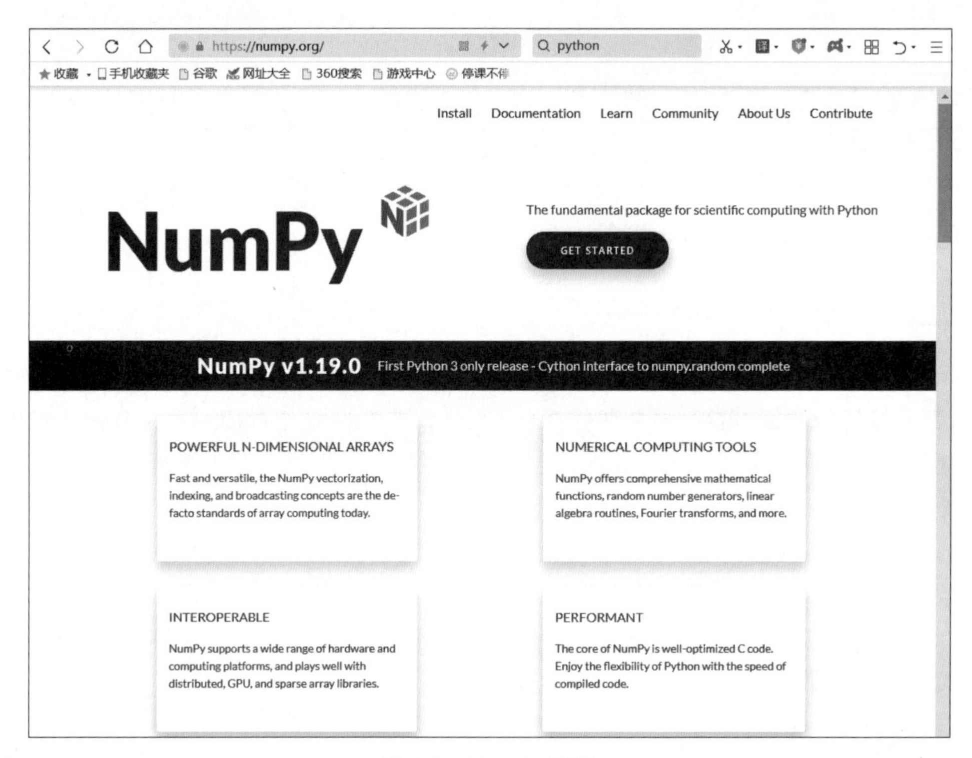

图 1-7 NumPy 官网

1.4.2 Matplotlib

Matplotlib 发布于 2007 年，用于将数据进行可视化，可以绘制线图、直方图、饼图、散点图以及误差线图等各种图形。其函数设计时参考 MATLAB 相关函数，故以“Mat”开头，“Plot”表示绘图，“Lib”为集合。

Matplotlib 官方网址为 http://matplotlib.org/，如图 1-8 所示。

1.4.3 Pandas

Pandas 的名称来源于面板数据(Panel Data)和 Python 数据分析(Data Analysis)，作为 Python 进行数据分析和挖掘时的数据基础平台和事实上的工业标准，功能非常强大，支持关系型数据的增、删、改、查，具有丰富的数据处理函数，支持时间序列分析功能，可以灵活处

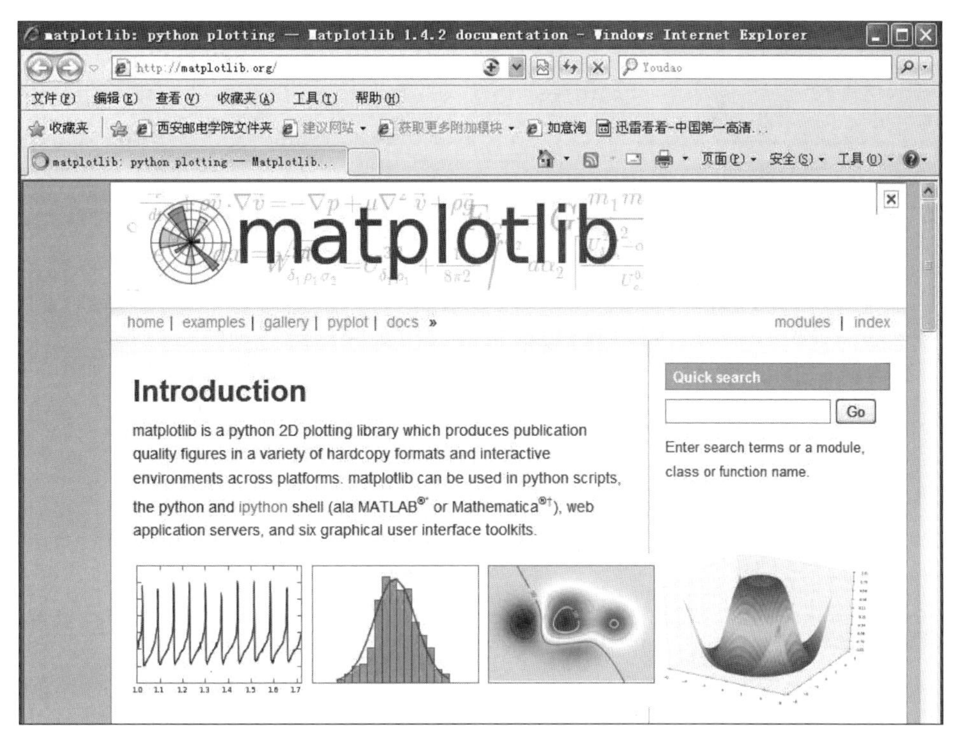

图 1-8 Matplotlib 网站

理缺失数据等。

Pandas 可以处理不同类型的数据，如下。

(1) 异构类型列的表格数据，如 SQL 表格或 Excel 数据。

(2) 有序和无序(不一定是固定频率)时间序列数据。

(3) 具有行列标签的任意矩阵数据(均匀类型或不同类型)。

Pandas 的官方网址为 https://pandas.pydata.org/，如图 1-9 所示。

1.4.4 SciPy

SciPy 是 2001 年发行的类似于 Matlab 和 Mathematica 等数学计算软件的 Python 库，用于统计、优化、整合、线性代数模块、傅里叶变换、信号和图像处理等数值计算。SciPy 具有 stats(统计学)、scipy.interpolate(插值，线性的，三次方)、cluster(聚类)、signal(信号处理)等工具包。

SciPy 安装之前必须安装 NumPy。SciPy 官方网址为 http://scipy.org/，如图 1-10 所示。

1.4.5 NLTK

NLTK(Natural Language Toolkit，自然语言处理工具包)是 NLP 领域中最常使用的 Python 库。NLTK 是由 Steven Bird 和 Edward Loper 在宾夕法尼亚大学开发的开源项目，可以访问超过 50 个语料库和词汇资源，并有一套用于分类、标记化、词干标记、解析和语义

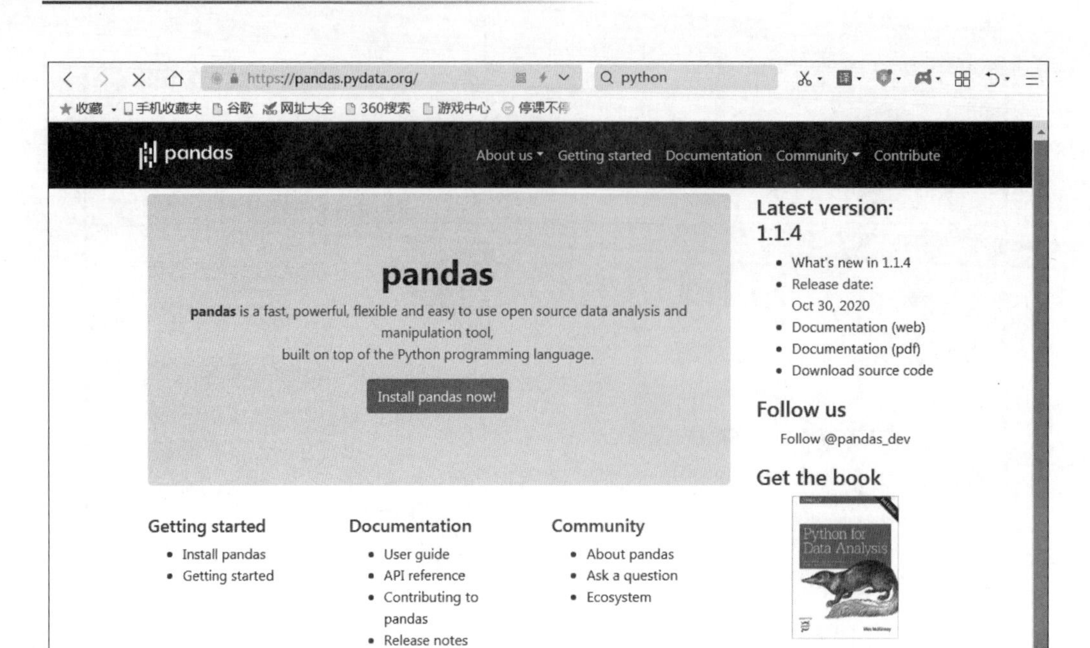

图 1-9 Pandas 网站

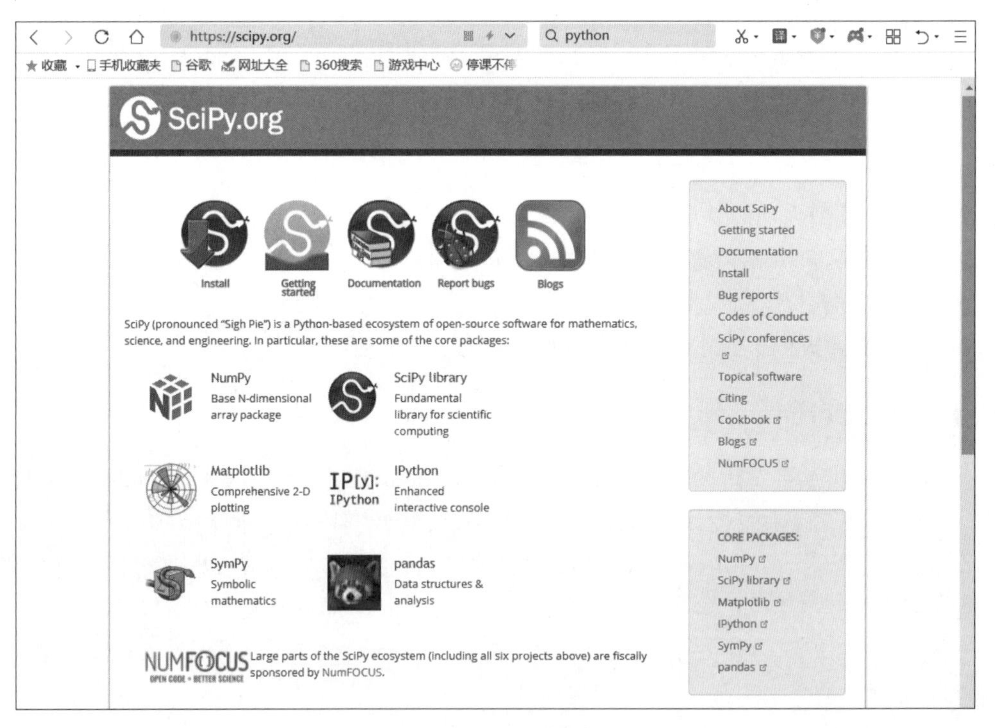

图 1-10 SciPy 网站

推理的文本处理库。

NLTK 官方网址为 http://www.nltk.org/,如图 1-11 所示。

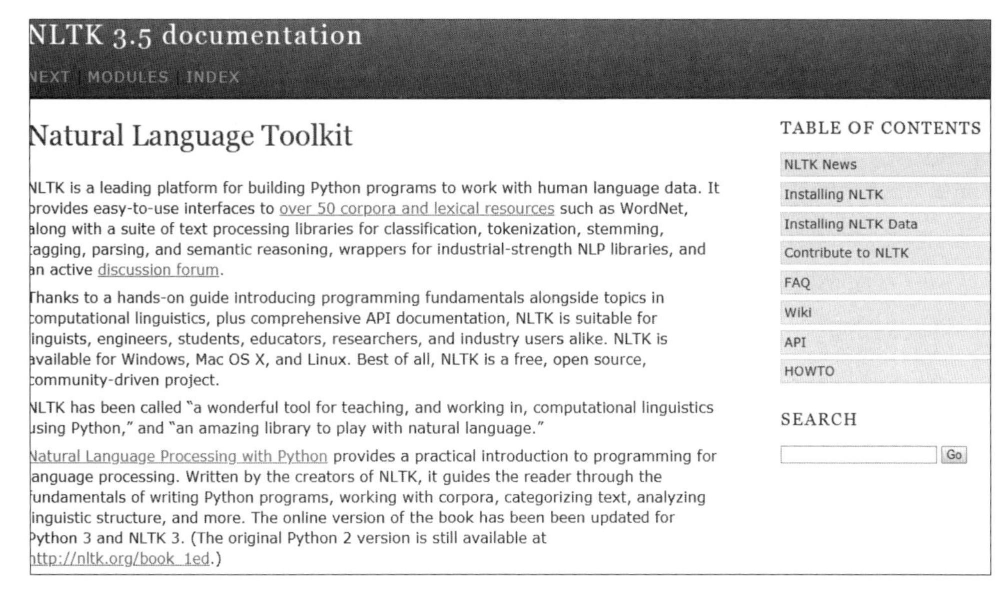

图 1-11　NTLK 网站

1.4.6 SnowNLP

SnowNLP 是 Python 开发的类库，受到 TextBlob(https://github.com/sloria/TextBlob)启发开发，用于处理中文文本。与 TextBlob 不同，没有采用 NLTK 支持，所有的算法都是自己实现的，并且自带训练字典。

需要注意的是，SnowNLP 处理文本为 Unicode 编码。官方源码文档网址是 https://github.com/isnowfy/snownlp，如图 1-12 所示。

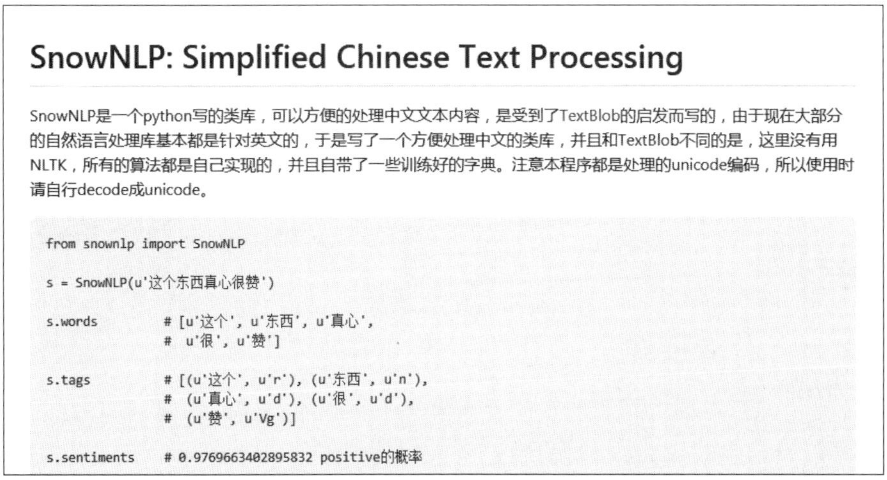

SnowNLP: Simplified Chinese Text Processing

SnowNLP是一个python写的类库，可以方便的处理中文文本内容，是受到了TextBlob的启发而写的，由于现在大部分的自然语言处理库基本都是针对英文的，于是写了一个方便处理中文的类库，并且和TextBlob不同的是，这里没有用NLTK，所有的算法都是自己实现的，并且自带了一些训练好的字典。注意本程序都是处理的unicode编码，所以使用时请自行decode成unicode。

```
from snownlp import SnowNLP

s = SnowNLP(u'这个东西真心很赞')

s.words         # [u'这个', u'东西', u'真心',
                #  u'很', u'赞']

s.tags          # [(u'这个', u'r'), (u'东西', u'n'),
                #  (u'真心', u'd'), (u'很', u'd'),
                #  (u'赞', u'Vg')]

s.sentiments    # 0.9769663402895832 positive的概率
```

图 1-12　SnowNLP 网站

1.4.7 Sklearn

Sklearn(又称为 Scikit-learn)是简单高效的数据挖掘和数据分析工具,建立在 NumPy、SciPy 和 Matplotlib 基础上,作为基于 Python 语言的开源工具包,是当前较为流行的机器学习框架。

Sklearn 官网地址为 https://scikit-learn.org/stable/,如图 1-13 所示。

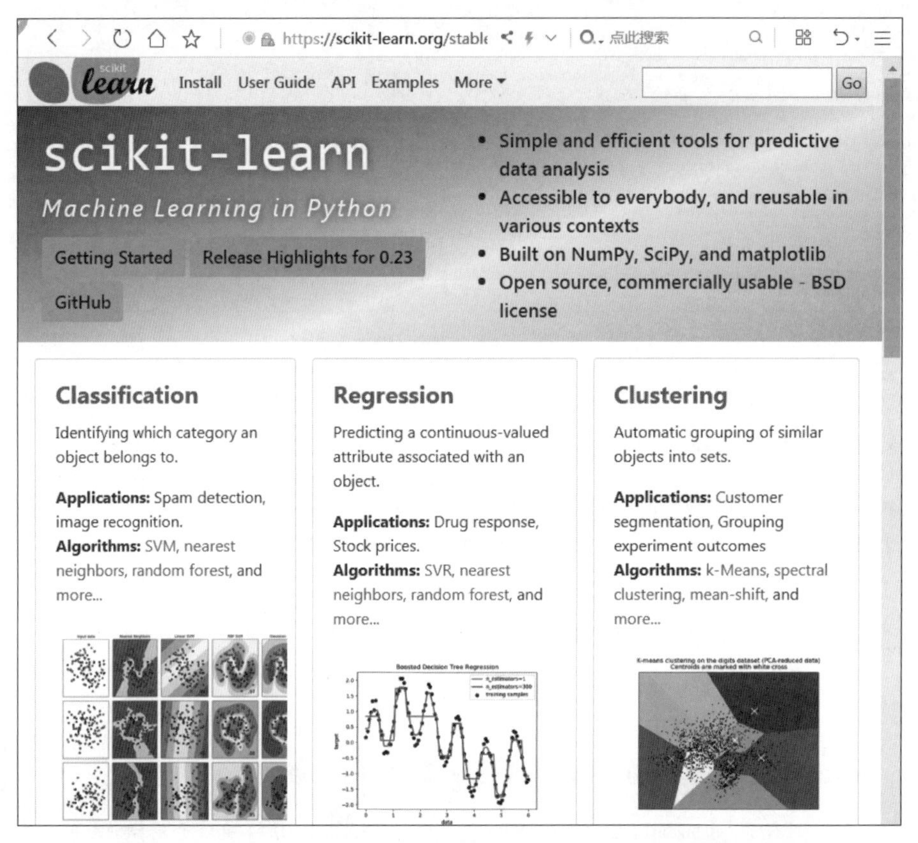

图 1-13 Sklearn 网站

1.5 语料库

1.5.1 认识语料库

语料库是指经过科学取样和加工的大规模电子文本库,具有如下四种类型。

(1) 异质(Heterogeneous):没有特定的语料收集原则,存储各种语料。

(2) 同质(Homogeneous):只收集同一类内容的语料。

(3) 系统(Systematic):根据预先确定的原则和比例收集语料,使语料具有平衡性和系统性,能够代表某一范围内的语言事实。

(4) 专用(Specialized):只收集用于某一特定用途的语料。

除此之外,按照语种不同将语料库分成单语、双语和多语。按照语料的采集单位,语料库又可以分为语篇、语句、短语等。

语料库具备以下三个显著的特点。

(1) 语料库中存放的是在语言的实际使用中真实出现过的语言材料。

(2) 语料库以电子计算机为载体承载语言知识的基础资源,但并不等于语言知识。

(3) 真实语料需要经过加工(分析和处理),才能成为有用的资源。

1.5.2　分类

语料库的划分一直是标准各异,其中,冯志伟教授的语料库划分比较有影响力且在学术界认可度较高。其划分类型如下。

(1) 按语料选取的时间划分,可分为历时语料库和共时语料库。

(2) 按语料的加工深度划分,可分为标注语料库和非标注语料库。

(3) 按语料库的用途划分,可分为通用语料库和专用语料库。

(4) 按语料库的表达形式划分,可分为口语语料库和文本语料库。

1.5.3　构建原则

语料库的构建具有代表性、结构性、规模性等,具体如下所示。

(1) 代表性:在应用领域中,通过在一定的抽样框架范围内采集,并且能在特定的抽样框架内做到代表性和普遍性。

(2) 结构性:语料集合的结构性体现在语料库中语料记录的代码、元数据项、数据类型、数据宽度、取值范围、完整性约束。

(3) 规模性:语料库规模应根据实际情况而定。大规模的语料对语言研究特别是对自然语言研究处理很有用,但是随着语料库的增大,垃圾语料越来越多,语料达到一定规模以后,语料库功能不能随之增长。

1.5.4　常用语料库

情感/观点/评论的语料库如下。

1. ChnSentiCorp_htl_all 数据集

数据概览:七千多条酒店评论数据,五千多条正向评论,两千多条负向评论。

下载地址:

```
https://github.com/SophonPlus/ChineseNlpCorpus/blob/master/datasets/ChnSentiCorp_htl
_all/intro.ipynb
```

2. waimai_10k 数据集

数据概览:某外卖平台收集的用户评价,正向四千条,负向约八千条。

下载地址:

```
https://github.com/SophonPlus/ChineseNlpCorpus/blob/master/datasets/waimai_10k/
intro.ipynb
```

3. online_shopping_10_cats 数据集

数据概览：十个类别生活产品，共六万多条评论数据，正、负向评论各约三万条。

下载地址：

https://github.com/SophonPlus/ChineseNlpCorpus/blob/master/datasets/online_shopping_10_cats/intro.ipynb

4. weibo_senti_100k 数据集

数据概览：十万多条，带情感标注新浪微博，正负向评论约各五万条。

下载地址：

https://github.com/SophonPlus/ChineseNlpCorpus/blob/master/datasets/weibo_senti_100k/intro.ipynb

5. simplifyweibo_4_moods 数据集

数据概览：三十六万多条，带情感标注新浪微博，包含四种情感(喜悦约二十万条，愤怒、厌恶、低落各约五万条)。

下载地址：

https://github.com/SophonPlus/ChineseNlpCorpus/blob/master/datasets/simplifyweibo_4_moods/intro.ipynb

6. dmsc_v2 数据集

数据概览：二十八部电影，超七十万用户，超二百万条评分/评论数据。

下载地址：

https://github.com/SophonPlus/ChineseNlpCorpus/blob/master/datasets/dmsc_v2/intro.ipynb

7. yf_dianping 数据集

数据概览：二十四万家餐馆，五十四万用户，四百四十万条评论/评分数据。

下载地址：

https://github.com/SophonPlus/ChineseNlpCorpus/blob/master/datasets/yf_dianping/intro.ipynb

8. yf_amazon 数据集

数据概览：五十二万件商品，一千一百多个类目，一百四十二万用户，七百二十万条评论/评分数据。

下载地址：

https://github.com/SophonPlus/ChineseNlpCorpus/blob/master/datasets/yf_amazon/intro.ipynb

中文命名实体识别的语料库如下。

dh_msra 数据集

数据概览：五万多条中文命名实体识别标注数据(包括地点、机构、人物)。

下载地址：

https://github.com/SophonPlus/ChineseNlpCorpus/blob/master/datasets/dh_msra/intro.ipynb

推荐系统的语料库如下。

1. ez_douban 数据集

数据概览：五万多部电影(三万多部有电影名称,两万多部没有电影名称),2.8 万用户,280 万条评分数据。

下载地址：

https://github.com/SophonPlus/ChineseNlpCorpus/blob/master/datasets/ez_douban/intro.ipynb

2. dmsc_v2 数据集

数据概览：28 部电影,超七十万用户,超二百万条评分/评论数据。

下载地址：

https://github.com/SophonPlus/ChineseNlpCorpus/blob/master/datasets/dmsc_v2/intro.ipynb

3. yf_dianping 数据集

数据概览：24 万家餐馆,54 万用户,440 万条评论/评分数据。

下载地址：

https://github.com/SophonPlus/ChineseNlpCorpus/blob/master/datasets/yf_dianping/intro.ipynb

4. yf_amazon 数据集

数据概览：52 万件商品,一千一百多个类目,142 万用户,720 万条评论/评分数据。

下载地址：

https://github.com/SophonPlus/ChineseNlpCorpus/blob/master/datasets/yf_amazon/intro.ipynb

1.5.5 搜狗新闻语料库

搜狗新闻语料库,下载地址为 http://www.sogou.com/labs/resource/cs.php,如图 1-14 所示。

搜狐新闻数据(SogouCS)请直接下载精简版,文件为 SogouCS.reduced.tar.gz,解压到 d:\ SogouCS.reduced,共有 128 个文本文件,如图 1-15 所示。

每一个 txt 文件采用 ANSI 编码,内容是 XML 格式化,如图 1-16 所示。

将每个 txt 文件根据 url、contenttitle、content 进行拆分,具体含义如下。

- url：获取内容类别。
- contenttitle：获取内容标题,作为 txt 的文档名。
- content：正文内容。

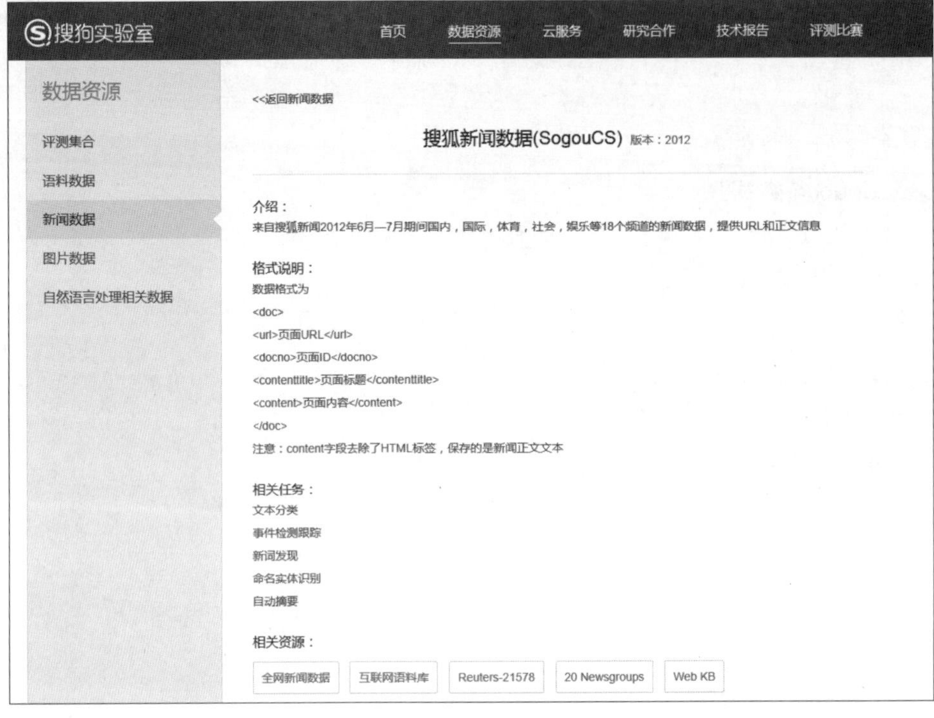

图 1-14 搜狗新闻语料库网页

news.sohunews.010806.txt	2008/8/26 11:27	TXT 文件	5,489 KB
news.sohunews.020806.txt	2008/8/26 11:27	TXT 文件	5,789 KB
news.sohunews.030806.txt	2008/8/26 11:27	TXT 文件	5,622 KB
news.sohunews.040806.txt	2008/8/26 11:27	TXT 文件	5,502 KB
news.sohunews.050806.txt	2008/8/26 11:27	TXT 文件	5,796 KB
news.sohunews.060806.txt	2008/8/26 11:27	TXT 文件	5,379 KB
news.sohunews.070806.txt	2008/8/26 11:27	TXT 文件	5,287 KB
news.sohunews.080806.txt	2008/8/26 11:27	TXT 文件	5,924 KB
news.sohunews.110806.txt	2008/8/26 11:27	TXT 文件	5,573 KB
news.sohunews.120806.txt	2008/8/26 11:27	TXT 文件	5,601 KB
news.sohunews.130806.txt	2008/8/26 11:27	TXT 文件	5,493 KB
news.sohunews.140806.txt	2008/8/26 11:27	TXT 文件	5,924 KB
news.sohunews.150806.txt	2008/8/26 11:27	TXT 文件	5,366 KB
news.sohunews.160806.txt	2008/8/26 11:27	TXT 文件	5,392 KB
news.sohunews.170806.txt	2008/8/26 11:27	TXT 文件	5,503 KB
news.sohunews.180806.txt	2008/8/26 11:27	TXT 文件	5,533 KB
news.sohunews.210806.txt	2008/8/26 11:27	TXT 文件	5,482 KB
news.sohunews.220806.txt	2008/8/26 11:27	TXT 文件	5,491 KB
news.sohunews.230806.txt	2008/8/26 11:27	TXT 文件	5,709 KB
news.sohunews.240806.txt	2008/8/26 11:27	TXT 文件	5,629 KB
news.sohunews.250806.txt	2008/8/26 11:27	TXT 文件	5,246 KB
news.sohunews.260806.txt	2008/8/26 11:27	TXT 文件	5,546 KB
news.sohunews.270806.txt	2008/8/26 11:27	TXT 文件	5,460 KB

图 1-15 下载搜狗新闻语料库

```
<doc><url>http://sports.sohu.com/s2008/2917/s256966143/</url><docno>006b8e1746c29427-
71013306c0bb3300</docno><contenttitle></contenttitle><content></content></doc><doc>
<url>http://house.sohu.com/group/house_bbs_form.php?group_id=1013</url>
<docno>016a69a17fbd4170-3bd13306c0bb3300</docno><contenttitle>本公司电子公告服务严格遵守
</contenttitle><content>１．反对宪法基本原则，危害国家安全、政权稳定统一的；煽动民族仇恨、
民族歧视的；　２．宣扬邪教和封建迷信的；散布谣言，破坏社会稳定的；侮辱诽谤他人，侵害他人合
法权益的；　３．散布淫秽、色情、赌博、暴力、凶杀、恐怖或者教唆犯罪的；</content></doc>
<doc><url>http://house.sohu.com/group/house_bbs_form.php?group_id=3578</url>
<docno>0167378546bd4170-3bd13306c0bb3300</docno><contenttitle>本公司电子公告服务严格遵守
</contenttitle><content>１．反对宪法基本原则，危害国家安全、政权稳定统一的；煽动民族仇恨、
民族歧视的；　２．宣扬邪教和封建迷信的；散布谣言，破坏社会稳定的；侮辱诽谤他人，侵害他人合
法权益的；　３．散布淫秽、色情、赌博、暴力、凶杀、恐怖或者教唆犯罪的；</content></doc>
<doc><url>http://it.sohu.com/7/0304/35/column219463524.shtml</url><docno>00d9cc08827cc6b3
-17113306c0bb3300</docno><contenttitle></contenttitle><content></content></doc><doc>
<url>http://2008.sohu.com/20080622/n257652229_11.shtml</url><docno>01849f09c0837626-
ee113306c0bb3300</docno><contenttitle>组图：奥运火炬西宁站　街头职业追火人</contenttitle>
<content>跳转至：　页１２／４０　我来说两句　作者：摄／郝志宾　奥运火炬西宁站　街头职业追
火人　（责任编辑：ｐｅｎｇｒｅｎ）</content></doc><doc>
<url>http://women.sohu.com/20080616/n257528401_3.shtml</url><docno>01adc5bd076dda15-
ecf13306c0bb3300</docno><contenttitle>全国１０个城市的男人最有魅力基因</contenttitle>
<content>我来说两句　广州男人：爱拼才会赢　无可否认，广州男人发了，广州男人财大气粗，似乎
分分秒秒都在挣钱。广州男人形象并不高大，皮肤也黝黑，但他们用豪华私家车、别墅、名牌西服、名
牌衬衣、名牌皮鞋所包装出的气派，却是令许多女人心仪不已的。无牌不穿，无牌不用，玩的就是人民
```

图 1-16　文件内容

代码如下。

```
import re
import os
class Sougou(object):
    def __init__(self):
        self.directory = 'd:/SogouCS.reduced/'
        self.file =[file for a,b,file in os.walk(self.directory)][0]
    def split_language_database(self):
        main_config = 'd:/SogouCS.reduced/sogoucs_split/'
        os.makedirs(main_config) if not os.path.exists(main_config) else print('
        Is Exists')
        for file in self.file:
            #读取 txt 文件
            text =open(self.directory +file, 'rb').read().decode("ansi")
            #匹配 url 和正文内容
            content =re.findall('<url>(.*?)</url>.*?<contenttitle>(.*?)</
            contenttitle>.*?<content>(.*?)</content>', text, re.S)
            #根据 url 存放每一个正文内容
            for news in content:
                url_title   =news[0]
                content_title =news[1]
                news_text   =news[2]
                #提取正文的类别
                title =re.findall('http://(.*?).sohu.com', url_title)[0]
                #存储正文
                if len(title)>0 and len(content_title)>0 and len(news_text)>30:
                    print('【{}】【{}】【{}】'.format(file, title, content_title))
```

```
                #目标保存路径
                save_config =main_config +title
                #如果没有该文件,则创建文件夹
                os.makedirs(save_config) if not os.path.exists(save_config)
                else print('Is Exists')
                #保存文件
                f = open('{}/{}.txt'.format(save_config, content_title), 'w
                ', encoding='utf-8')
                f.write(news_text)
                f.close()

if __name__ =='__main__':
    sg =Sougou()
    sg.split_language_database()
```

最终数据集整理为 15 个类别,如图 1-17 所示。

zhou (D:) ▸ SogouCS.reduced ▸ sogoucs_split ▸

工具(T) 帮助(H)

共享 ▾ 刻录 新建文件夹

名称	修改日期	类型
2008	2021/2/1 10:21	文件夹
auto	2021/2/1 10:21	文件夹
business	2021/2/1 10:21	文件夹
career	2021/2/1 10:17	文件夹
cul	2021/2/1 10:21	文件夹
health	2021/2/1 10:21	文件夹
house	2021/2/1 10:21	文件夹
it	2021/2/1 10:21	文件夹
learning	2021/2/1 10:21	文件夹
mil.news	2021/2/1 10:21	文件夹
news	2021/2/1 10:21	文件夹
sports	2021/2/1 10:21	文件夹
travel	2021/2/1 10:21	文件夹
women	2021/2/1 10:21	文件夹
yule	2021/2/1 10:21	文件夹

图 1-17 语料集分类

第 2 章

Python 语言简述

本章首先介绍了 Python 的相关知识，包括 Python 语言的特点、应用场合等；其次，介绍了如何在 Linux 和 Windows 下安装 Python 解释器，以及当前较为流行的几种 Python 编辑器的安装和配置；最后，介绍了代码书写的相关规则和自学网站知识。

Python 简介

2.1 Python 简介

2.1.1 Python 发展历程

当前世界有六百多种计算机编程语言，但流行的编程语言也就二十来种。其中，C 语言适合开发涉及硬件性能的程序；Java 语言适合编写网络应用程序；BASIC 语言适合初学者；JavaScript 脚本语言适合网页编程等。

Python 是 Guido Van Rossum 在 1989 年圣诞节期间发明，第一个公开发行版发行于 1991 年，借鉴了诸多其他语言，如 ABC、Modula-3、C、C++、Algol-68、SmallTalk、UNIX shell 和其他的脚本语言等。Python 2.0 于 2000 年 10 月 16 日发布，实现了垃圾回收，并支持 Unicode。Python 3.0 被称为 Python 3000，或简称为 Py3k，发布于 2008 年 12 月 3 日，相对于 Python 的早期版本，做了较大的升级，但未考虑向下相容，导致早期 Python 版本设计的程序无法在 Python 3.0 上正常执行。

2018 年 3 月，Python 核心团队宣布在 2020 年停止支持 Python 2.0，只支持 Python 3.0。

2.1.2 Python 的特点

Python 是一种简单易学，功能强大的编程语言，具有高效的高层数据结构，方便简单而有效地实现面向对象编程。

1. 简单易学

Python 作为代表简单主义思想的语言，语法简洁而清晰，结构简单，易于快速上手，使得 Python 学习可以不过多计较程序语言形式上的诸多细节和规则，而是专注程序本身的逻辑和算法。

2. 免费开源

Python 是 FLOSS(自由/开放源码软件)之一，可以自由地发布这个软件的拷贝，阅读它的源代码，对它做改动，并将它用于新的自由软件中。

3. 解释性

高级语言编写的源程序需要“翻译程序”翻译成机器语言形式的目标程序，计算机才能识别和执行。这种“翻译”通常有两种方式：一种是编译执行，另一种是解释执行。编译执行是指源程序代码先由编译器编译成可执行的机器码进行执行，一次性将高级语言源程序编译成二进制的可执行指令，通常执行效率较高，C、C++ 等属于编译语言。解释执行是指解释器把源代码转换成称为字节码的中间形式，由虚拟机负责运行。Python 作为解释型语言，与 Java 语言类似，不需要编译成二进制代码，具有跨平台、便于移植等特点。

4. 面向对象

Python 是完全面向对象的语言。函数、模块、数字、字符串都是对象，并且完全支持继承、重载、派生、多重继承。Python 语言编写程序无须考虑硬件和内存等底层细节。

5. 丰富的库

Python 称为胶水语言，能够轻松地与其他语言(特别是 C 或 C++)连接在一起，具有丰富的 API 和标准库，可完成多种功能。

2.1.3 Python 应用场合

Python 功能强大，具有大量的第三方开源工具包，在桌面应用、数据挖掘、数据库开发、人工智能等各方面都有应用，如图 2-1 所示。

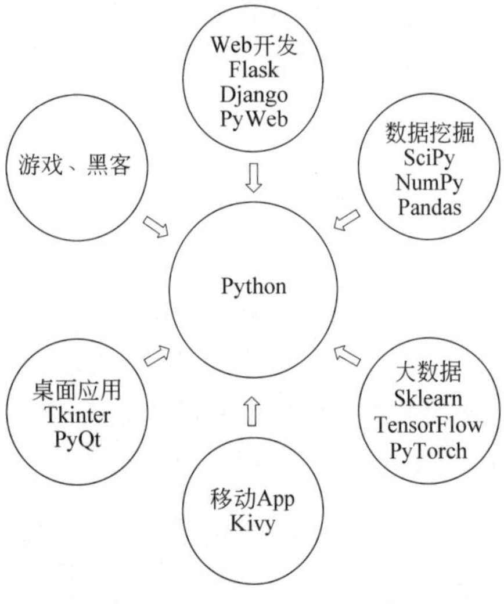

图 2-1 Python 的众多功能

1. 桌面应用

Python 具有 Tkinter、wxPython、PyQt 等工具，使得 Python 可以快速开发出 GUI，并且不做任何改变就可以运行在 Windows、X Windows、Mac OS 等平台。

2. Web 开发

Python 提供 Flask、mod_python、Django 等模块快速构建功能完善和高质量的网站。

3. 数据挖掘

随着 NumPy、SciPy、Pandas、Matplotlib 等众多程序库的开发，Python 越来越适合于科学计算、数据分析与模拟、数据可视化等。

4. 数据库开发

Python 支持所有主流数据库，如 Oracle、Sybase、MySQL 等，并通过标准的数据库 API 接口将关系数据库映射到 Python 类，实现面向对象数据库系统。

5. 人工智能

Python 提供众多的库如 Sklearn、TensorFlow、NLTK、PyTorch 等。应用于大数据、人工智能、机器学习、深度学习的开发。

2.2　Python 解释器

2.2.1　Ubuntu 下安装 Python

Ubuntu 是一个以桌面应用为主的 Linux 操作系统，基于 Debian 发行版和 GNOME 桌面环境，与 Debian 的不同在于它每 6 个月会发布一个新版本。Ubuntu 的目标在于为用户提供最新的、同时又相当稳定的自由软件构建的操作系统。

Ubuntu 内置 Python，如图 2-2 所示。

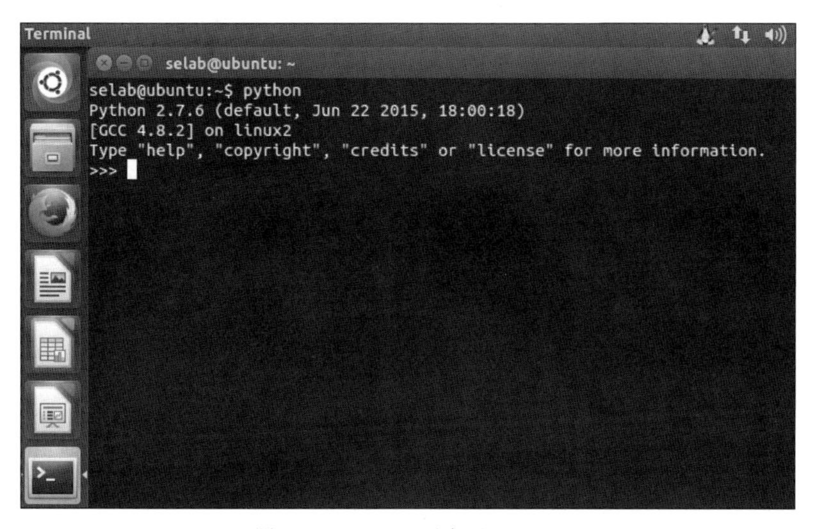

图 2-2　Ubuntu 下内置 Python

2.2.2　Windows 下安装 Python

Windows 下安装 Python，一般步骤如下。

步骤 1：下载 Python 安装包进行安装。在浏览器地址栏中输入"http://www.Python.org"，如图 2-3 所示，读者可以根据自己需要选择 Python 版本进行安装，本书采用 Python3.6.0 版本。

图 2-3　下载 Python3.6.0

步骤 2：在 Windows 环境变量中添加 Python，将 Python 的安装目录添加到 Windows 下的 PATH 变量中，如图 2-4 所示。

系统属性
计算机名
硬件
高级
系统保护
远程
环境变量
zhou 的用户变量(U)
变量
值
PATH
C:\Users\zhou\AppData\Local\Pro...
TEMP
%USERPROFILE%\AppData\Local\Temp
TMP
%USERPROFILE%\AppData\Local\Temp
编辑用户变量
变量名(N):
PATH
变量值(V):
.\Local\Programs\Python\Python36-32\
确定
取消
新建(W)...
编辑(I)...
删除(L)
确定
取消

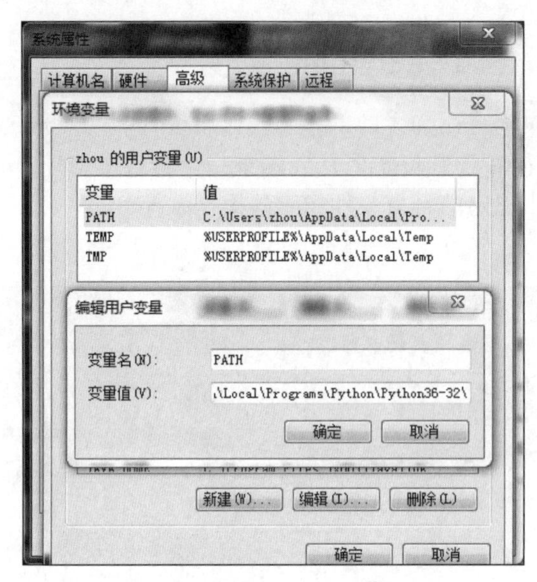

图 2-4 设置环境变量

步骤 3：测试 Python 安装是否成功。

在 Windows 下使用 cmd 打开命令行，输入 Python 命令，如图 2-5 所示，表示安装成功。

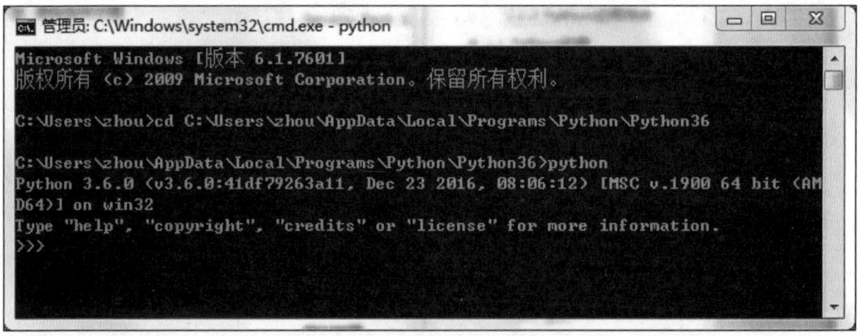

管理员: C:\Windows\system32\cmd.exe - python
Microsoft Windows [版本 6.1.7601]
版权所有 (c) 2009 Microsoft Corporation。保留所有权利。
C:\Users\zhou>cd C:\Users\zhou\AppData\Local\Programs\Python\Python36
C:\Users\zhou\AppData\Local\Programs\Python\Python36>python
Python 3.6.0 (v3.6.0:41df79263a11, Dec 23 2016, 08:06:12) [MSC v.1900 64 bit (AM
D64)] on win32
Type "help", "copyright", "credits" or "license" for more information.
>>>

图 2-5 测试 Python 安装是否成功

2.3 Python 编辑器

Python 编辑器众多，如 Python 自带的 IDE 编辑器、PyCharm、Jupyter、VS Code、Vim、Sublime Text 等。其中 Jupyter 用于数据分析和机器学习；PyCharm 适于大型工程项目，阅读开源项目代码；VS Code 适合多种编辑语言。

2.3.1 IDLE

IDLE 作为 Python 安装后内置的集成开发工具，包括能够利用颜色突出显示语法的编辑器、调试工具、Python Shell，以及完整的 Python 3 在线文档集。Python 的 IDLE 具有命令行和图形用户界面两种方式，采用命令行交互式执行 Python 语句，方便快捷。但必须逐条输入语句，不能重复执行，适合测试少量的 Python 代码，不适合复杂的程序设计。

IDLE 的命令行交互式模式如图 2-6 所示。

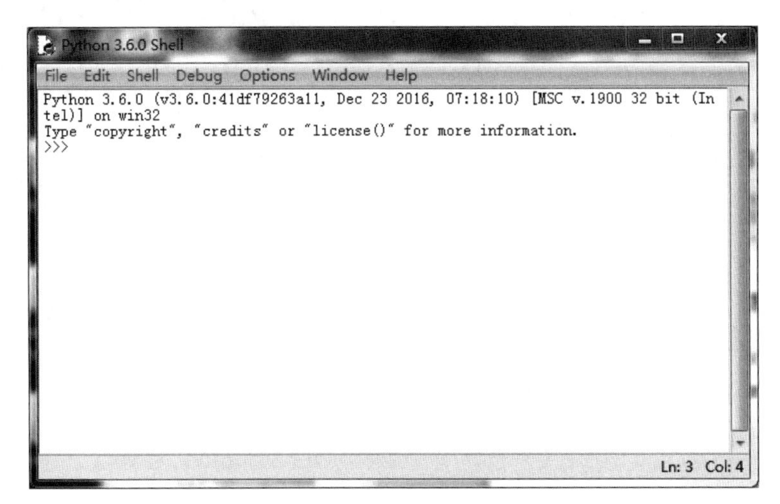

图 2-6 IDLE 的命令行交互式模式

Python 的 IDLE 的图形用户界面模式，如图 2-7 所示。

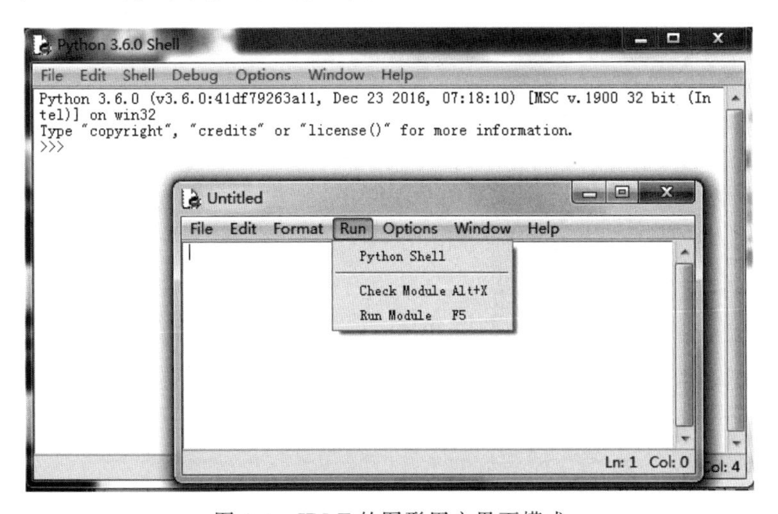

图 2-7 IDLE 的图形用户界面模式

2.3.2 VS Code

VS Code 是一款轻量级的代码编辑器，具备开源、跨平台、模块化、插件丰富、启动时间快、可高度定制等特点，下载地址为 https://code.visualstudio.com/，如图 2-8 所示。在 VS Code 上配置 Python 开发环境，需要额外安装 Python 插件。

2.3.3 PyCharm

PyCharm 具有一整套可以帮助用户在使用 Python 语言开发时提高其效率的工具，如

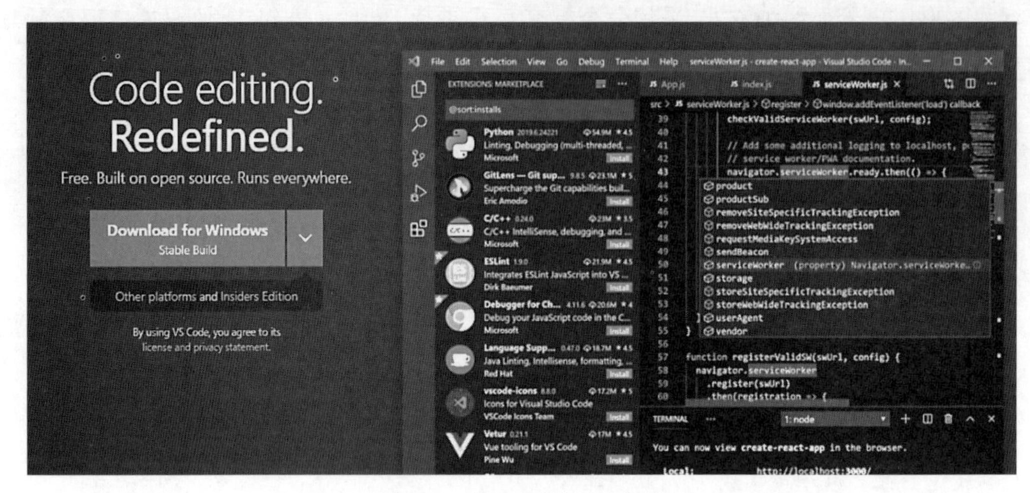

图 2-8　VS Code 代码编辑器

调试、语法高亮、Project 管理、代码跳转、智能提示、自动完成、单元测试、版本控制。此外，PyCharm 提供了一些高级功能，以用于支持 Django 框架下的专业 Web 开发。下载 PyCharm，双击安装，如图 2-9 所示。

图 2-9　安装 PyCharm

安装结束后，运行 PyCharm，单击 Create New Project，输入项目名、路径，选择 Python 解释器。如果没有出现 Python 解释器，如图 2-10 所示，选择 Python 解释器。

启动 PyCharm，创建 Python 文件，如图 2-11 所示。

2.3.4　Anaconda

Anaconda 是一个开源的 Python 发行版本，其包含 Conda、Python 等一百八十多个科学包及其依赖项，在数据可视化、机器学习、深度学习等多方面都有涉及，本书重点介绍 Anaconda，所有程序均在 Anaconda 下调试与运行。

(1) 提供包管理。使用 Conda 和 pip 安装、更新、卸载第三方工具包简单方便，不需要

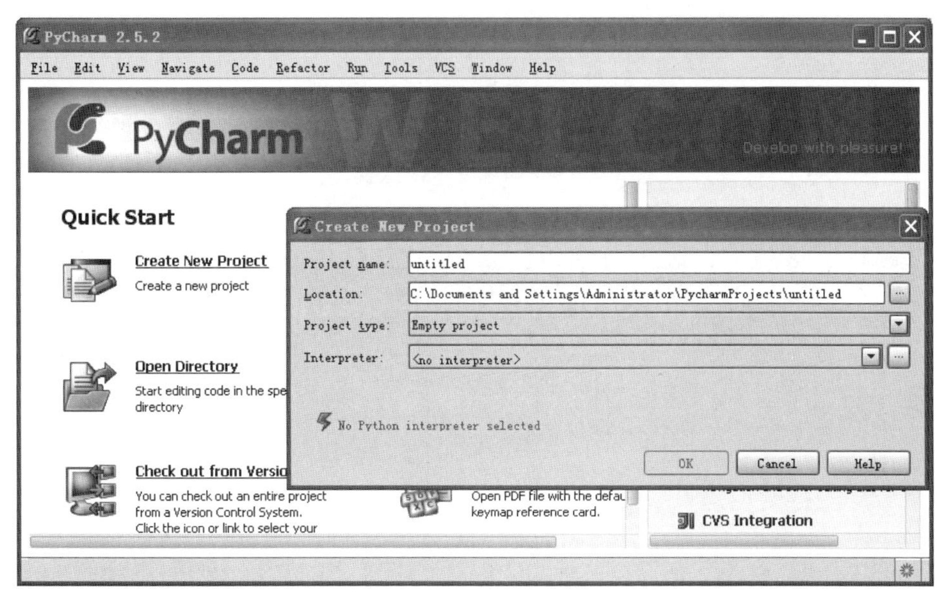

图 2-10　选择 Python 解释器

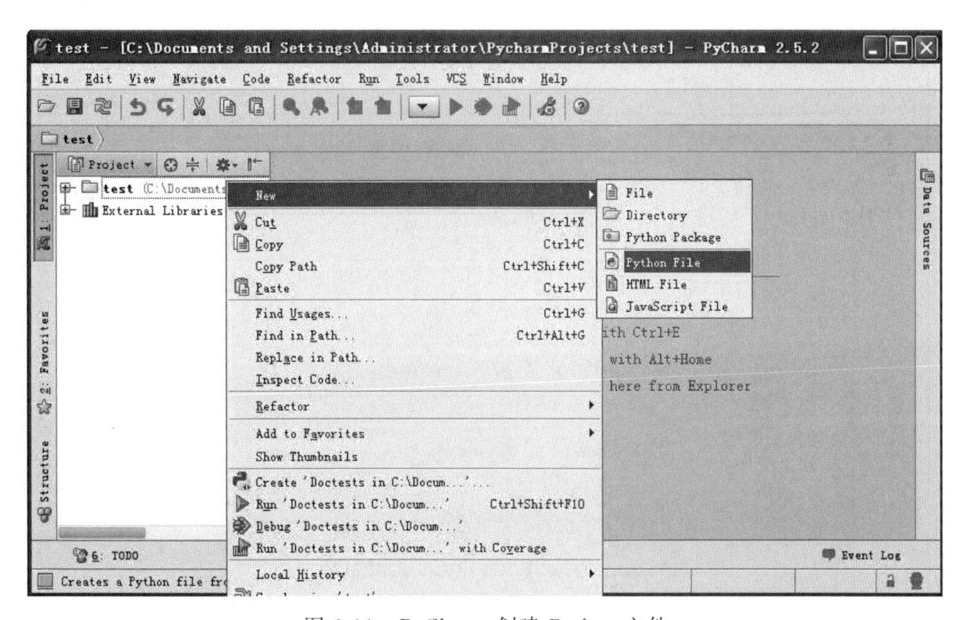

图 2-11　PyCharm 创建 Python 文件

考虑版本等问题。

(2) 关注于数据科学相关的工具包。Anaconda 集成了如 NumPy、SciPy、Pandas 等数据分析的各类第三方包。

(3) 提供虚拟环境管理。在 Conda 中可以建立多个虚拟环境，为不同的 Python 版本项目建立不同的运行环境，从而解决了 Python 多版本并存的问题。

Anaconda 安装步骤如下。

在 Anaconda 的官网 https://www.anaconda.com/download/上，根据计算机的操作系

统是 32 位还是 64 位选择对应的版本下载，如图 2-12 所示。

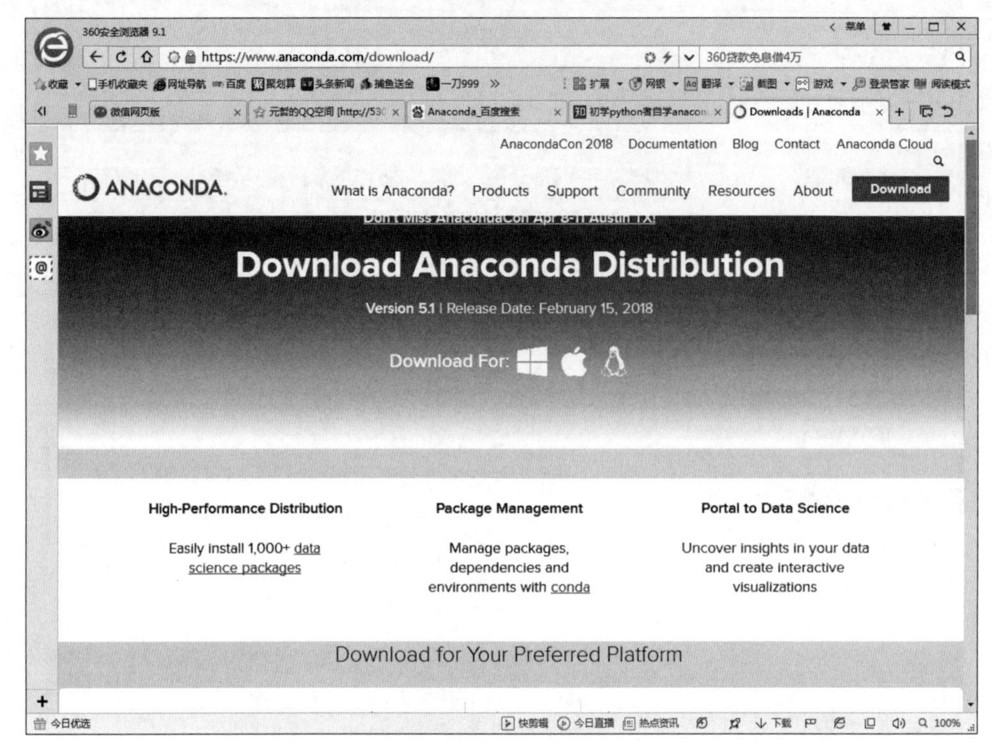

图 2-12　Anaconda 网站

根据计算机的操作系统选择，如图 2-13 所示。

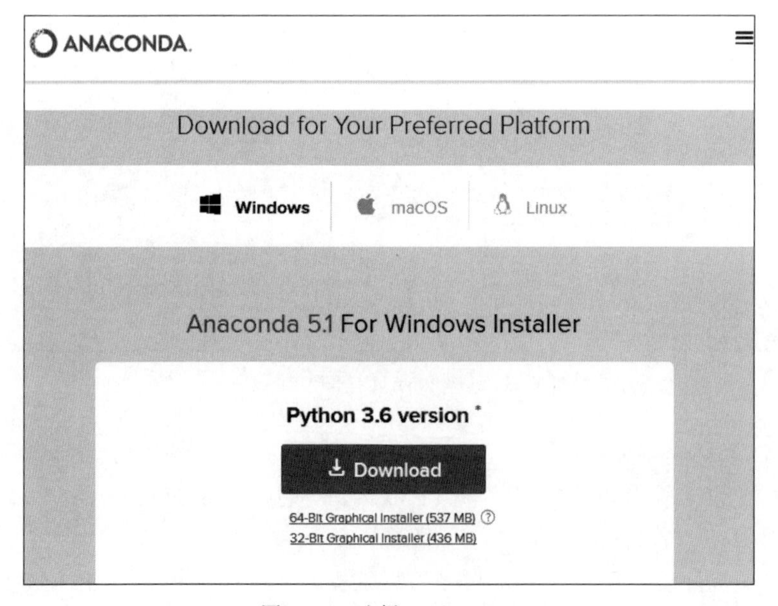

图 2-13　选择 Python 3.6

单击下载 Python 3.6 version，如图 2-14 所示。

图 2-14　下载 Anaconda 文件

下载 Anaconda3-5.1.0-Windows-x86_64.exe，大约 500 MB。

注意：如果是 Windows 10 系统，注意在安装 Anaconda 软件的时候，右击安装软件，选择以管理员的身份运行。

选择安装路径，例如 C:\anaconda3，一直单击“下一步”按钮，完成安装，如图 2-15 所示。

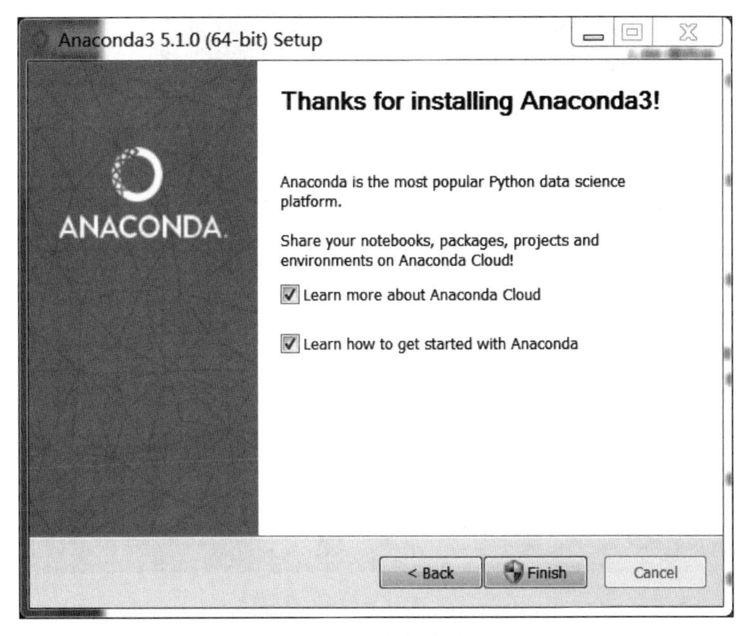

图 2-15　安装完成

Anaconda 包含如下应用，如图 2-16 所示。

(1) Anaconda Navigator：用于管理工具包和环境的图形用户界面，后续涉及的众多管理命令也可以在 Navigator 中手工实现。

(2) Anaconda Prompt：Python 的交互式运行环境。

(3) Jupyter Notebook：基于 Web 的交互式计算环境，可以编辑易于人们阅读的文档，用于展示数据分析的过程。

(4) Spyder：一个使用 Python 语言、跨平台的、科学运算集成开发环境。相对于 PyDev、PyCharm、PTVS 等 Python 编辑器，Spyder 对内存的需求小很多。

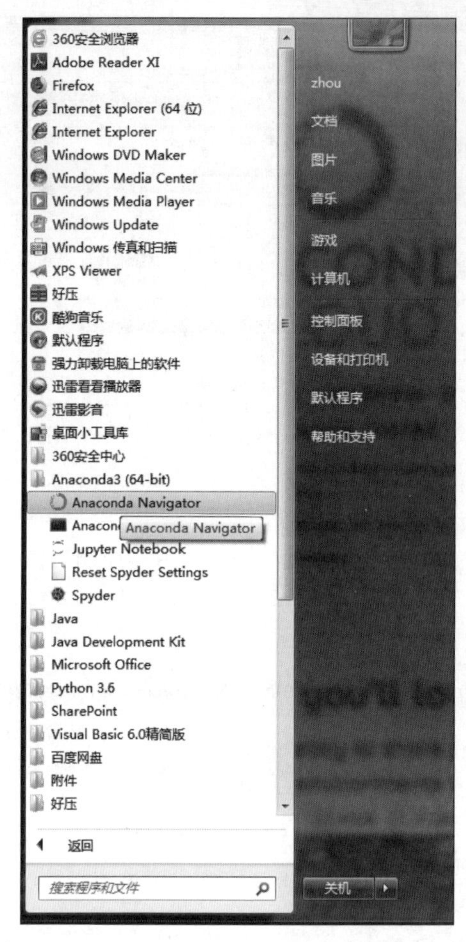

图 2-16　Anaconda 应用

下面进行 Anaconda 的环境变量配置。在 Anaconda Prompt 下，出现类似于 cmd 的窗口。输入“conda --version”，运行结果如图 2-17 所示。

图 2-17　查看 Anaconda 版本

在 Anaconda Prompt 下，输入如下命令：

```
conda create -n env_name package_names
```

其中，env_name 是设置环境的名称(-n 是指该命令后面的 env_name 是创建环境的名称)，package_names 是安装在创建环境中的包名称。

```
conda create --name test_py3 python=3.6          #创建基于
                                                 #python 3.6 的名为 test_py3 的环境
```

运行结果如图 2-18 所示。

在 Anaconda Prompt 下，使用 conda list 命令查看环境中默认安装的几个包，如图 2-19 所示。

```
(base) C:\Users\Administrator>conda create --name test_py3 python=3.6
Solving environment: done

==> WARNING: A newer version of conda exists. <==
  current version: 4.4.10
  latest version: 4.5.2

Please update conda by running

    $ conda update -n base conda
```

图 2-18　创建基于 Python 3.6 的名为 test_py3 的环境

```
(base) C:\Users\Administrator>conda list
# packages in environment at C:\ProgramData\Anaconda3:
#
# Name                    Version                   Build  Channel
_ipyw_jlab_nb_ext_conf    0.1.0            py36he6757f0_0
alabaster                 0.7.10           py36hcd07829_0
anaconda                  5.1.0                    py36_2
anaconda-client           1.6.9                    py36_0
anaconda-navigator        1.7.0                    py36_0
anaconda-project          0.8.2            py36hfad2e28_0
asn1crypto                0.24.0                   py36_0
astroid                   1.6.1                    py36_0
astropy                   2.0.3            py36hfa6e2cd_0
attrs                     17.4.0                   py36_0
babel                     2.5.3                    py36_0
backports                 1.0              py36h81696a8_1
backports.shutil_get_terminal_size 1.0.0           py36h79ab834_2
beautifulsoup4            4.6.0            py36hd4cc5e8_1
bitarray                  0.8.1            py36hfa6e2cd_1
bkcharts                  0.2              py36h7e685f7_0
blaze                     0.11.3           py36h8a29ca5_0
bleach                    2.1.2                    py36_0
```

图 2-19　查看环境的默认包

在 Anaconda 下，Python 的编辑和执行有交互式编程、脚本式编程和 Spyder 三种运行方式。

方式 1：交互式编程

交互式编程是指在编辑完一行代码回车后会立即执行并显示运行结果。在 test_py3 环境中输入 Python 命令回车后，出现 >>>，进入交互提示模式，如图 2-20 所示。

```
(test_py3) C:\Users\Administrator>python
Python 3.6.5 |Anaconda, Inc.| (default, Mar 29 2018, 13:32:41) [MSC v.1900 64 bi
t (AMD64)] on win32
Type "help", "copyright", "credits" or "license" for more information.
>>>
```

图 2-20　交互式编程模式

方式 2：脚本式编程

Python 和其他脚本语言如 Java、R、Perl 等编程语言一样，可以直接在命令行里运行脚本程序。首先，在 D:\目录下创建 Hello.py 文件，内容如图 2-21 所示。

其次，进入 test_py3 环境后，输入“Python d:\Hello.py”命令，运行结果如图 2-22 所示。

方式 3：Spyder

单击 Anaconda 应用中的最后一个项目——Spyder。Spyder 是 Python 的集成开发环

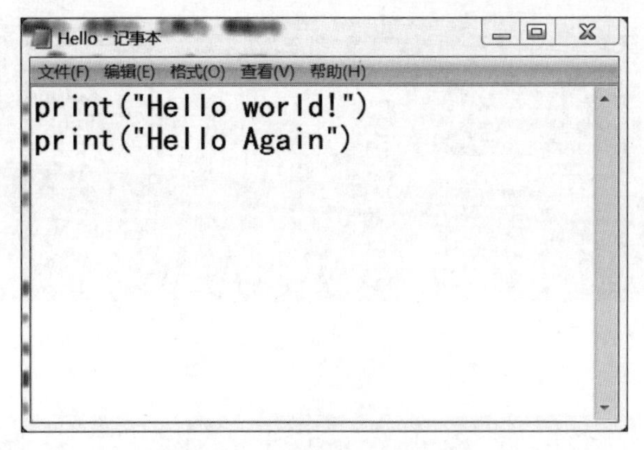

图 2-21　Hello.py 文件内容

```
(base) C:\Users\Administrator>python d:\Hello.py
Hello world!
Hello Again
```

图 2-22　运行 d:\Hello.py 文件

境，如图 2-23 所示。

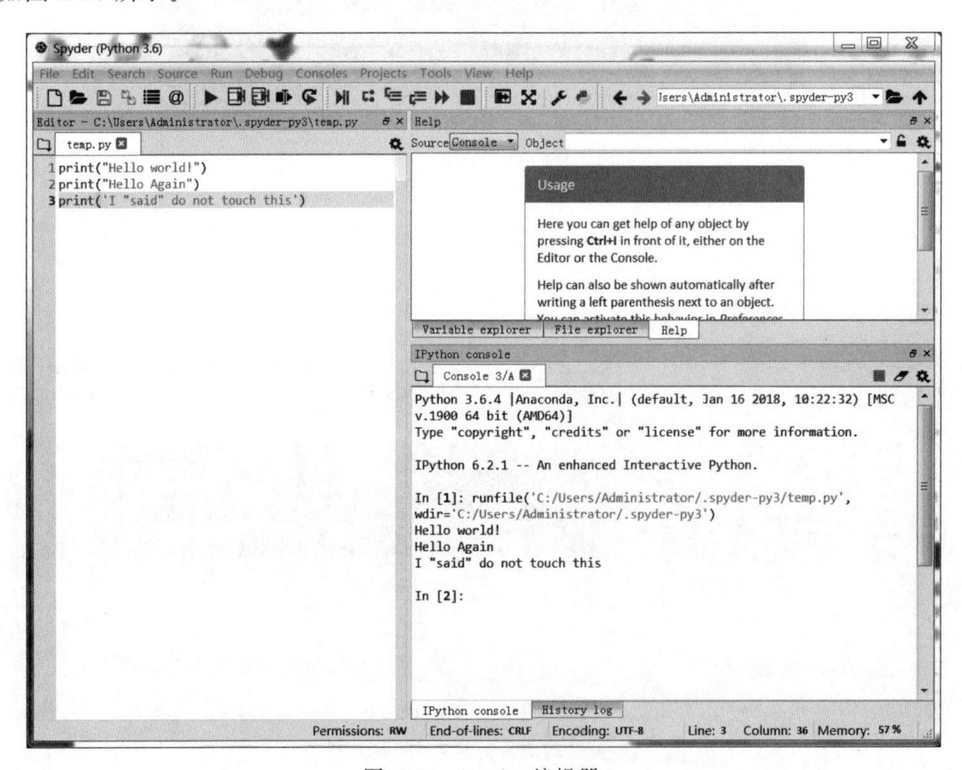

图 2-23　Spyder 编辑器

2.3.5 Jupyter

Jupyter Notebook 是 Python 的在线编辑器，以网页的形式打开，适合进行科学计算。在 Jupyter 的编辑过程中，运行结果实时显示在代码下方，方便查看。Jupyter Notebook 也可以将代码和可视化的结果等所有信息保存到文件中。

在 Anaconda 中打开 Jupyter Notebook，如图 2-24 所示。

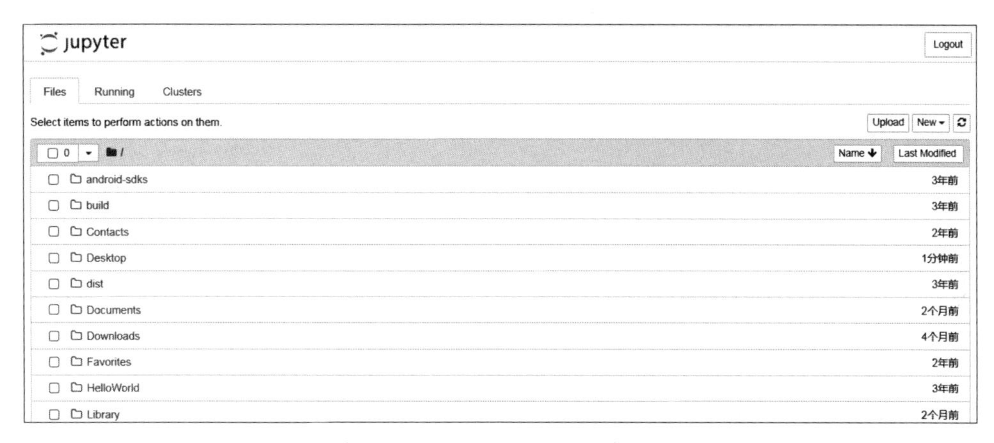

图 2-24 Jupyter Notebook 主界面

Jupyter 有编辑模式(Edit Mode)和命令模式(Command Mode)两种模式。编辑模式用于修改单个单元格，命令模式用于操作整个文件，具体如下。

1. 编辑模式

编辑模式如图 2-25 所示，右上角出现一支铅笔的图标，单元格左侧边框线呈现绿色，按 Esc 键或 Ctrl+Enter 组合键切换回命令模式。

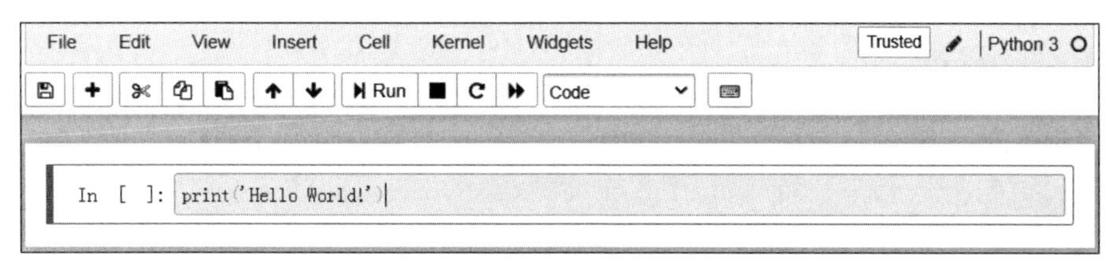

图 2-25 编辑模式

2. 命令模式

命令模式如图 2-26 所示，铅笔图标消失，单元格左侧边框线呈现蓝色，按 Enter 键或者双击单元格使其变为编辑状态。

编辑模式和命令模式两种模式切换如表 2-1 所示。

表 2-1 切换文件模式的可选操作

模 式	按 键	鼠 标 操 作
编辑模式	Enter 键	在单元格内单击
命令模式	Esc 键	在单元格外单击

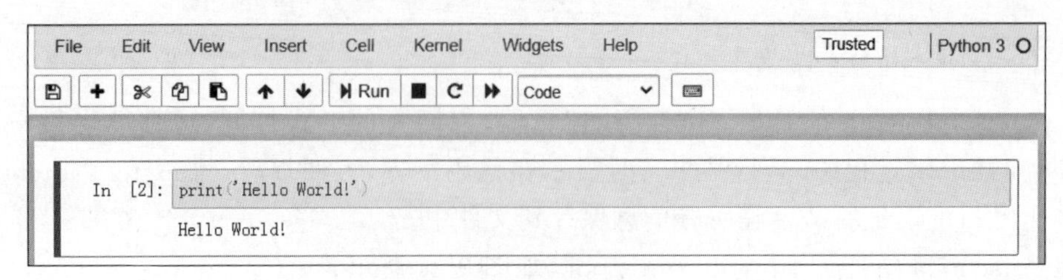

图 2-26　命令模式

编辑模式下,可以使用标准的编辑命令来修改单元格的内容。命令模式的操作如表 2-2 所示。

表 2-2　命令模式的可选操作

按　键	功　　能	按　键	功　　能
h	显示快捷键列表	Shift+V	把单元格粘贴到当前单元格的上面
s	保存文件	d(两次)	删除当前单元格
a	在当前行的上面插入一个单元格	z	取消一次删除操作
B	在当前行的下面插入一个单元格	l	切换显示/不显示行号
X	剪切一个单元格	y	把当前单元格切换到 IPython 模式
C	复制一个单元格	m	把当前单元格切换到 Markdown 模式
V	把单元格粘贴到当前单元格的下面	1,2,…,6	设置当前单元格为相应标题大小

2.4　代码书写规则

2.4.1　缩进

程序设计的风格强调"清晰第一,效率第二",应注意程序代码书写的视觉组织。如果所有程序代码语句都从最左一列开始,则很难清楚程序语句之间的关系,因此针对判断、循环等语句按一定的规则进行缩进,使得代码具有层次性,可读性大为改善。

程序设计语言对于缩进的要求不一样,C 语言中的缩进对于代码的编写来说是"有了更好",而不是"没有不行",仅作为书写代码风格。Python 语言则将缩进作为语法要求,通过使用代码块的缩进来体现语句的逻辑关系,行首的空白称为缩进,缩进结束就表示一个代码块结束了。C 语言与 Python 语言缩进对比如图 2-27 所示。

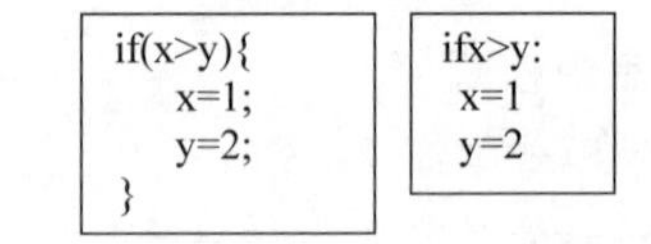

图 2-27　C 语言与 Python 语言缩进对比

【例 2-1】　缩进空格数不一致。

```
if True:
    print ("Answer")
    print ("True")
else:
```

```
    print ("Answer")
  print ("False")                #缩进不一致,会导致运行错误
```

2.4.2 多行语句

物理行是在书写程序代码的表现形式。逻辑行是程序设计语言解释的代码形式中的单个语句。程序设计语言一方面希望物理行与逻辑行一一对应,每行只有一个语句,便于代码理解。另一方面,程序设计语言又希望书写灵活,以 Python 语言为例,其书写规则如下。

(1) Python 中每个语句以换行结束。

(2) 一个物理行中使用多于一个逻辑行,即多条语句书写在一行,使用分号(;)。例如:

```
principal =1000; rate =0.05; numyears =5;
```

(3) 当语句太长时,也可以一条语句跨多行书写,即多个物理行写一个逻辑行,用反斜线("\")作为续行符。

(4) 在 [],{},或 () 中的多行语句,不需要使用反斜杠(\),例如:

```
days =['Monday', 'Tuesday', 'Wednesday',
        'Thursday', 'Friday']
```

【例 2-2】 使用反斜线("\")。

```
Print \
i
```

与如下写法效果相同。

```
print i
```

但是,当语句中包含[],{}或()时就不需要使用多行连接符。例如:

```
days =['Monday', 'Tuesday', 'Wednesday',
        'Thursday', 'Friday']
```

2.4.3 注释

注释可以帮助读者去思考每个过程、每个函数、每条语句的含义,便于编程员的相互讨论,有利于程序的维护和调试。一般情况下,源程序中有效注释量占总代码量的 20%以上。

程序的注释分为序言性注释和功能性注释。

(1) 序言性注释:位于每个模块开始处,作为序言性的注解,简要描述模块的功能、主要算法、接口特点、重要数据以及开发简史。

(2) 功能性注释:插在程序中间,与一段程序代码有关的注解,是针对一些必要的变量、核心的代码进行解释,主要解释包含这段代码的必要性。

2.4.4 编码习惯

良好的编码习惯有助于编写出可靠的、易于维护的程序,编码的风格在很大程度上决定着程序的质量。下面列出一些良好的编程习惯,方便程序的编辑、调试。

(1) 复杂的表达式使用“括号”优先级处理,避免二义性。

(2) 单个函数的程序行数最好不要超过100行。

(3) 尽量使用标准库函数和公共函数。

(4) 不要随意定义全局变量,尽量使用局部变量。

(5) 保持注释与代码完全一致,修改代码后不要忘记修改注释。

(6) 变量命名应“见名知义”。

(7) 循环、分支层次最好不要超过5层。

(8) 在编写程序前,尽可能化简表达式。

(9) 仔细检查算法中嵌套的循环,尽可能将某些语句或表达式移到循环外面。

(10) 尽量避免使用多维数组。

(11) 避免混淆数据类型。

(12) 尽量采用算术表达式和布尔表达式。

(13) 保持控制流的局部性和直线性。控制流的局部性是为了提高程序的清晰度和易修改性,防止错误的扩散。控制流的直线性主要体现在如下两方面。

① 对多入口和多出口的控制结构要做适当的处理。

② 避免使用有模糊意义或费解意义的结构。

2.5 自学网站

2.5.1 菜鸟网站

菜鸟网站的网址是https://www.runoob.com/python3/python3-tutorial.html,适合初学者学习,如图2-28所示。

图2-28 菜鸟网站

2.5.2 廖雪峰学 Python 网站

廖雪峰学 Python 网站的网址是 https://www.liaoxuefeng.com/wiki/1016959663602400，如图 2-29 所示。

图 2-29 廖雪峰学 Python 网站

2.5.3 Python 官方网站

Python 官方出品的教程网址是 https://docs.python.org/zh-cn/3/tutorial/index.html，如图 2-30 所示。

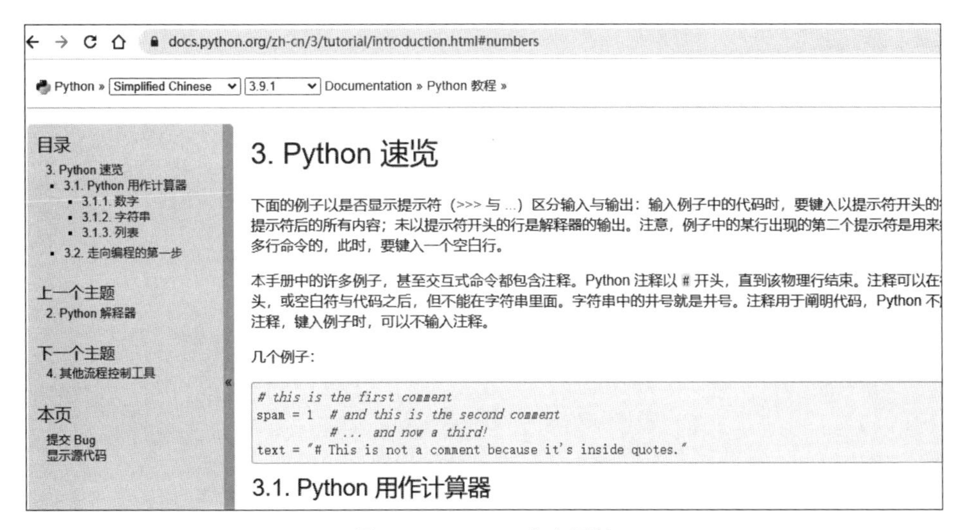

图 2-30 Python 官方网站

2.5.4 Python - 100 天从新手到大师网站

Python - 100 天从新手到大师网站的网址是 https://github.com/jackfrued/Python-100-Days，该教程配有实战练习，如图 2-31 所示。

jackfrued / Python-100-Days

Watch

jackfrued 更新了数据分析部分的内容 0d01379 29 days ago 345 commits

Day01-15	优化了项目的图片资源	3 months ago
Day16-20	更新了部分文档	4 months ago
Day21-30	优化了项目的图片资源	3 months ago
Day31-35	开始更新数据分析部分内容	2 months ago
Day36-40	更新了数据分析相关章节内容	last month
Day41-55	优化了项目的图片资源	3 months ago
Day56-60	开始更新数据分析部分内容	2 months ago
Day61-65	开始更新数据分析部分内容	2 months ago
Day66-70	更新了数据分析部分的内容	29 days ago
Day71-85	优化了项目的图片资源	3 months ago
Day86-90	开始更新数据分析部分内容	2 months ago
Day91-100	更新了数据分析相关章节内容	last month

图 2-31 Python - 100 天从新手到大师网站

第 3 章

Python 数据类型

本章首先介绍了变量的命名和引用，以及各类运算符，如算术运算符、关系运算符、逻辑运算符、身份运算符等；然后重点介绍了序列、字典和集合等数据类型的相关内容和常用操作，其中，序列类型包括字符串、列表、元组等是具有顺序特征的数据类型；最后，介绍了数据类型转换的相关知识。

Python 数据类型

3.1　变量

在 Python 中，每个变量在使用之前都必须赋值，变量只有在赋值之后才会被创建。

3.1.1　变量命名

变量的命名必须遵循以下规则。

(1) 变量名由字母、数字和下画线组成。

(2) 变量名的第一个字符必须是字母或者下画线，不能以数字开头。

下面的变量命名不符合变量命名规则，导致语法错误，如图 3-1 所示。

```
>>> 3xy
  File "<stdin>", line 1
    3xy
     ^
SyntaxError: invalid syntax
>>> ab%c
Traceback (most recent call last):
  File "<stdin>", line 1, in <module>
NameError: name 'ab' is not defined
>>> Wang ping
  File "<stdin>", line 1
    Wang ping
            ^
SyntaxError: invalid syntax
```

图 3-1　错误变量命名示例

(3) 尽量不要使用容易混淆的单个字符作为标识符。例如，数字 0 和字母 o，数字 1 和字母 l 等。

(4) 变量名不能与关键字同名。在 Anaconda Prompt 下输入命令“import keyword”查看 Python 的关键字，如图 3-2 所示。

(5) 变量名区分大小写。例如，myname 和 myName 不是同一个变量。

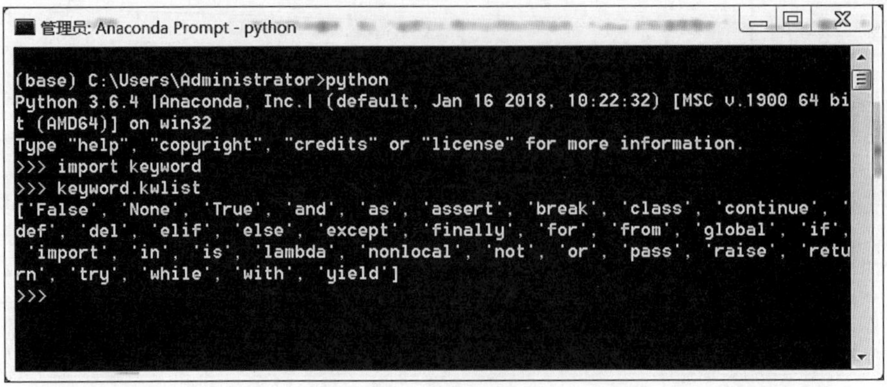

```
管理员: Anaconda Prompt - python
(base) C:\Users\Administrator>python
Python 3.6.4 |Anaconda, Inc.| (default, Jan 16 2018, 10:22:32) [MSC v.1900 64 bi
t (AMD64)] on win32
Type "help", "copyright", "credits" or "license" for more information.
>>> import keyword
>>> keyword.kwlist
['False', 'None', 'True', 'and', 'as', 'assert', 'break', 'class', 'continue', '
def', 'del', 'elif', 'else', 'except', 'finally', 'for', 'from', 'global', 'if',
 'import', 'in', 'is', 'lambda', 'nonlocal', 'not', 'or', 'pass', 'raise', 'retu
rn', 'try', 'while', 'with', 'yield']
>>>
```

图 3-2 Python 的关键字

(6) 以双下画线开头的标识符是有特殊意义的，是 Python 采用特殊方法的专用标识，如__init__()代表类的构造函数。

(7) Python 中，单独的下画线用于表示上一次运算的结果。

例如：

```
>>>20
20
>>>_*10
200
```

(8) 变量名和函数名一般用英文小写字母，以增加程序的可读性。

(9) 变量命名应见名知义，通过变量名知道变量的含义，一般选用英文单词或拼音缩写的形式，如求“和”用“sum”，不要使用简单符号，如 x、y、z 等。

3.1.2 变量引用

Python 中的变量通过赋值得到值。

【例 3-1】 变量引用。

```
>>>number =5
>>>number
5
>>>number =7
>>>print(number)
7
```

3.2 运算符

变量之间的运算可以通过运算符实现，运算符包括算术运算符、关系运算符、赋值运算符、逻辑运算符、位运算符、成员运算符和身份运算符等。

3.2.1 算术运算符

算术运算符如表 3-1 所示。

表 3-1 算术运算符

运算符	含义	运算符	含义
+	加法	//	取整除
-	减法	**	幂运算
*	乘法	%	取模
/	除法		

运算符的使用和运算数的数据类型关系很大，加法运行结果如图 3-3 所示。

```
>>> print(10+3)
13
>>> print('a'+'b')
ab
>>> print(a+b)
Traceback (most recent call last):
  File "<stdin>", line 1, in <module>
NameError: name 'a' is not defined
```

图 3-3 加法运行结果

【例 3-2】 算术运算符。

下面给出除法(/)、整除(//)、求余数(%)的运行结果，如图 3-4 所示。

```
>>> print(10/3)
3.3333333333333335
>>> print(10//3)
3
>>> print(10%3)
1
```

图 3-4 除法(/)、整除(//)、求余数(%)的运行结果

3.2.2 关系运算符

关系运算符又称为比较运算符，是双目运算符，用于两个操作数的大小比较，结果是布尔值，即 True(真)或 False(假)。操作数可以是数值型或字符型。表 3-2 列出了 Python 中的关系运算符。

表 3-2 关系运算符

运算符	描 述	运算符	描 述
==	等于	<	小于
>	大于	<=	小于或等于
>=	大于或等于	!=	不等于

关系运算符在进行比较时，需注意以下规则。

(1) 两个操作数是数字，按大小进行比较。需要注意的是，Python 中"=="是等于号，"!="是不等于号，如图 3-5 所示。

(2) 两个操作数是字符型，按字符的 ASCII 码值从左到右逐一比较，首先比较两个字符

```
>>> print(3<5)
True
>>> print(3=5)
  File "<stdin>", line 1
SyntaxError: keyword can't be an expression
>>> print(3==5)
False
>>> print(3>5)
False
>>> print(3!=5)
True
>>> print(3<>5)
  File "<stdin>", line 1
    print(3<>5)
            ^

SyntaxError: invalid syntax
>>>
```

图 3-5 操作数为数字的运行结果

串的第一个字符,ASCII 码值大的字符串为大,如果第一个字符相同,比较第二个字符,以此类推,直到出现不同的字符为止,如图 3-6 所示。

```
>>> print("abc"=="abcd")
False
>>> print("abcd"=="abcd")
True
>>> print("abc">"abd")
False
>>> print("abc"<"abd")
True
>>> print("23"<"3")
True
>>> print("abc"!="abc")
False
>>> print("abc"!="ABC")
True
```

图 3-6 操作数为字符串的运行结果

3.2.3 赋值运算符

赋值运算符如表 3-3 所示。

表 3-3 赋值运算符

运算符	描　述	运算符	描　述
=	简单赋值运算符	/=	除法赋值运算符
+=	加法赋值运算符	%=	取模赋值运算符
-=	减法赋值运算符	**=	幂赋值运算符
*=	乘法赋值运算符	//=	取整除赋值运算符

【例 3-3】 赋值运算符。

赋值运算符举例如图 3-7 所示。

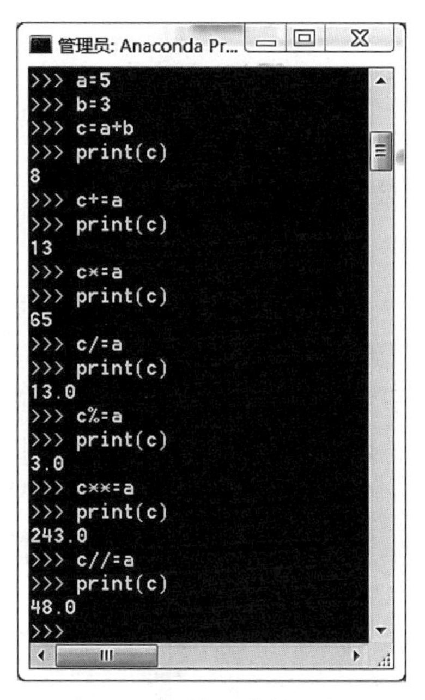

图 3-7　赋值运算符举例

3.2.4　逻辑运算符

逻辑运算符如表 3-4 所示。not 是单目运算符，其余都是双目运算符，逻辑运算的结果是布尔值 True 或 False。

表 3-4　逻辑运算符

运算符	含义	描　　述
not	取反	当操作数为假时，结果为真；当操作数为真时，结果为假
and	与	当两个操作数均为真时，结果为真；否则为假
or	或	当两个操作数至少有一个为真时，结果为真；否则为假

【例 3-4】 逻辑运算符。

逻辑运算符举例如图 3-8 所示。

注意：False 不能写成 F、false 等。

3.2.5　位运算符

位运算是把十进制数字转换为二进制数字的运算。Python 中的位运算符有左移(<<)、右移(>>)、按位与(&)、按位或(|)、按位翻转(~)等，如表 3-5 所示。

表 3-5　位运算符

运算符	名　称	描　　述
<<	左移	把一个数的二进制数字向左移一定数目
>>	右移	把一个数的二进制数字向右移一定数目

续表

运算符	名　称	描　　述
&	按位与	数的按位与
|	按位或	数的按位或
^	按位异或	数的按位异或
~	按位翻转	x 的按位翻转是 −(x+1)

```
管理员: Anaconda Prompt - python
>>> print(not F)
Traceback (most recent call last):
  File "<stdin>", line 1, in <module>
NameError: name 'F' is not defined
>>> print(not False)
True
>>> print(not True)
False
>>> print(True and True)
True
>>> print(True and  false)
Traceback (most recent call last):
  File "<stdin>", line 1, in <module>
NameError: name 'false' is not defined
>>> print(True and  False)
False
>>> print(False and True)
False
>>> print(False and False)
False
>>> print(True or True)
True
>>> print(True or False)
True
>>> print(False or True)
True
>>> print(False or False)
False
>>>
```

图 3-8　逻辑运算符举例

【例 3-5】 位运算符。

位运算符举例如图 3-9 所示。

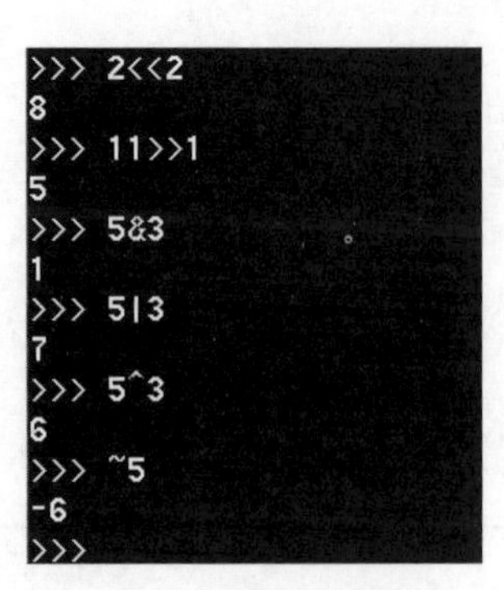

图 3-9　位运算符举例

3.2.6 成员运算符

成员运算符主要用于字符串、列表或元组等序列数据类型，如表 3-6 所示。

表 3-6 成员运算符

运算符	描　　述
in	在指定的序列中找到值返回 True，否则返回 False
not in	在指定的序列中没有找到值返回 True，否则返回 False

【例 3-6】 成员运算符。

```
>>>'a' not in 'bcd'
  True
>>>3 in [1,2,3,4]
  True
```

3.2.7 身份运算符

身份运算符又称为同一运算符，用于比较两个对象的存储单元，如表 3-7 所示。

表 3-7 身份运算符

运 算 符	描　　述
is	判断两个标识符是不是引用自一个对象
is not	判断两个标识符是不是引用自不同对象

【例 3-7】 身份运算符。

```
>>>x=y=3.5
>>>z=3.5
>>>x is y
True
>>>x is z
False
>>>x is not z
True
```

3.3 表达式

3.3.1 概念

表达式通常由运算符号（操作符）和参与运算的数（操作数）两部分组成。例如，2＋3 就是一个表达式。＋就是运算符，2 和 3 就是操作数。

数学表达式转换为 Python 表达式，如表 3-8 所示。

表 3-8 数学表达式转换为 Python 表达式

数学表达式	Python 表达式
$\frac{abcd}{efg}$	a * b * c * d/e/f/g 或 a * b * c * d/(e * f * g)
$\sin 45+\frac{e^{10}+\ln 10}{\sqrt{x}}$	math.sin(45 * 3.14/180)+(math.exp(10)+math.log(10))/math.sqrt(x)
$[(3x+y)-z]^{1/2}/(xy)^4$	math.sqrt((3 * x+y)-z)/(x * y)^4

数学表达式转换为 Python 表达式应注意如下区别。

(1) 乘号不能省略。例如,x 乘以 y 写成 Python 表达式为 x * y。

(2) 括号必须成对出现,均使用圆括号,出现多个圆括号时,从内向外逐层配对。

(3) 运算符不能相邻。例如,a+-b 是错误的。

(4) 添加必要的函数。例如,数学表达式$\sqrt{25}$转换为 Python 表达式为 sqrt(25)。

3.3.2 操作

表达式计算根据运算符的优先次序逐一进行计算,Python 运算符的优先级如表 3-9 所示。

表 3-9 Python 运算符的优先级别

优先级	运 算 符	描 述
高↑低	**	指数
	~、+、-	按位翻转、正号、负号
	*、/、%、//	乘法、除法、取模和取整除
	+、-	加法、减法
	>>、<<	右移、左移
	&	按位与
	^、|	按位异或、按位或
	<=、<、>、>=	比较运算符
	<>、==、!=	等于运算符
	=、%=、/=、//=、-=、+=、*=、**=	赋值运算符
	is、is not	身份运算符
	in、not in	成员运算符
	not、or、and	逻辑运算符

3.4 数据类型

Python 3 具有 6 个标准的数据类型:Number(数字),String(字符串),List(列表),Tuple(元组),Dictionary(字典),Set(集合)。其中,不可变的数据类型有 Number、String 和

Tuple。可变的数据类型有 List、Dictionary 和 Set。

3.5 数字

3.5.1 概念

Python 中数值有 4 种类型：整型、布尔型、浮点数和复数。

(1) 整型(int)——表示整数。例如，1，1024，−982。

(2) 布尔型(bool)——表示布尔逻辑值。例如，True，False。

(3) 浮点数(float)——表示小数。例如，1.23，3.14，−9.01 等。之所以称为浮点数，是因为按照科学记数法表示，浮点数的小数点位置可变。例如，53.3E4 就是科学记数法，E 表示 10 的幂，53.3E4 表示 53.3×10^4。53.3E4 和 5.33E5 表示同一数字，但是它们的小数点位置不同。

(4) 复数(complex)——表示复数。例如，1+2j，1.1+3.2j。

3.5.2 操作

【例 3-8】 数值。

```
>>>a, b, c, d =20, 5.5, True, 4+3j
>>>print(type(a), type(b), type(c), type(d))
<class 'int'><class 'float'><class 'bool'><class 'complex'>
```

数学函数如表 3-10 所示。

表 3-10 数学函数

函数	含义	举例
abs(x)	数字的绝对值	math.abs(−10) 返回 10
ceil(x)	数字的上入整数	math.ceil(4.1) 返回 5
exp(x)	e 的 x 次幂(e^x)	math.exp(1) 返回 3.718 281 828 459 045
fabs(x)	数字的绝对值	math.fabs(−10) 返回 10.0
floor(x)	数字的下舍整数	math.floor(4.9)返回 4
log(x)	x 的对数	math.log(100,10)返回 2.0
log10(x)	以 10 为基数的 x 的对数	math.log10(100)返回 2.0
max(x1, x2,…)	给定参数的最大值，参数可以为序列	math.max(2,3)返回 3
min(x1, x2,…)	给定参数的最小值，参数可以为序列	math.min(2,3)返回 2
pow(x, y)	x ** y 运算后的值	math.pow(2,3) 返回 8
round(x [,n])	浮点数 x 的四舍五入值，n 代表舍入到小数点后的位数	math.round(3.4)返回 3
sqrt(x)	数字 x 的平方根	math.sqrt(4) 返回 2

字符串

3.6 字符串

3.6.1 概念

字符串在 Python 中是以单引号、双引号或三引号括起来的符号来表示,例如,'Hello'、"Python is groovy"、"""What is footnote 5?"""等。

注意,"或""本身只是一种表示方式,不是字符串的一部分。因此,字符串'abc'中只有 a,b,c 三个字符。另外,用单引号或双引号括起来没有任何区别,只是一个字符串用什么引号开头,就必须用什么引号结尾。

单引号与双引号只能创建单行字符串,为了创建多行字符串或者为了使得字符串的数据中出现双引号,则出现了三引号,如图 3-10 所示。

```
>>> 'Hello'
'Hello'
>>> "let's go"
"let's go"
>>> '''Life is short
We need Python'''
'Life is short\nWe need Python'
```

图 3-10 单引号与双引号举例

3.6.2 操作

字符串(String)与列表和元组都是序列,其方法如表 3-11 所示。

表 3-11 字符串方法

函数	描述
s.index(sub,[start,end])	定位子串 sub 在 s 里第一次出现的位置
s.find(sub,[start,end]})	与 index 函数一样,但如果找不到会返回-1
s.replace(old, new [,count])	替换 s 里所有 old 子串为 new 子串,count 指定多少个字符可被替换
s.count(sub[,start,end])	统计 s 里有多少个 sub 子串
s.split( )	默认分隔符是空格
s.join()	join()方法是 split()方法的逆方法,用来把字符串连接起来
s.lower( )	返回将大写字母变成小写字母的字符串
s.upper( )	返回将小写字母变成大写字母的字符串
sep.join(sequence)	把 sequence 的元素用连接符 sep 连接起来

下面介绍字符串的操作。

1. index()方法举例

```
>>>s="Python"
>>>s.index('P')
```

```
0
>>>s.index('h',1,4)
3
>>>s.index('y',3,4)
Traceback (most recent call last):
  File "<stdin>", line 1, in <module>
ValueError: substring not found
>>>s.index('h',3,4)
3
```

2. find()方法举例

```
>>>s="Python"
>>>s.find('s')
-1
>>>s.find('t',1)
2
```

3. replace()方法举例

```
>>>s="Python"
>>>s.replace('h','i')
'Pytion'
```

4. count()方法举例

```
>>>s="Python"
>>>s.count('n')
1
```

5. split()方法举例

```
>>>s="Python"
>>>s.split()
['Python']
>>>s="hello Python i like it"
>>>s.split()
['hello', 'Python', 'i', 'like', 'it']
>>>s ='name:zhou,age:20|name:python,age:30|name:wang,age:55'
>>>print(s.split('|') )
['name:zhou,age:20','name:python,age:30','name:wang,age:55']
>>>x,y=s.split('|',1)
>>>print(x)
name:haha,age:20
>>>print(y)
name:python,age:30|name:fef,age:55
```

6. join()方法举例

```
>>>li=['apple','peach','banana','pear']
>>>sep=','
>>>s=sep.join(li)                   #连接列表元素
```

```
>>>s
'apple,peach,banana,pear'
>>>s5=("Hello","World")
>>>sep=""
>>>sep.join(s5)                     #连接元组元素
'HelloWorld'
```

列表

3.7 列表

3.7.1 概念

列表(List)是 Python 中使用最频繁的数据类型。列表中的每一个数据称为元素,元素用逗号分隔并放在一对中括号“[”和“]”中,列表可以认为是下标从零开始的数组。列表可以包含混合类型的数据,即在一个列表中的数据类型可以各不相同。

列表举例:

```
[10, 20, 30, 40]                    #所有元素都是整型数据的列表
['frog', 'cat', 'dog']              #所有元素都是字符串的列表
['apple', 3.0, 5, [10, 20],True]    #列表中包含字符串、浮点类型、整型、列表类型、布尔类型
```

Python 创建列表时,解释器在内存中生成一个类似数组的数据结构,数据项自下而上存储,如表 3-12 所示。

表 3-12 列表存储方式

4	True
3	[10,20]
2	5
1	3.0
0	apple

3.7.2 操作

下面介绍列表操作。

1. 创建列表

使用“=”将一个列表赋值给变量。

```
>>>a_list =['a', 'b', 'c']
```

2. 读取元素

(1) 读取某个元素:用列表名加元素序号。

序列中的每个元素被分配一个序号,即元素的位置,也称为索引。从左至右依次是 0,…,n,从右向左计数来存取元素称为负数索引,依次是 $-1,-2,\cdots,-n$。li[$-n$]==li[len(list)$-n$]。

【例 3-9】 列表索引。

```
>>>l1=[1,1.3,"a"]
>>>l1[0]
1
>>>l1[-1]
'a'
```

注意：Python 从 0 开始计数。

(2) 读取若干元素。

序列切片是指使用序列序号截取其中的任何部分从而得到新的序列。切片操作符是在[]内提供一对可选数字，用“:”分隔。冒号前的数字表示切片的开始位置，冒号后的数字表示切片截止(但不包含)位置。

注意：数字可选，冒号必需，开始位置包含在切片中，不包括结束位置。

【例 3-10】 列表切片。

```
>>>l1=[1,1.3,"a"]
>>>l1[1:2]              #取出位置从 1 开始到位置为 2 的字符，但不包含偏移为 2 的元素
[1.3]
>>>l1[:2]               #不指定第一个数，切片从第一个元素直到但不包含偏移为 2 的元素
[1, 1.3]
>>>l1[1:]               #不指定第二个数，从偏移为 1 直到末尾之间的元素
[1.3, 'a']
>>>l1[:]                #数字都不指定，则返回整个列表的一个拷贝
```

3. 修改元素

只需直接给元素赋值。

```
>>>a_list =['a', 'b', 'c']
>>>a_list[0] =123
>>>print a_list
[123, 'b', 'c']
```

4. 添加元素

列表添加元素有“+”、append( )、extend( )和 insert( )方法。

方法 1：使用“+”将一个新列表附加在原列表的尾部。

```
>>>a_list =[1]
>>>a_list =a_list +['a', 3.0]
>>>a_list
[1, 'a', 3.0]
```

方法 2：使用 append( )方法向列表尾部添加一个新元素。

```
>>>a_list =[1, 'a', 3.0]
>>>a_list.append(True)
>>>a_list
[1, 'a', 3.0, True]
```

方法 3：使用 extend( )方法将一个列表添加在原列表的尾部。

```
>>>a_list=[1, 'a', 3.0, True]
>>>a_list.extend(['x', 4])
>>>a_list
[1, 'a', 3.0, True, 'x', 4]
```

方法 4：使用 insert( )方法将一个元素插入列表的任意位置。

```
>>>a_list=[1, 'a', 3.0, True, 'x', 4]
>>>a_list.insert(0, 'x')
>>>a_list
['x', 1, 'a', 3.0, True, 'x', 4]
```

【例 3-11】 比较“+”和 append() 两种方法。

```
import time
result =[]
start =time.time()
for i in range(10000):
    result =result +[i]
print("+操作执行",len(result), '次,用时', time.time()-start)
result =[]
start =time.time()
for i in range(10000):
    result.append(i)
print("append 操作执行",len(result), '次,用时', time.time()-start)
```

程序运行结果如下。

```
+操作执行 10000 次,用时 0.2020115852355957
append 操作执行 10000 次,用时 0.0009999275207519531
```

【例 3-12】 比较 insert() 和 append() 两种方法。

```
import time
def Insert():
    a =[]
    for i in range(10000):
        a.insert(0, i)
def Append():
    a =[]
    for i in range(10000):
        a.append(i)
start =time.time()
for i in range(10):
    Insert()
print('Insert:', time.time()-start)
start =time.time()
```

```
for i in range(10):
    Append()
print('Append:', time.time()-start)
```

程序运行结果如下。

```
Insert: 0.578000068665
Append: 0.0309998989105
```

5. 删除元素

列表删除元素有 del、remove()和 pop()方法。

方法 1：使用 del 语句删除某个特定位置的元素。

```
>>>a_list=['x', 1, 'a', 3.0, True, 'x', 4]
>>>del a_list[1]
>>>a_list
['x', 'a', 3.0, True, 'x', 4]
```

方法 2：使用 remove()方法删除某个特定值的元素。

```
>>>a_list =['x', 'a', 3.0, True, 'x', 4]
>>>a_list.remove('x')
>>>a_list
['a', 3.0, True, 'x', 4]
>>>a_list.remove('x')
>>>a_list
['a', 3.0, True, 4]
>>>a_list.remove('x')
Traceback (most recent call last):
  File "<stdin>", line 1, in <module>
ValueError: list.remove(x): x not in list
```

【例 3-13】 比较两组代码。

<table>
<tr>
<td>
<pre>
>>>x =[1,2,1,2,1,2,1,2,1]
>>>for i in x:
         if i ==1:
            x.remove(i)
>>>x
[2, 2, 2, 2]
</pre>
</td>
<td>
<pre>
>>>x =[1,2,1,2,1,1,1]
>>>for i in x:
             if i ==1:
                   x.remove(i)
>>>x
[2, 2, 1]
</pre>
</td>
</tr>
</table>

同样的代码，仅仅是处理的列表数据不同，结果不同。两组数据的区别在于有没有连续的“1”。由于列表的自动内存管理功能，删除列表元素，Python 会自动对列表内存进行收缩并移动列表元素，以保证所有元素之间没有空值。增加列表元素时也会自动扩展内存并对元素进行移动，以保证元素之间没有空值。每当插入或删除一个元素之后，该元素位置后面所有元素的索引都会改变。

为此,修改正确的代码如下。

```>>>x =[1,2,1,2,1,1,1]```	```>>>x =[1,2,1,2,1,1,1]```
```>>>for i in x[::]: #切片```	```>>>for i in range(len(x)-1,-1,-1):```
``` if i ==1:```	``` if x[i]==1:```
``` x.remove(i)```	``` del x[i]```

方法 3:使用 pop()方法弹出指定位置的元素,省略参数时弹出最后一个元素。

```
>>>a_list=['a', 3.0, True, 4]
>>>a_list.pop( )                                    #省略参数时弹出最后一个元素
4
>>>a_list
['a', 3.0, True]
>>>a_list.pop(1)
3.0
>>>a_list
['a', True]
>>>a_list.pop(1)
True
>>>a_list
['a']
>>>a_list.pop( )
'a'
>>>a_list
[ ]
>>>a_list.pop( )
Traceback (most recent call last):
  File "<stdin >", line 1, in <module>
IndexError: pop from empty list
```

6. 得到列表中指定元素的下标

```
>>>a=[72, 56, 76, 84, 76, 80, 88]
>>>print(a.index(56))                               #输出元素 56 的下标
1
>>>b=list(enumerate(a))                             #enumerate()将 list 的元素元组化
>>>print(b)
[(0, 72), (1, 56), (2, 76), (3, 84), (4, 76), (5, 80), (6, 88)]
>>>print("输出元素 76 的下标")
>>>print([i for i,x in b if x==76])                 #利用循环方法获取相应的匹配结果
[2, 4]
```

列表方法如表 3-13 所示。

表 3-13 列表方法

函数	描述
alist.append(obj)	列表末尾增加元素 obj
alist.count(obj)	统计元素 obj 出现次数
alist.extend(sequence)	用 sequence 扩展列表
alist.index(obj)	返回列表中元素 obj 的索引
alist.insert(index,obj)	在 index 索引之前添加元素 obj
alist.pop(index)	删除索引的元素
alist.remove(obj)	删除指定元素

3.8 元组

元组

3.8.1 概念

元组(Tuple)和列表类似,相当于只读列表,其元素不可以修改。元组适合于只需进行遍历操作的运算,对于数据进行“写保护”,其操作速度比列表快。

元组不可以被修改,代码如下。

```
>>>b=(4,5,6)
>>>b[0]
4
>>>b[0]=1
Traceback (most recent call last):
  File "<pyshell#6>", line 1, in <module>
    b[0]=1
TypeError: 'tuple' object does not support item assignment
```

如果对于已知的列表 a 进行复制,命名为变量 b,那么 b=a 是无效。此时 b 仅仅是 a 的别名(引用),修改 b 也会修改 a,正确的复制方法应该是 b=a[:]。

```
>>>a=[1,2,3]
>>>b=a
>>>b[0]=4
>>>a
[4, 2, 3]
```

元组与列表相比,具有如下不同点。

(1) 元组在定义时所有元素是放在一对圆括号中,而不是方括号。

(2) 不能向元组增加元素,元组没有 append()、insert()或 extend()方法。

(3) 不能从元组中删除元素,元组没有 remove()或 pop()方法。

(4) 元组没有 index()方法,但可以使用 in()方法。

(5) 元组可以在字典中被用作“键”,但列表不行。

3.8.2 操作

下面介绍元组操作。

1. 创建元组

使用赋值运算符"="将一个元组赋值给变量,即可创建元组对象。

```
>>>tup1 =('a', 'b', 1997, 2000)
>>>tup2 =(1, 2, 3, 4, 5, 6, 7 )
```

当创建只包含一个元素的元组时,需要注意它的特殊性。此时,只把元素放在圆括号里是不行的,这是因为圆括号既可以表示元组,又可以表示数学公式中的小括号,从而产生歧义。因此,Python 规定:当创建只包含一个元素的元组时,需在元素的后面加一个逗号","。

```
>>>x=(1)
>>>x
1
>>>y=(1,)
>>>y
(1,)
>>>z=(1,2)
>>>z
(1, 2)
```

2. 访问元组

可以使用下标索引来访问元组中的值。

```
>>>tup1 =('a', 'b', 1997, 2000)
>>>tup2 =(1, 2, 3, 4, 5, 6, 7 )
>>>print("tup1[0]: ", tup1[0] )
tup1[0]: a
>>>print("tup2[1:5]: ", tup2[1:5] )
tup2[1:5]: (2, 3, 4, 5)
```

3. 元组连接

元组可以进行连接操作。

```
>>>tup1 =(12, 34.56)
>>>tup2 =('abc', 'xyz')
#tup1[0] =100                               #修改元组元素操作是非法的
>>>tup3 =tup1 +tup2;                        #创建一个新的元组
>>>print(tup3)
(12, 34.56, 'abc', 'xyz')
```

4. 删除元组

元组中的元素值是不允许删除的,但可以使用 del 语句删除整个元组。

```
>>>tup =('physics', 'chemistry', 1997, 2000)
```

```
>>>del tup[1]
Traceback (most recent call last):
  File "<stdin>", line 1, in <module>
TypeError: 'tuple' objext doesn't support item deletion
>>>del tup
>>>print(tup)
Traceback (most recent call last):
  File "<stdin>", line 1, in <module>
NameError: name 'tup' is not defined
```

3.9　字典

字典

3.9.1　字典的概念

【例 3-14】　根据同学的名字查找对应的成绩。

采用列表实现，需要 names 和 scores 两个列表，并且列表中元素的次序一一对应，例如，zhou→95，Bob→75 等，如下。

```
names =['zhou', 'Bob', 'Tracy']
scores =[95, 75, 85]
```

通过名字查找对应成绩，先在 names 中遍历找到所需查找的名字，再从 scores 中遍历取出对应的成绩，查找时间随着列表的长度增加。为了解决这个问题，Python 提供了字典。

字典在其他程序设计语言中称为映射(map)，通过键/值对(key/value)存储数据，键和值之间用冒号间隔，元素项之间用逗号间隔，整体用一对大括号括起来。字典语法结构如下。

```
dict_name={key:value,key:value}
```

字典具有如下特性。

(1) 字典的值可以是任意数据类型，包括字符串、整数、对象，甚至字典。

(2) 键/值对用冒号分隔，而元素项之间用逗号分隔，所有这些都包括在大括号中。

(3) 键/值没有顺序。

(4) 键必须是唯一的，不允许同一个键重复出现，如果同一个键被赋值两次，后一个值会覆盖前面的值。

```
>>>dict ={'Name': 'Zara', 'Age': 7, 'Name': 'Zhou'}
dict['Name']: Zhou
```

(5) 键必须不可变，只能使用数字、字符串或元组充当，不能使用列表，如图 3-11 所示。

```
>>> dict = {['Name']: 'Zhou', 'Age': 7}
Traceback (most recent call last):
  File "<stdin>", line 1, in <module>
TypeError: unhashable type: 'list'
```

图 3-11　键的取值

因为dict根据key来计算value的存储位置,如果每次计算相同的key得出的结果不同,那dict内部就完全混乱了。这个通过key计算位置的算法称为哈希(Hash)算法。为了保证Hash的正确性,作为key的对象就不能变。在Python中,字符串、整数等都是不可变的,而list是可变的,因此,list不能作为key。

字典与列表比较,具有以下几个特点。

(1) 字典通过用空间来换取时间,其查找和插入的速度极快,不会随着“键”的增加而增加。

(2) 字典需要占用大量的内存,内存浪费多。

(3) 字典是无序的对象集合,字典当中的元素是通过键来存取的,而不是通过偏移存取。

采用字典实现例3-14,则只需创建“名字”/“成绩”的键值对,便可直接通过名字查找成绩。字典实现代码如下。

```
>>>d ={'zhou': 95, 'Bob': 75, 'Tracy': 85}
>>>d['zhou']
95
```

3.9.2 字典操作

下面介绍字典元素的创建、访问、删除、修改、增加等相关操作。

1. 字典的创建

(1) 使用“=”将一个字典赋给一个变量。

```
>>>a_dict={'Alice':95,'Beth':82,'Tom':65.5,'Emily':95}
>>>a_dict
{'Emily': 95, 'Tom': 65.5, 'Alice': 95, 'Beth': 82}
>>>b_dict={}
>>>b_dict
{}
```

(2) 使用内建函数dict()。

```
>>>c_dict=dict(zip(['one', 'two', 'three'], [1, 2, 3]))
>>>c_dict
{'three': 3, 'one': 1, 'two': 2}
>>>d_dict =dict(one =1, two =2, three =3)
>>>e_dict=dict([('one', 1),('two',2),('three',3)])
>>>f_dict=dict((('one', 1),('two',2),('three',3)))
>>>g_dict=dict()
>>>g_dict
{}
```

(3) 使用内建函数fromkeys()。

```
>>>h_dict={}.fromkeys((1,2,3),'student')
>>>h_dict
```

```
{1: 'student', 2: 'student', 3: 'student'}
>>>i_dict={}.fromkeys((1,2,3))
>>>i_dict
{1: None, 2: None, 3: None}
>>>j_dict={}.fromkeys(())
>>>j_dict
{}
```

2. 字典元素的访问

(1) keys()方法返回一个包含所有键的列表。

```
>>>dict={'zhou': 95, 'Bob': 75, 'Tracy': 85}
>>>dict.keys()
['Bob', 'Tracy', 'zhou']
```

(2) has_key()方法检查字典中是否存在某一个键。

```
>>>dict={'zhou': 95, 'Bob': 75, 'Tracy': 85}
>>>dict.has_key('zhou')
True
```

(3) values()方法返回一个包含所有值的列表。

```
>>>dict={'zhou': 95, 'Bob': 75, 'Tracy': 85}
>>>dict.values()
[75, 85, 95]
```

(4) get()方法根据键返回值,如果不存在输入的键,返回 None。

```
>>>dict={'zhou': 95, 'Bob': 75, 'Tracy': 85}
>>>dict.get('Bob')
75
```

(5) items()方法返回一个(key ,value)组成的元组。

```
>>>dict={'zhou': 95, 'Bob': 75, 'Tracy': 85}
>>>dict.items()
[('Bob', 75), ('Tracy', 85), ('zhou', 95)]
```

(6) in 运算用于判断某键是否在字典里,对于 value 值不适用。

```
>>>tel1 ={'gree':5127, 'pang':6008}
>>>'gree' in tel1
True
```

(7) copy()方法复制字典。

```
>>>stu1={'zhou': 95, 'Bob': 75, 'Tracy': 85}
>>>stu2=stu1.copy()
>>>print(stu2)
{'zhou': 95, 'Bob': 75, 'Tracy': 85}
```

3. 字典元素的删除

(1) del()方法允许使用键从字典中删除元素。

```
>>>dict={'zhou': 95, 'Bob': 75, 'Tracy': 85}
>>>del dict['zhou']
>>>print(dict)
{'Bob': 75, 'Tracy': 85}
```

(2) clear()方法清除字典中所有元素。

```
>>>dict={'zhou': 95, 'Bob': 75, 'Tracy': 85}
>>>dict.clear()
>>>dict
{}
```

(3) pop()方法删除一个关键字并返回它的值。

```
>>>dict={'zhou': 95, 'Bob': 75, 'Tracy': 85}
>>>dict.pop('zhou')
95
>>>print(dict)
{'Bob': 75, 'Tracy': 85}
```

4. 字典元素的修改

update()方法类似于合并,把一个字典的键和值合并到另一个字典,覆盖相同键的值。

```
>>>tel={'gree': 4127, 'mark': 4127, 'jack': 4098}
>>>tel1 ={'gree':5127, 'pang':6008}
>>>tel.update(tel1)
>>>tel
{'gree': 5127, 'pang': 6008, 'jack': 4098, 'mark': 4127}
```

5. 字典元素的增加

```
>>>stu={'1': 95, '2': 75, '3': 85}
>>>stu['4']=99
>>>print(stu)
{'1': 95, '2': 75, '3': 85,'4':99}
```

字典方法如表 3-14 所示。

表 3-14 字典方法

函数	描述	函数	描述
aDic.clear()	删除字典所有元素	aDic.items()	返回表示字典(键、值)的对应表
aDic.copy()	返回字典副本	aDic.keys()	返回字典键的列表
aDic.get(key)	返回字典的 key	aDic.pop(key)	删除并返回给定键
aDic.has_key(key)	检查字典是否有给定的键	aDic.values()	返回字典值的列表

3.9.3 字典举例

【例 3-15】 字典。

实现两个数的四则运算符，输入格式为一行只能输入一个数字或一个四则运算符（+，-，*，/）。

【输入样例 1】

```
8
+
6
```

【输出样例 1】

```
14.00
```

【输入样例 2】

```
7
/
0
```

【输出样例 2】

```
divided by zero
```

```
result ={'+':'x+y','-':'x-y','*':'x*y;','/':'x/y if y!=0 else "divided by
zero"'}
x =int(input())
z =input().strip()
y =int(input())
r =eval(result.get(z))

if type(r)!=str:
    print('{:.2f}'.format(r))
else:
    print(r)
```

3.10 集合

集合

3.10.1 集合的概念

集合（Set）和字典类似，也是一组 key 的集合，但不存储 value。集合的元素有如下三个特征。

（1）确定性：集合中的元素必须确定。

（2）互异性：集合中的元素互不相同，元素不重复。

（3）无序性：集合中的元素没有先后次序之分。

集合的基本功能包括关系测试和消除重复元素，相关方法如表 3-15 所示。

表 3-15　集合的方法

方　法	描　述
s.add (x)	将数据项 x 添加到集合 s 中
s.remove (x)	从集合 s 中删除数据项 x
s.clear( )	移除集合 s 中的所有数据项
s.split( )	默认分隔符是空格 ''，如果没有分隔符，就把整个字符串作为列表的一个元素
s.join()	split()方法的逆方法，用来把字符串连接起来
s.lower( )	返回将大写字母变成小写字母的字符串
s.upper( )	返回将小写字母变成大写字母的字符串

3.10.2　集合操作

下面介绍集合的相关操作。

1. 创建集合

创建集合，重复的元素在 set 中被自动过滤，如图 3-12 所示。

```
>>> s=set([1,2,3])
>>> s
{1, 2, 3}
>>> s=set([1,3,2,3,2,3,2,2])
>>> s
{1, 2, 3}
```

图 3-12　创建集合

2. 访问集合

集合本身无序，无法进行索引和切片操作，只能使用 in，not in 或者循环遍历来访问或判断集合元素。访问集合如图 3-13 所示。

3. 删除集合

使用 del 语句删除集合，如图 3-14 所示。

4. 向集合中添加元素

使用 add 语句向集合中添加元素，如图 3-15 所示。

```
>>> a_set=set(['python',2018])
>>> a_set
{2018, 'python'}
>>> 2018 in a_set
True
>>> for i in a_set:
...     print(i,end='')
...
2018python>>>
```

图 3-13　访问集合

```
>>> a_set=set(['python',2018])
>>> del a_set
>>> a_set
Traceback (most recent call last):
  File "<stdin>", line 1, in <module>
NameError: name 'a_set' is not defined
```

图 3-14　删除集合

```
>>> a_set=set(['python',2018])
>>> a_set.add(29.5)
>>> a_set
{2018, 29.5, 'python'}
```

图 3-15　添加元素

5. 从集合中删除元素

从集合中删除元素有 remove()、pop()、clear()等方法，如图 3-16 所示。

```
>>> a_set=set(['Python',2021,678,'I love python',78])
>>> a_set.remove(2021)
>>> a_set
{678, 78, 'I love python', 'Python'}
>>> a_set.pop()
678
>>> a_set
{78, 'I love python', 'Python'}
>>> a_set.clear()
>>> a_set
set()
```

图 3-16 删除元素

3.10.3 集合举例

【例 3-16】 每一个列表中只要有一个元素出现两次，那么该列表即被判定为包含重复元素。编写函数判定列表中是否包含重复元素，如果包含返回 True，否则返回 False。然后使用该函数对 n 行字符串进行处理。最后统计包含重复元素的行数与不包含重复元素的行数。

输入格式：

输入 n，代表接下来要输入 n 行字符串。

然后输入 n 行字符串，字符串之间的元素以空格分隔。

输出格式：

True=包含重复元素的行数，False=不包含重复元素的行数，后面有空格。

输入样例：

```
5
1 2 3 4 5
1 3 2 5 4
1 2 3 6 1
1 2 3 2 1
1 1 1 1 1
```

输出样例：

```
True=3, False=2
```

代码如下。

```
n =int(input())
true =false =0
for i in range(n):
    a =input()
    a =list(a.split())
    if len(list(a)) ==len(set(a)):              #利用集合中元素不能重复的特性
        false +=1
```

```
    else:
        true +=1
print('True=%d, False=%d'%(true,false))
```

3.11 组合数据类型

3.11.1 相互关系

List(列表)、Tuple(元组)、String(字符串)、Dictionary(字典)、Set(集合)之间的相互关系如图 3-17 所示。

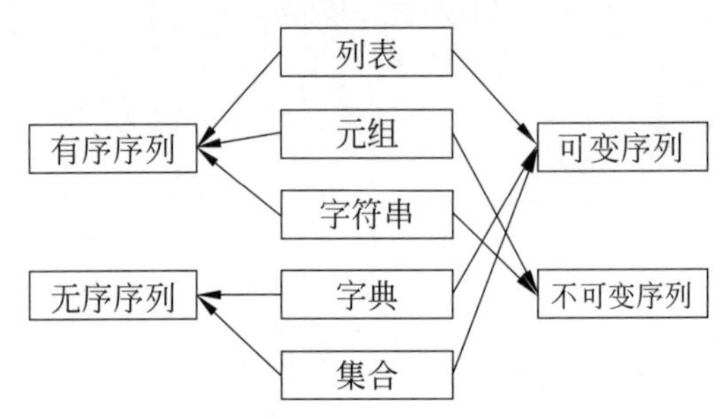

图 3-17 组合数据类型之间的相互关系

3.11.2 数据类型转换

以下几个内置函数用于组合数据类型之间的转换,如表 3-16 所示。

表 3-16 数据类型转换

函数	描 述	举 例
eval(str)	将字符串 str 当作有效表达式求值返回结果	>>> eval ("12") 12
tuple(s)	将序列 s 转换为一个元组	>>> tuple([1,2,3]) (1,2,3)
list(s)	将序列 s 转换为一个列表	>>> list((1,2,3)) [1,2,3]

set(s)	将序列 s 转换为可变集合	>>> set([1,4,2,4,3,5])
		{1,2,3,4,5}
		>>> set({1:'a',2:'b',3:'c'})
		{1,2,3}

dict(d)	创建一个字典(key,value)	>>> dict([('a', 1), ('b', 2), ('c', 3)]) {'a':1, 'b':2, 'c':3}

第4章

Python 流程控制

本章重点讲解三种基本控制结构。顺序结构是程序按照代码出现的先后次序执行。选择结构是用来实现逻辑判断功能的重要手段。循环结构是指程序有规律地反复执行某一操作块的现象,介绍了 Python 语言的 while 循环和 for 循环。while 循环常用于多次重复运算,而 for 循环用于遍历序列型数据。最后,介绍了 break、continue 和 pass 等辅助语句。

4.1 流程结构

1996 年,意大利人 Bobra 和 Jacopini 发现任何程序均可以由“顺序”“选择”和“循环”三种基本结构通过有限次的组合与嵌套来描述。

1. 顺序结构

顺序结构是最简单的控制结构,按照语句书写的顺序一句一句地执行。顺序结构的语句主要是赋值语句。例如,火车在轨道上行驶,只有过了上一站点才能到达下一站点。

2. 选择结构

选择结构又称为分支语句、条件判定结构,它表示在某种特定的条件下选择程序中的特定语句执行,即对不同的问题采用不同的处理方法。例如,在一个十字路口处,可以选择东、南、西、北方向行走。

3. 循环结构

循环结构是指程序从某处开始有规律地反复执行某一操作块的现象。如果满足条件表达式后,反复地执行某些语言或某一操作,就需要循环结构。例如,4000 米跑,围着足球场跑道不停地跑,直到满足条件时(10 圈)才停下来。

三种流程结果具有单入口和单出口的共同特点。

4.2 顺序结构

顺序结构

顺序结构是最简单的控制结构,按照语句书写先后次序依次执行。顺序结构的语句主要是赋值语句、输入与输出语句等,其特点是程序沿着一个方向进行,具有唯一的入口和出口。如图 4-1 所示,只有先执行完语句 1,才会执行语句 2,语句 1 将输入数值进行处理后,其输出结果作为语句 2 的输入。也就是说,如果没有执行语句 1,语句 2 不会执行。

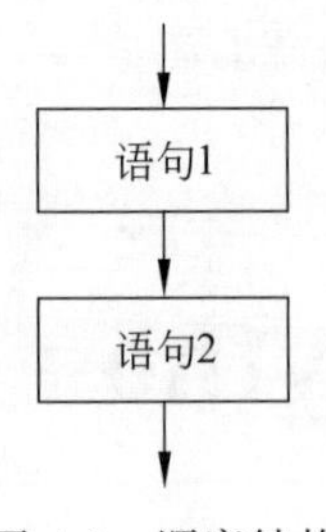

图 4-1 顺序结构

4.2.1 输入输出

Python 提供 input()、eval()、print()等输入输出函数。

1. input()函数

input()函数实现数据输入。

【例 4-1】 input()函数。

```
>>>a=input('please input a number:')
Please input a number:233
>>>type(a)
(class 'str')
>>>a=int(input('please input a number:') )
Please input a number:233
>>>type(a)
(class 'int')
>>>a,b=eval(input('please input two number:') )
please input two number:2,3
>>>a,b
(2,3)
```

2. eval()函数

eval 函数用来返回表达式的值。

【例 4-2】 eval()函数。

1）字符串转换成列表

```
>>>a ="[[1,2], [3,3], [5,6], [7,8], [9,0]]"
>>>type(a)
<type 'str'>
>>>b =eval(a)
>>>print b
[[1, 2], [3, 3], [5, 6], [7, 8], [9, 0]]
>>>type(b)
<type 'list'>
```

2）字符串转换成字典

```
>>>a ="{1: 'a', 2: 'b'}"
```

```
>>>type(a)
<type 'str'>
>>>b =eval(a)
>>>print b
{1: 'a', 2: 'b'}
>>>type(b)
<type 'dict'>
```

3）字符串转换成元组

```
>>>a ="([1,2], [3,3], [5,6], [7,8], (9,0))"
>>>type(a)
<type 'str'>
>>>b =eval(a)
>>>print b
([1, 2], [3, 3], [5, 6], [7, 8], (9, 0))
>>>type(b)
<type 'tuple'>
```

3. print()函数

数据输出通过 print()函数实现，操作对象是字符串。

print()函数的语法结构如下。

```
print([输出项 1,输出项 2,…,输出项 n][,sep=分隔符][,end=结束符])
```

说明：输出项之间用逗号分隔，没有输出项时输出一个空行。sep 表示输出时各输出项之间的分隔符(默认以空格分隔)，end 表示输出时的结束符(默认以回车换行结束)。

【例 4-3】 print()函数。

在一个.py 文件中保存如下两条语句，运行结果换行。

```
print ('hello')                    #默认自动换行输出
print ('world!')
```

输出：

```
hello
world!
```

在一个.py 文件中保存如下两条语句，运行结果不换行。

```
print ('hello,',end='')            #如果输出不换行,则需在变量末尾加上 end=""
print ('world!')
```

输出：

```
hello,world!
```

注意：

(1) 在 Python 命令行下，print()是可以省略的，默认输出每一次命令的结果。

```
>>>'Hello world!'
```

```
'Hello world!'
```

(2) 多个<expression>间用逗号间隔。print()会依次打印每个字符串,遇到逗号会输出一个空格。

```
>>>print('Hello', 'everyone!')
Hello everyone!
```

(3) 格式化控制输出具有格式说明(%)和format()函数两种方式,如下。

方式一:使用格式符(%)来实现,格式符说明如表4-1所示。

表4-1 格式符说明

格式符	格式符说明
d或i	以带符号的十进制整数形式输出整数(正数省略符号)
o	以八进制无符号整数形式输出整数(不输出前导0)
x或X	以十六进制无符号整数形式输出整数(不输出前导0x)
c	以字符形式输出,输出一个字符
s	以字符串形式输出
f	以小数形式输出实数,默认输出6位小数
e或E	以标准指数形式输出实数,数字部分隐含1位整数、6位小数

【例4-4】 格式符(%)输出。

```
>>>num=30
>>>price=4.99
>>>name='zhou'
>>>print("number is %d"%num)
number is 30
>>>print("price is %f"%price)
price is 4.990000
>>>print("price is %.2f"%price)
price is 4.99
>>>print("name is %.s"%name)
name is zhou
```

方式二:使用str.format()实现格式化输出。

【例4-5】 format()函数。

```
>>>print('{}网址: "{}!"'.format('python教程', 'www.python.com'))
python教程网址: "www. python.com!"
```

{}括号及其里面的字符(称作格式化字段)将会被format()中的参数替换。在括号中的数字用于指向传入对象在format()中的位置,如下。

```
>>>print('{0} 和 {1}'.format('Google', ' python '))
Google和 python
```

在 format() 中使用了关键字参数，其值会指向使用该名字的参数。

```
>>>print('{name}网址: {site}'.format(name='python 教程', site='www.python.com'))
python 教程网址: www.python.com
```

在':'后传入一个整数，可以保证该域至少有这么多的宽度，在美化表格时很有用。

```
>>>table = {'Google': 1, 'python ': 2, }
>>>for name, number in table.items():
...     print('{0:10} ==>{1:10d}'.format(name, number))
Google     ==>     1
python     ==>     2
```

4.2.2 举例

【例 4-6】 从键盘输入一个 3 位整数，分离出它的个位、十位和百位，在屏幕上输出。

程序代码如下。

```
x=int(input("请输入一个 3 位整数:"))
a=x//100
b=(x-a*100)//10
c=x%10
print("百位=%d,十位=%d,个位=%d"%(a,b,c))
```

程序运行结果如下。

```
请输入一个 3 位整数: 235
百位=2,十位=3,个位=5
```

4.3 选择结构

选择结构

选择结构又称为分支语句、条件判定结构，Python 根据条件表达式的执行结果(True 或者 False)，选择特定不同的语句执行。Python 通过 if 语句来实现分支语句。if 语句具有单分支、双分支和多分支等形式。

4.3.1 单分支

if 的单分支语句流程图如图 4-2 所示。

```
if 条件表达式:
    语句块
```

Python 认为非 0 的值为 True，0 为 False。

【例 4-7】 从键盘上输入两个正整数 x 和 y，升序输出。

假设输入次序为 3 和 5，只需顺序输出两个数。但若输入次序为 5 和 3，则必须对两个数交换后输出。设两个整数为 x 和 y，引入临时变量 t，通过以下三个步骤实现 x 和 y 的交换，如图 4-3 所示。

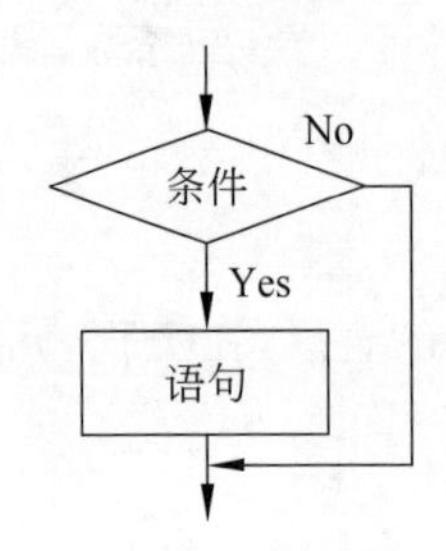

图 4-2 if 的单分支语句流程图

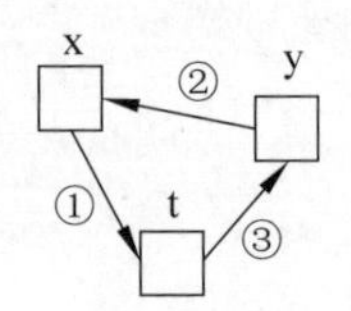

图 4-3 x 和 y 交换，引入临时变量 t

x 和 y 交换过程如表 4-2 所示。

表 4-2 变量交换过程

交换步骤	变量 x	变量 y	变量 t
交换前	5	3	0
步骤一	5	3	5
步骤二	3	3	5
步骤三	3	5	5

代码如下。

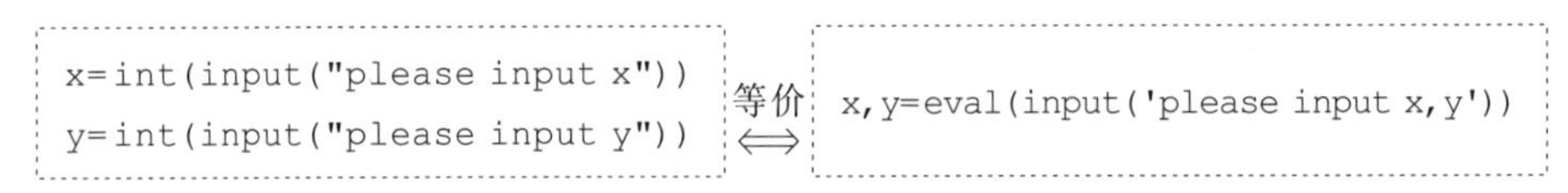


```
print ("before sorting:", x, y)
if x>y:                                   #如果 x 大于 y 条件成立,则引入 t 交换 x 和 y
```

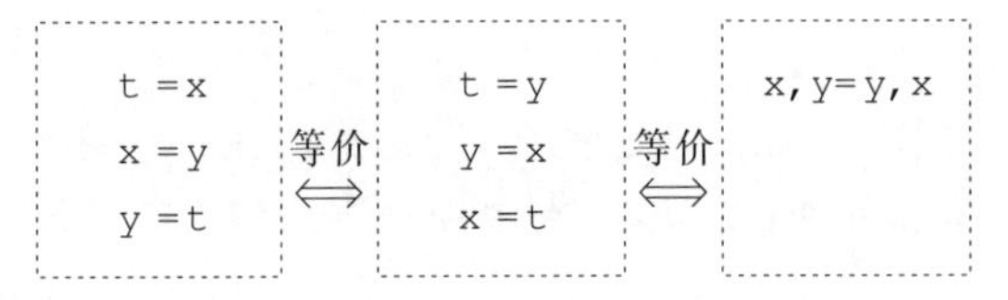


```
print("after sorting", x, y)
```

4.3.2 双分支

if 语句的双分支流程图如图 4-4 所示。当条件表达式的值为 True 时，程序执行语句 1；当条件表达式的值为 False 时，程序执行语句 2。

if 的双分支语句书写格式如下。

```
if 条件表达式:
        <语句块 1>
else:
        <语句块 2>
```

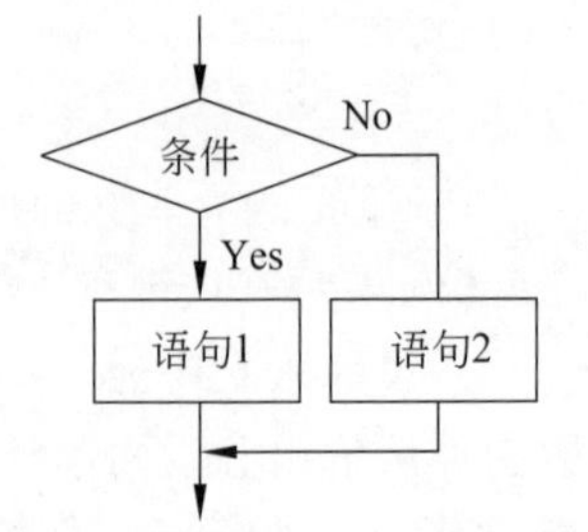

图 4-4 if 语句的双分支流程图

【例 4-8】 判断 5 位正整数是不是回文数。

分解出万位、千位、十位和个位，进行首尾判断是否相等。
代码如下。

```
x=int(input('请输入 x:'))
wan=x//10000;
qian=x%10000//1000;
shi=x%100//10;
ge=x%10;
if ge==wan and shi==qian:
    print("It is palindromic number!\n")
else:
    print("It is not palindromic number!\n")
```

4.3.3 多分支

多分支语句根据不同的条件执行不同的语句块，if 的多分支语句格式如下。

```
if 条件表达式 1:
    <语句块 1>
elif 条件表达式 2:
    <语句块 2>
…
else:
    <语句块 m>
```

多分支语句执行的思路如下。

如果“条件表达式 1”为 True 则执行“语句块 1”，如果“条件表达式 1”为 False，将判断“条件表达式 2”……如果“条件表达式 n”为 True，执行“语句块 n”；为假，执行“语句块 m”。

if 语句的多分支流程图如图 4-5 所示。

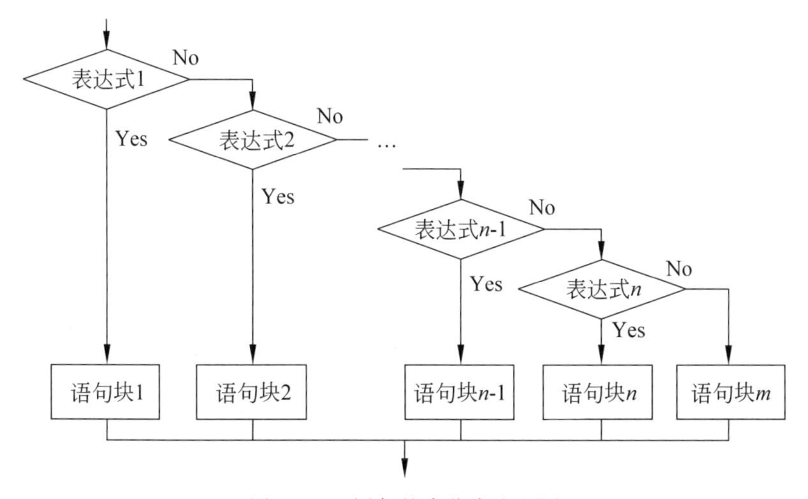

图 4-5　if 语句的多分支流程图

【例 4-9】 根据当前时间是上午、下午还是晚上，分别给出不同的问候信息，如表 4-3 所示。

表 4-3 例 4-9 题解

<table>
<tr><th></th><th>if 的单分支语句</th><th>if 的多分支语句</th></tr>
<tr><td>代码</td><td><pre>hour=int(input("hour"))
if hour<=12:
    print("Good morning")
if (hour>12) and (hour<18):
    print("Good afternoon")
if hour>=18:
    print("Good Evening")</pre></td><td><pre>hour=int(input("hour"))
if hour <=12:
    print("Good morning")
elif hour <18:
    print("Good afternoon")
else:
    print("Good Evening")</pre></td></tr>
<tr><td>运行解释</td><td>程序执行按照三个 if 语句的顺序依次执行。例如，hour 小于 12，则第 1 个 if 语句的判断条件 hour<=12 为真，执行“Good morning”；之后还要对第 2 个和第 3 个 if 语句的判断条件进行执行。而在这种情况下，第 2 个和第 3 个 if 语句已经没有必要执行了</td><td>程序执行按照 if 语句的多分支执行。例如，hour 小于 12，则第 1 个 if 语句的判断条件 hour<=12 为真，执行“Good morning”；之后不再执行第 2 个和第 3 个 if 语句的判断条件，功能实现</td></tr>
<tr><td>执行效果</td><td>三个 if 的单分支语句的并列使用虽然能实现功能，但效率较差</td><td>采用 if 的多分支语句执行效率较快</td></tr>
</table>

【例 4-10】 百分制转化为五级制。输入学生的成绩，根据成绩进行分类：90 分以上为优秀；80～89 分为良好；70～79 分为中等；60～69 分为及格；60 分以下为不及格，如表 4-4 所示。

表 4-4 例 4-10 题解

<table>
<tr><th>代码(一)</th><th>代码(二)</th><th>代码(三)</th></tr>
<tr><td><pre>score=int(input('请输入学生成绩:'))
if score<60:
    print('不及格')
elif score<70:
    print('及格')
elif score<80:
    print('中等')
elif score<90:
    print('良好')
else:
    print('优秀')</pre></td><td><pre>score=int(input('请输入学生成绩:'))
if score>90:
    print('优秀')
elif score>80:
    print('良好')
elif score>70:
    print('中等')
elif score>60:
    print('及格')
else:
    print('不及格')</pre></td><td><pre>score=int(input('请输入学生成绩:'))
if score>60:
    print('及格')
elif score>70:
    print('中等')
elif score>80:
    print('良好')
elif score>90:
    print('优秀')
else:
    print('不及格')</pre></td></tr>
</table>

请读者分析代码(一)、代码(二)、代码(三)是否都正确？为什么？

4.3.4 分支嵌套

分支嵌套的形式如表 4-5 所示。

表 4-5　分支嵌套的几种形式和对应的流程图

形　式 1	形　式 2
if 表达式 1： 　　if 表达式 2： 　　　　语句块 1 　　else： 　　　　语句块 2	if 表达式 1： 　　if 表达式 2： 　　　　语句块 1 else： 　　语句块 2
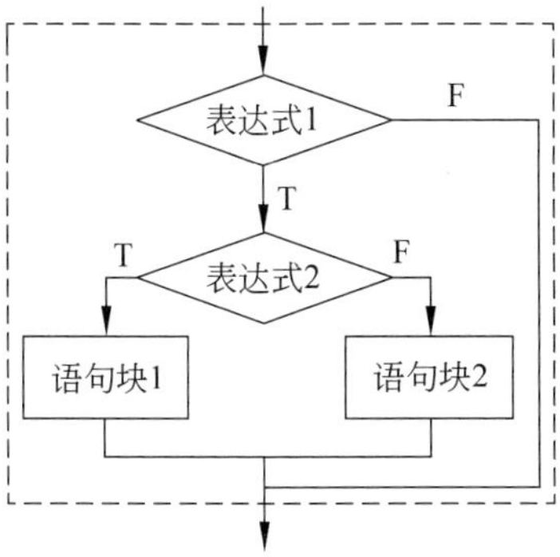 表达式1　F T T　表达式2　F 语句块1　语句块2	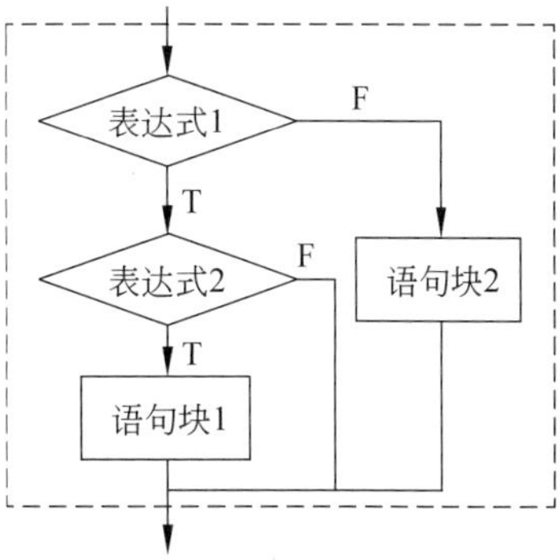 表达式1　F T 表达式2　F　语句块2 T 语句块1

【例 4-11】 从键盘上输入一整数，判断其是否能被 2 或者 3 整除。

代码如下。

```
num=int(input("enter number"))
if num%2==0:
    if num%3==0:
        print("Divisible by 3 and 2")
    else:
        print("divisible by 2 not divisible by 3")
else:
    if num%3==0:
        print("divisible by 3 not divisible by 2")
    else:
        print("not Divisible by 2 not divisible by 3")
```

程序运行结果如下。

```
enter number8
divisible by 2 not divisible by 3
```

或者

```
enter number15
divisible by 3 not divisible by 2
```

或者

```
enter number12
Divisible by 3 and 2
```

循环结构

4.4 循环概述

4.4.1 循环结构

循环结构是指程序有规律地反复执行某一语句块的现象。循环由循环体及循环控制条件两部分组成。反复执行的语句或程序段称为循环体。循环体是否能继续执行,取决于循环控制条件的真假。图 4-6 给出了循环结构的流程图。

表达式1
表达式2
假
真
循环体
表达式3

图 4-6 循环结构

循环结构构造的关键是确定与循环控制变量有关的三个表达式:表达式 1、表达式 2 和表达式 3。

(1) 表达式 1 用于给循环控制变量赋予初值,作为循环开始的初始条件。

(2) 表达式 2 用于判断是否去执行循环体。当满足表达式 2 时,循环体反复被执行;当条件表达式 2 为假时,退出循环体。设想,如果表达式 2 始终为真,循环体一直被执行,成为“死循环”。如何终止循环呢? 也就是说,如何让表达式 2 为假? 于是产生了表达式 3。

(3) 表达式 3 用于改变循环控制变量,终止循环体,预防“死循环”。每当循环体执行一次,表达式 3 也执行一次,循环控制变量的改变最终导致表达式 2 结果为假,从而终止循环。

4.4.2 循环分类

循环分为确定次数循环和不确定次数循环。确定次数循环是指在循环开始之前就可以确定循环体执行的次数。不确定次数循环是指有些循环只知道循环结束的条件,其循环体所重复执行的次数事先并不知道,往往需要用户参与循环执行的流程控制,实现交互式循环。

Python 语言中,循环语句有 while 和 for,两者可以相互转化。

4.5 while 语句

4.5.1 基本形式

只要条件满足,循环执行某段程序,直到条件不满足时退出循环。while 语句的书写格式如下。

```
while 判断条件(condition):
    执行语句(statements)
```

【例 4-12】 计算 1~100 所有整数之和。

```
N=100
```

```
counter=1                                    #表达式 1,counter 为循环变量
sum=0                                        #sum 表示累加的和
while counter <=N:                           #表达式 2,counter 的变化范围为 1～100
    sum =sum +counter                        #部分和累加
    counter +=1                              #表达式 3,counter 的步长为 1
print("1 到 %d 之和为: %d" %(n,sum))
```

程序运行结果如下。

```
1 到 100 之和为: 5050
```

计算一批数据的"和"称为"累加",是一种典型的循环。通常引入变量 sum 存放"部分和",变量 i 存放"累加项",通过"和值＝和值＋累加项"实现。counter 是循环变量,和它有关的三个表达式分别是表达式 1(counter＝1),表达式 2(counter＜＝N)和表达式 3(counter＋＝1)。

循环的单步分析如表 4-6 所示。

表 4-6 循环的单步分析

循环变量(counter)	表达式 2(counter ＜＝100)	是否执行循环体	循环体(sum＝sum＋counter)	表达式 3(counter＋＝1)
0	true	执行	0	1
1	true	执行	1	2
…	…	执行	…	…
100	true	执行	5050	101
101	false	不执行	**5050**	**101**

4.5.2 else 语句

while…else 语法是 Python 中最不常用,最易被误解的语法,书写格式如下。

```
while 循环控制条件:
    循环体
else:
    语句
```

当 while 结构中存在可选部分 else,其循环体执行结束后,会执行 else 语句块。

【例 4-13】 while…else 语句。

```
count =int(input())
while count <5:
    print(count,"is less than 5")
    count =count+1
else:
    print(count,"is not less than 5")
```

程序运行结果如下。

```
3
3 is less than 5
4 is less than 5
5 is not less than 5
```

4.5.3 无限循环

无限循环又称为死循环,当“条件表达式”永远为真时,循环永远执行,语法如下。

```
while True:
    循环体
```

一般在循环体内使用 break 语句强制结束死循环。

【例 4-14】 求 $2+4+6+8+\cdots+n<100$ 成立的最大的 n 值。

以递增方式进行遍历,当找到第一个使此不等式成立的 n 值时,使用 break 语句终止循环。

```
i =2; sum =0
while True:
    sum+=i
    if sum>=100:
        break
    else:
        i+=2
print("the max number is ",i)
```

程序运行结果如下。

```
the max number is  20
```

4.6 for 语句

4.6.1 应用序列类型

for 循环语句依次访问序列(列表、元组、字符串)中的全体元素,语法格式如下。

```
for <variable>in <sequence>:
  <statements>
else:
  <statements>
```

【例 4-15】 for 循环应用于列表序列。

```
fruits =['banana', 'apple', 'mango']     #列表
for fruit in fruits:
  print('fruits have:', fruit)
```

程序运行结果如下。

```
fruits have: banana
fruits have: apple
fruits have: mango
```

注意：Python的for循环与C语言的for循环不同，是在for语句开始确定循环的次数，在循环体中对于序列对象做任何的改变，并不影响循环体执行的次数。

【例4-16】 汉字表示的大写数字金额。

输入整数金额，输出汉字表示的大写金额。金额数为正整数，最大为12位数字。

输入格式：

输入一个正整数，表示金额，最大位数为12。

输出格式：

输出的时候，从第一位数字开始，后面所有的位数都需要输出，包括0(零)。

```
123456789
壹亿贰仟叁佰肆拾伍万陆仟柒佰捌拾玖圆
```

程序代码如下。

```
n=list(map(int,input()))
m={1:"壹",2:"贰",3:"叁",4:"肆",5:"伍",6:"陆",7:"柒",8:"捌",9:"玖",0:"零"}
r=["仟","佰","拾","亿","仟","佰","拾","万","仟","佰","拾","圆"]
d=-len(n)
for i in n:
    print(m[i],r[d],sep="",end='')
    d=d+1
```

4.6.2 内置函数range()

内置函数range()返回迭代器，生成指定范围的数字，语法格式如下。

```
range ([start,]stop[,step])
```

range()共有三个参数：start、stop和step。其中，start和step可选，start表示开始，默认值为0；stop表示结束；step表示每次跳跃的间距，默认值为1。函数功能是生成一个从start开始，到stop结束(不包括stop)的数字序列。例如，range(1,101,2)表示从1开始，跳跃为2，到101为止(不包括101)的数字序列。

【例4-17】 range()函数。

```
>>>for i in range(5)                        #代表从0到5(不包含5)
    print(i," ", end="")
0, 1, 2, 3, 4
>>>for i in range(1,5)                      #代表从1到5(不包含5)
    print(i," ", end="")
1, 2, 3, 4
>>>for i in range(1,10,2):            #表示从1开始,跳跃为2,到10为止(不包括10)的数字序列
    print(i," ", end="")
1 3 5 7 9
```

4.7 循环嵌套

4.7.1 原理

一个循环体里面嵌入另一个循环,这种情况称为多重循环,又称循环嵌套,较常使用的是二重循环,用于两个变量同时变化的情况。循环语句 while 和 for 可以相互嵌套。在使用循环嵌套时,应注意以下几个问题。

(1) 外层循环和内层循环控制变量不能同名,以免造成混乱。

(2) 循环嵌套不能交叉,在一个循环体内必须完整地包含另一个循环。

合法的嵌套形式如表 4-7 所示。

表 4-7 循环嵌套形式

形 式（一）	形 式（二）

while expression:
    for iterating_var in sequence:
        statements(s)
    statements(s)
 	
for iterating_var in sequence:
    for iterating_var in sequence:
        statements(s)
    statements(s)
	while expression:
	    while expression:
	        statements(s)
	    statements(s)
	
	for iterating_var in sequence:
	    while expression:
	        statements(s)
	    statements(s)

4.7.2 实现

二重循环首先应确定外层循环和内层循环的含义,其次确定外层控制变量和内层循环控制变量,最后确定内外层循环控制变量之间的关系。具体实现步骤如下。

步骤 1：确定其中一个循环控制变量为定值,实现单重循环。

步骤 2：将此循环控制变量从定值变化成变值,将单重循环转变为双重循环。

【例 4-18】 打印九九乘法表。

九九乘法表涉及乘数 i 和被乘数 j 两个变量,变化范围为 1～9。

步骤 1：先假设被乘数 j 的值不变,假设为 1,实现单重循环。

```
for i in range(1,10):
    j =1
    print(i ,"*" ,j , "=" ,i * j ,"  ",end="")
```

程序运行结果如下。

```
1 * 1 =1  2 * 1 =2   3 * 1 =3   4 * 1 =4   5 * 1 =5   6 * 1 =6   7 * 1 =7   8 * 1 =8
9 * 1 =9
```

步骤 2：将被乘数 j 的定值 1 为改为变量,让其从 1 到 9 取值。

```
for i in range(1,10):
    for j in range(1,10):
        print('{0} * {1}={2:2}'.format(i,j ,i * j),end=" ")      #格式化输出
print()
```

程序运行结果如下。

```
1 * 1=1  1 * 2=2  1 * 3=3  1 * 4=4  1 * 5=5  1 * 6=6  1 * 7=7  1 * 8=8  1 * 9=9
2 * 1=2  2 * 2=4  2 * 3=6  2 * 4=8  2 * 5=10  2 * 6=12  2 * 7=14  2 * 8=16  2 * 9=18
3 * 1=3  3 * 2=6  3 * 3=9  3 * 4=12  3 * 5=15  3 * 6=18  3 * 7=21  3 * 8=24  3 * 9=27
4 * 1=4  4 * 2=8  4 * 3=12  4 * 4=16  4 * 5=20  4 * 6=24  4 * 7=28  4 * 8=32  4 * 9=36
5 * 1=5  5 * 2=10  5 * 3=15  5 * 4=20  5 * 5=25  5 * 6=30  5 * 7=35  5 * 8=40  5 * 9=45
6 * 1=6  6 * 2=12  6 * 3=18  6 * 4=24  6 * 5=30  6 * 6=36  6 * 7=42  6 * 8=48  6 * 9=54
7 * 1=7  7 * 2=14  7 * 3=21  7 * 4=28  7 * 5=35  7 * 6=42  7 * 7=49  7 * 8=56  7 * 9=63
8 * 1=8  8 * 2=16  8 * 3=24  8 * 4=32  8 * 5=40  8 * 6=48  8 * 7=56  8 * 8=64  8 * 9=72
9 * 1=9  9 * 2=18  9 * 3=27  9 * 4=36  9 * 5=45  9 * 6=54  9 * 7=63  9 * 8=72  9 * 9=81
```

4.8 辅助语句

当需要在循环体中提前跳出循环，或者在某种条件满足时，不执行循环体中的某些语句而立即从头开始新的一轮循环，这时就要用到循环控制语句 break、continue 和 pass。

4.8.1 break 语句

break 语句可以提前退出循环。break 语句对循环控制的影响如图 4-7 所示。

说明：

(1) break 语句只能出现在循环语句的循环体中。

(2) 在循环语句嵌套使用的情况下，break 语句只能跳出它所在的循环，而不能同时跳出多层循环。

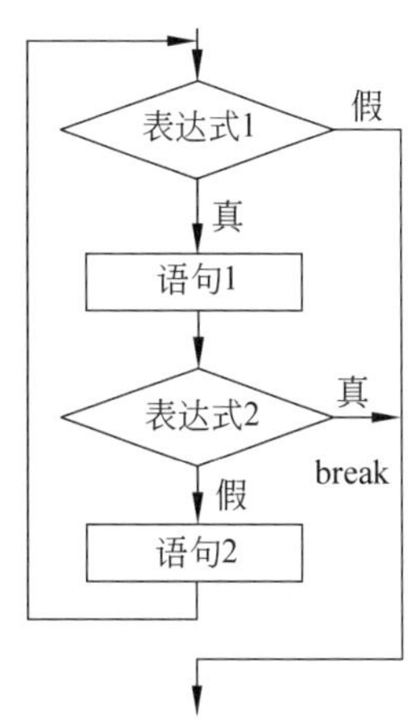

图 4-7 break 语句对循环控制的影响

【例 4-19】 用 for 语句判断从键盘上输入的整数是否为素数。

```
i=2
IsPrime=True
num =int(input("a number:"))
for i in range(2,num-1):
    if num %i ==0:
        IsPrime =False
        break
    if IsPrime==True:
        print(num,"is prime")
    else:
        print(num,"is not prime")
```

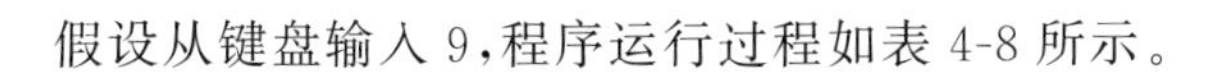
假设从键盘输入 9，程序运行过程如表 4-8 所示。

表 4-8 程序运行过程

变量(i)	表达式(num % i)	布尔值(IsPrime)
2	1	true
3	0	false

如果没有 break 语句,程序将按表 4-9 运行。

表 4-9 没有 break 语句的程序运行过程

变量(i)	表达式(num % i)	布尔值(IsPrime)	变量(i)	表达式(num % i)	布尔值(IsPrime)
2	1	true	6	3	false
3	0	false	7	2	false
4	1	false	8	1	false
5	3	false			

```
#采用质数筛求 0~n 间质数,并输出运行时间
import time
print("输入一整数,输出小于该整数的所有素数")
n =int(input())
start =time.perf_counter()
isPrime =[]
prime =[]
for i in range(0,n):
    isPrime.append(True)
isPrime[0]=isPrime[1]=False
for i in range(2,n):
    if isPrime[i]:
        prime.append(i)
        for j in range(2 * i,n,i):
            isPrime[j]=False
end =time.perf_counter()
print(prime)
print("质数筛 0-{}质数运行时间".format(n),end -start,"s")
```

程序运行结果如下。

```
输入一整数,输出小于该整数的所有素数
20
[2, 3, 5, 7, 11, 13, 17, 19]
质数筛 0-20 质数运行时间 1.5697326574581894e-05 s
```

4.8.2 continue 语句

在循环过程中，也可以通过 continue 语句跳过当前这次循环，直接开始下一次循环，即只结束本次循环的执行，并不终止整个循环的执行。

说明：

(1) continue 语句只能出现在循环语句的循环体中。

(2) continue 语句往往与 if 语句联用。

(3) 若执行 while 语句中的 continue 语句，则跳过循环体中 continue 语句后面的语句，直接转去判别下次循环控制条件；若 continue 语句出现在 for 语句中，则执行 continue 语句就是跳过循环体中 continue 语句后面的语句，转而执行 for 语句的表达式 3。

continue 语句对循环控制的影响如图 4-8 所示。

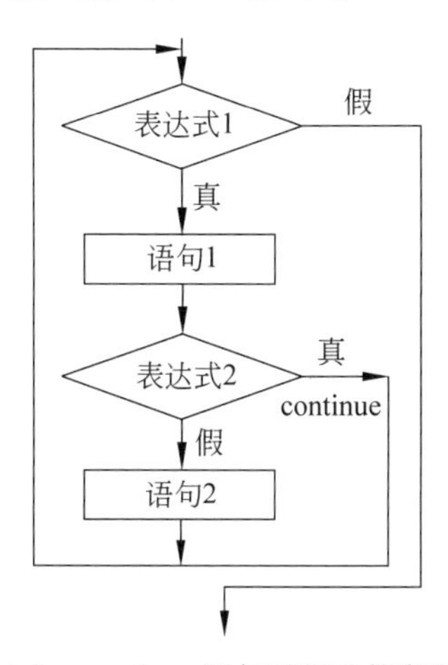

图 4-8　continue 语句对循环控制的影响

【例 4-20】 continue 语句举例，如表 4-10 所示。

表 4-10　continue 语句举例

	示　例　1	示　例　2

代码	for i in range(6):
	    if i %2 !=0:
	        print(i,end='')
	    print('*')
		for i in range(6):
		    if i %2 !=0:
		        print(i,end='')
		        continue
		    print('*')

运行结果	* 1* * 3* * 5*	* 1* 3* 5

4.8.3 pass 语句

当某个子句无须任何操作，可使用 pass 语句保持程序结构的完整性。

【例 4-21】 pass 语句。

```
for letter in 'Python':
    if letter =='h':
        pass
        print('This is pass block')
    print('Current Letter:', letter)
print("Good bye!")
```

程序运行结果如下。

```
Current Letter: P
Current Letter: y
Current Letter: t
This is pass block
Current Letter: h
Current Letter: o
Current Letter: n
Good bye!
```

第 5 章

Python 函数

复杂的问题通常采用“分而治之”的思想解决，把大任务分解为多个小的任务，解决每个小的容易的子任务，从而解决较大的复杂任务。本章介绍函数的声明和调用、返回值及函数的四种参数，以及两类特殊的函数等相关知识。

5.1 函数声明与调用

5.1.1 函数声明

函数是可重复使用的，用来实现单一或相关联功能的代码段。函数能提高代码的重复利用率。Python 提供了许多内建函数，如 print()等。用户自己创建的函数称为用户自定义函数，语法格式如下。

```
def <函数名>([<形参列表>]):
  [<函数体>]
```

说明：

- 函数使用关键字 def(define 的缩写)声明，函数名为有效的标识符和圆括号()。
- 任何传入参数和自变量必须放在圆括号中间，圆括号之间用于定义参数。
- 函数内容以冒号起始，并且缩进。
- 函数名下的每条语句前都要用 Tab 键缩进，没有缩进的第一行则被视为在函数体之外的语句，与函数同级的程序语句。
- return [表达式] 结束函数，选择性地返回一个值给调用方。不带表达式的 return 相当于返回 None。

【例 5-1】 函数声明，如图 5-1 所示。

hello 是函数的名称，后面的括号里是参数，这里没有，表示不需要参数。但括号和后面的冒号都不能少。

```
>>> def hello():
...     print("Hello World!")
...
>>> hello()
Hello World!
```

图 5-1 函数声明

5.1.2 函数调用

在 Python 中，函数调用的语法格式为：

```
函数名([实际参数])
```

函数调用时传递的参数是实参，实参可以是变量、常量或表达式。当实参个数超过一个时，用逗号分隔，实参和形参应在个数、类型和顺序上一一对应。对于无参函数，调用时实参为空，但()不能省略。

【例 5-2】 利用海伦公式，求三角形面积。

程序代码如下。

```
import math
def triarea(x,y,z):
      s = (x +y +z) / 2
      print(math.sqrt((s -x) * (s -y) * (s -z) * s) )
triarea(3,4,5)
```

程序运行结果如下。

```
6.0
```

triarea(3,4,5) 调用 triarea(x,y,z)，程序执行步骤如图 5-2 所示。

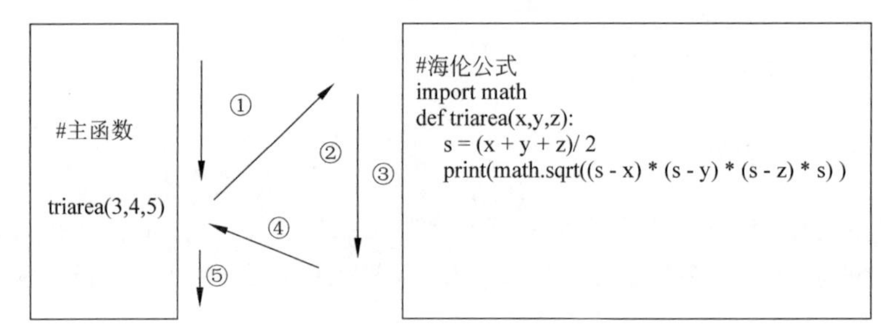

图 5-2 函数调用

函数调用步骤如下。

步骤 1：运行主函数，如图 5-2 中①箭头所示，当运行到 triarea(3,4,5)语句时，主函数中断，Python 寻找同名的 triarea()函数。如果没有找到，Python 提示语法错误。

步骤 2：找到同名函数，进行函数调用，实现将实参的值传递给形参，如图 5-2 中②箭头所示。

triarea(3,4,5)中 3,4,5 是实参的取值。

triarea(x , y, z)中 x,y,z 是形参。

在实参和形参结合时，必须遵循以下三条规则。

(1) 实参和形参个数相等。

(2) 实参和形参的数据类型依次相同。

(3) 实参给形参依次传递，实参和形参传递如表 5-1 所示。

表 5-1 函数调用时，实参和形参传递的三条规则

三条规则	实参(3,4,5)	形参(x,y,z)	运行结果
参数个数	3 个	3 个	个数相等
参数类型	3 为整型 4 为整型 5 为整型	x 为整型 y 为整型 z 为整型	类型依次相同
依次传递			x 得到 3,y 得到 4,z 得到 5

步骤 3：执行海伦公式函数，如图 5-2 中③箭头所示。

步骤 4：海伦公式执行结束，程序返回到主函数的中断处，如图 5-2 中④箭头所示。

5.1.3　函数返回值

函数返回值是指函数被调用执行后，返回给主调函数的值。一个函数可以有返回值，也可以没有返回值。使用关键字 return 实现，形式如下。

```
return  表达式
```

return 语句使得程序控制从被调用函数返回到调用函数，并将返回值带回。

(1) 在函数内根据具体的 return 语句返回。

【例 5-3】 求两个数中的较大值。

```
def max(a,b):
    if a>b:
        return a
    else:
        return b
t=max(3,4)
print(t)
```

程序运行结果如下。

```
4
```

(2) 如果没有 return 语句，会自动返回 None；如果有 return 语句，但是 return 后面没有表达式，也返回 None。

【例 5-4】 没有 return 的语句。

```
def add(a,b):
    c=a+b
t=add(3,4)
print(t)
```

程序运行结果如下。

```
None
```

(3) 如果需要从函数中返回多个值时，可以使用元组作为返回值。

【例 5-5】 返回多个值。

```
def getMaxMin(a):
    max=a[0]
    min=a[0]
    for i in range(0,len(a)):
        if max<a[i]:
            max=a[i]
        if min>a[i]:
```

```
            min=a[i]
    return(max,min)


a_list=[4,8,3,0,-3,93,6]
x,y=getMaxMin(a_list)
print("")
print("最大值为",x,"最小值为",y,)
```

程序运行结果如下。

```
最大值为 93 最小值为 -3
```

5.2 参数传递

5.2.1 实参与形参

实参(实际参数)是指传递给函数的值,即在调用函数时,由调用语句传给函数的常量、变量或表达式。形参(形式参数)是在定义函数时,函数名后面括号中的变量,用逗号分隔。作为函数与主调程序交互的接口,用来接收调用该函数时传递的实参,从主调程序获得初值,或将计算结果返回给主调程序。

形参和实参具有以下特点。

(1) 函数在被调用前,形参只是代表了执行该函数所需要参数的个数、类型和位置,并没有具体的数值,形参只能是变量,不能是常量、表达式。只有当调用时,主调函数将实参的值传递给形参,形参才具有值。

(2) 形参只有在被调用时才分配内存单元,调用结束后释放内存单元,因此形参只在函数内部有效,函数调用结束返回主调用函数后则不能再使用该形参变量。

(3) 实参可以是常量、变量、表达式、函数等,无论实参是何种数据类型的变量,函数调用时必须是确定的值,以便把这些值传给形参。

(4) 实参和形参在数量、类型、顺序方面应严格一致,否则会发生类型不匹配错误。

5.2.2 传对象引用

Python 的参数传递与 C 语言不同,既不是传值(pass-by-value),也不是传引用(pass-by-reference),而是传对象引用(pass-by-object-reference),传递的是一个对象的内存地址。这种方式相当于传值和传址的一种综合。当函数收到的是可变对象(如字典或者列表)的引用,就能修改对象的原始值——相当于"传引用"。当函数收到的是不可变对象(如数字、字符或者元组)的引用,就不能直接修改原始对象——相当于"传值"。

【例 5-6】 数字和列表。

```
import sys
a=2
b=[1,2,3]
def change(x,y):
    x=3
```

```
    y[0]=4
change(a,b)
print(a,b)
```

程序运行结果如下。

```
2 [4, 2, 3]
```

数字作为一个不可变对象,a 的值没有变化,而 b 作为列表对象,是可变对象,所以 b 被改变了。

【例 5-7】 字符串和字典。

```
import sys
a="11111"
b={"a":1,"b":2,"c":3}
def change(x,y):
    x="222"
    y["a"]=4
change(a,b)
print(a,b)
```

程序运行结果如下。

```
11111 {'a': 4, 'c': 3, 'b': 2}
```

a 作为字符串是不可变对象,所以没有变化;b 作为字典是可变对象,所以被改变了。

5.3 参数分类

Python 的参数分为必备参数、默认参数、关键参数和不定长参数等。

5.3.1 必备参数

必备参数是指调用函数时,参数的个数、参数的数据类型,以及参数的输入顺序必须正确,否则会出现语法错误。

【例 5-8】 必备参数。

```
def printme(str):
    print(str)
    return
printme()
```

程序运行结果如图 5-3 所示。

5.3.2 默认参数

默认参数是指允许函数参数有默认值,如果调用函数时不给参数传值,参数将获得默认值。Python 通过在函数定义的形参名后加上赋值运算符(=)和默认值,给形参指定默认参数值。注意,默认参数值是一个不可变的参数。

```
>>> printme()
Traceback (most recent call last):
  File "<stdin>", line 1, in <module>
TypeError: printme() missing 1 required positional argument: 'str'
```

图 5-3 运行结果

【例 5-9】 使用默认参数值。

```
def say(message, times =1):
     print(message * times)

#调用函数
say('Hello')              #默认参数 times 为 1
say('World', 4)
```

程序运行结果如下。

```
Hello
WorldWorldWorldWorldWorld
```

5.3.3 关键参数

函数的多个参数值一般默认从左到右依次传入。但是,Python 也提供了灵活的传参顺序,引入了关键参数。关键参数又称为命名参数,用于改变指定参数的顺序。

【例 5-10】 使用关键参数。

```
def func(a, b=4, c=10):
  print('a is', a, 'and b is', b, 'and c is', c)
#调用函数
func(3, 7)
func(24, c=24)
func(c=40, a=100)
```

程序运行结果如下。

```
a is 3 and b is 7 and c is 10
a is 24 and b is 4 and c is 24
a is 100 and b is 4 and c is 40
```

5.3.4 不定长参数

不定长参数又称为可变长参数,参数以一个 * 号开头代表接收元组,以两个 * 号开头代表接收字典。

【例 5-11】 不定长参数。

```
def foo(x, * y, * * z):
    print(x)
    print(y)
```

```
    print(z)
```

程序运行结果如下。

根据输入数据的不同,分别有如下三种执行效果。

效果 1: 输入 foo(1)

程序运行结果如下。

```
1
()
{}
```

效果 2: 输入 foo(1,2,3,4)

程序运行结果如下。

```
1
(2, 3, 4)
{}
```

效果 3: 输入 foo(1,2,3,a="a",b="b")

程序运行结果如下。

```
1
(2, 3)
{'a': 'a', 'b': 'b'}
```

5.4　两类特殊函数

5.4.1　匿名函数

匿名函数是指 lambda 表达式,不使用 def 定义函数,所有使用 lambda 函数的地方都可以使用普通函数(def 声明的函数)来代替。语法如下。

```
lambda parameters:expression
```

参数如下。

- parameters：可选,通常是以逗号分隔的变量表达式。
- expression：条件表达式,不能包含分支或循环,也不能包含 return 函数。

【例 5-12】 lambda 函数。

```
sum =lambda arg1, arg2: arg1 +arg2
#调用 sum 函数
print ("相加后的值为: ", sum( 10, 20 ))
```

程序运行结果如下。

```
相加后的值为: 30
```

5.4.2 递归函数

【例 5-13】 计算 4 的阶乘。

两种方法如表 5-2 所示。方法一通过循环语句来计算阶乘,该方法的前提是了解阶乘的计算过程,并可用语句把计算过程模拟出来。方法二通过递推关系将原来的问题缩小成一个规模更小的同类问题,将 4 的阶乘问题转换为 3 的阶乘问题,只需找到 4 的阶乘和 3 的阶乘之间的递推关系,以此类推,直到在某一规模上(当 n 为 1 时)问题的解已知,其后,回归。这种解决问题的思想称为递归。

表 5-2 计算阶乘

方 法 一	方 法 二
循　　环	递　　归

s =1
for i in range(1,4):
    s =s * i
print(s)
	def fac(n):
	    if n==1:
	        return 1
	    return n * fac(n -1)

fac(4)递归求解过程如图 5-4 所示。

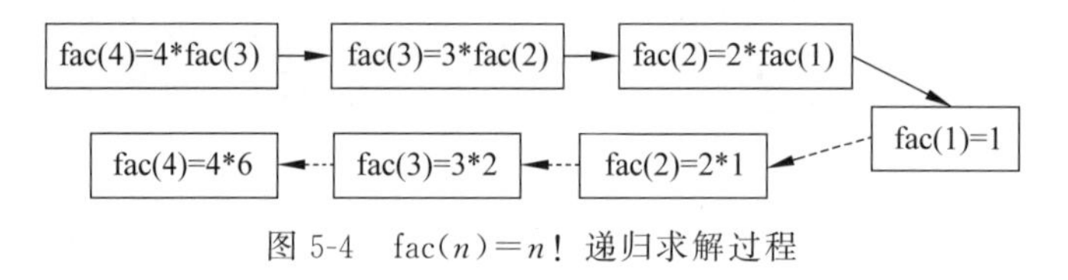

图 5-4 $\text{fac}(n)=n!$ 递归求解过程

递归调用的过程类似于多个函数的嵌套调用,只不过这时的调用函数和被调用函数是同一个函数,即在同一个函数中进行嵌套调用。

递归是通过"栈"来实现的,按照"后调用先返回"的原则——每当函数调用时,就在栈顶分配一个存储区;每当退出函数时,就在栈顶释放该存储区。

下面以 fac(4!)来分析其如何在内存中进行数据的入栈与出栈。

第一阶段:递推阶段(入栈)。

(1) 初始调用 fac(4!)会在栈中产生第一个活跃记录,输入参数 $n=4$,输出参数 $n=3$,如图 5-5 中第 1 步所示。

(2) 由于 fac(4!)调用没有满足函数的终止条件,因此 fac()将继续以 $n=3$ 为参数递归调用,在栈上创建另一个活跃记录,$n=3$ 成为第一个活跃期中的输出参数,同时又是第二个活跃期中的输入参数,这是因为在第一个活跃期内调用 fact()产生了第二个活跃期,如图 5-5 中第 2 步所示。

(3) 以此类推,这个入栈过程将一直继续,直到 n 的值变为 1,此时满足终止条件,fac()将返回 1,如图 5-5 中第 3、4 步所示。

第二阶段:回归阶段(出栈)。

(1) 当 $n=1$ 时的活跃期结束,$n=2$ 时的递归计算结果就是 $2\times1=2$,因而 $n=2$ 时的活跃期也将结束,返回值为 2,如图 5-5 中第 5 步所示。

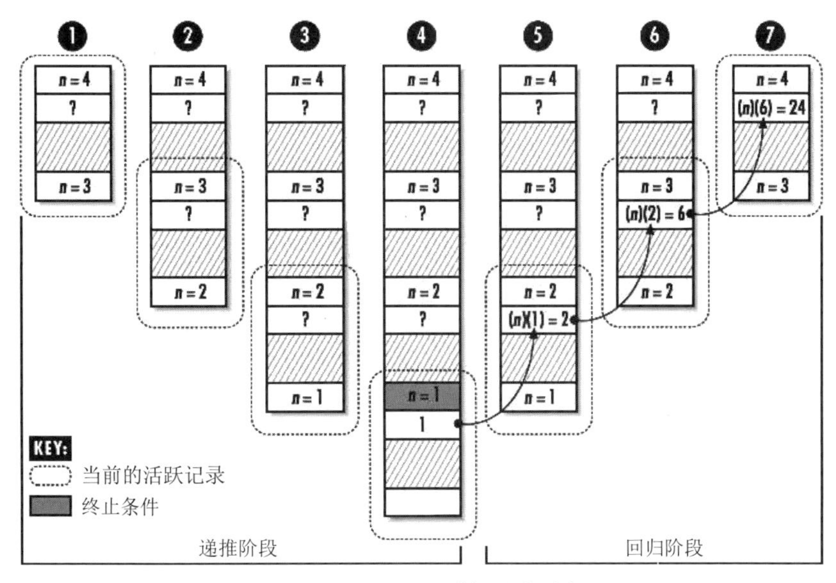

图 5-5　以 fac(4!)讲解基本递归

(2) 如此反复，$n=3$ 的递归计算结果表示为 $3\times2=6$，因此 $n=3$ 时的活跃期结束，返回值为 6，如图 5-5 中第 6 步所示。

(3) 最终，当 $n=4$ 时的递归计算结果将表示为 $6\times4=24$，$n=4$ 时的活跃期将结束，返回值为 24，如图 5-5 中第 7 步所示，递归过程结束。

递归调用的另一种形式是尾递归。尾递归是指函数中所有递归形式的调用都出现在函数的末尾，即当递归调用是整个函数体中最后执行的语句且它的返回值不属于表达式的一部分时，这个递归调用就是尾递归。由于尾递归是函数的最后一条语句，则当该语句执行结束从下一层返回至本层后立刻又返回至上一层，因此在进入下一层递归时，不需要继续保存本层所有的实参数和局部变量，即不做入栈操作而是将栈顶活动记录中的所有实参数更改为下一层的实参数，从而不需要进行任何其他操作而是连续出栈。

计算 $n!$ 的尾递归函数如下：

$$F(n,a)=\begin{cases}a, & n=1\\ F(n-1,na), & n>1\end{cases}$$

尾递归函数为 $F(n,a)$，与基本递归 fac(n)相比多了第二个参数 a，a 用于维护递归层次的深度，初始值为 1，从而避免每次需要将返回值再乘以 n。尾递归是在每次递归调用中，令 $a=na$ 并且 $n=n-1$，持续递归调用，直到满足结束条件 $n=1$，返回 a 即可。

尾递归计算 4! 的过程如图 5-6 所示。$F(4,1)$的递归过程如下。

$$F(4,1)=F(3,4\times1)\rightarrow F(2,3\times4\times1)\rightarrow F(1,2\times3\times4\times1)$$

$n!$ 的尾递归代码如下。

```
def F(n,a):
    if n==1:
        return a
    else:
        return F(n -1, n * a)
```

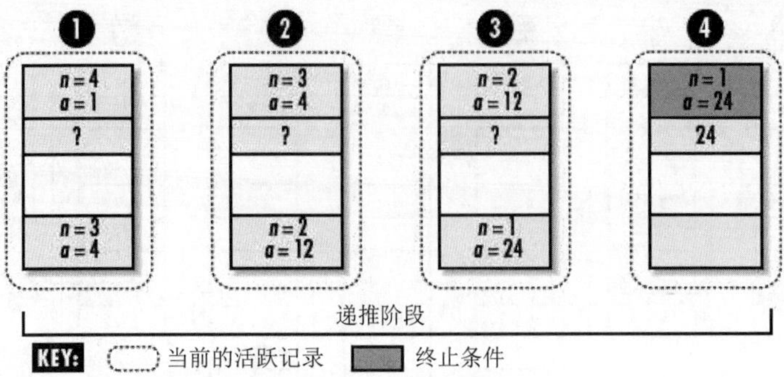

图 5-6 以 $F(4,1)$讲解尾递归

```
#调用 F(n,a)函数
print(F(4,1))
```

递归简洁、清晰、可读性强,但执行效率低。

【例 5-14】 列表元素个数的加权和。

输入一个嵌套列表,嵌套层次不限,根据层次,求列表元素的加权个数和。第一层每个元素算一个元素,第二层每个元素算两个元素,第三层每个元素算三个元素,第四层每个元素算四个元素,…,以此类推。

输入格式:

在一行中输入一个列表。

输出格式:

在一行中输出加权元素个数值。

输入样例:

在这里给出一组输入。例如:

```
[1,2,[3,4,[5,6],7],8]
```

输出样例:

在这里给出相应的输出。例如:

```
15
```

代码如下。

```
def f(a,b):
    s=0
    for i in a:
        if isinstance(i,list):
            s=s+f(i,b+1)
        else:
            s=s+b
    return s
s=eval(input(""))
r=f(s,1)
```

```
print(r)
```

【例 5-15】 斐波那契数列。

斐波那契(Fibonacci)数列又称为黄金分割数列,其值为 1,1,2,3,5,8,13,21,…。

方法一:递归。

递归函数 Fib()定义如下。

$$\text{Fib}(n)=\begin{cases}1, & n=0\\ 1, & n=1\\ \text{Fib}(n-1)+\text{Fib}(n-2), & n>1\end{cases}$$

递归函数 Fib()代码如下。

```
def fib(n):
    if n==0:
        return 1
    if n==1:
        return 1
    if n>1:
        return fib(n-1)+fib(n-2)

def fib_recursion(n):
    return[fib(i) for i in range(0,n)]

num=fib_recursion(5)
print(num)
```

程序运行结果如下。

```
[1, 1, 2, 3, 5]
```

Fib(5)的计算过程如图 5-7 所示,其中,Fib(1)计算了 2 次,Fib(2)计算了 3 次,Fib(3)计算了 2 次,本来只需要 5 次计算就可以完成,却计算了 9 次,多算了 4 次,而这些冗余的重复计算完全没有必要。

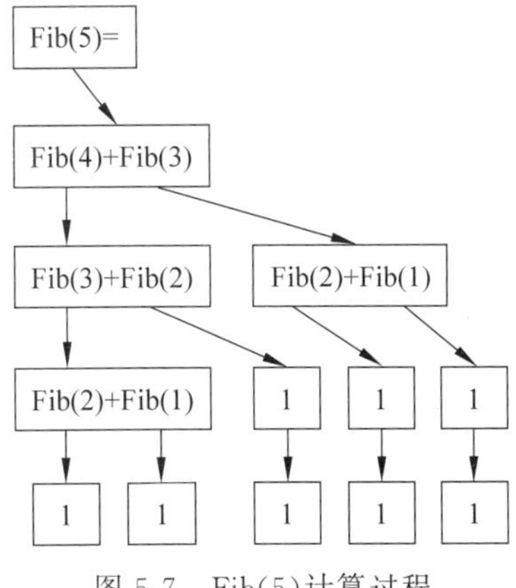

图 5-7 Fib(5)计算过程

方法二：递推。

Fib 数列如图 5-8 所示，前一次公式中的变量的取值位置和后一次公式中的变量的取值位置之间存在着一个恒定的关系表达式：$f = F_2+F_1$。

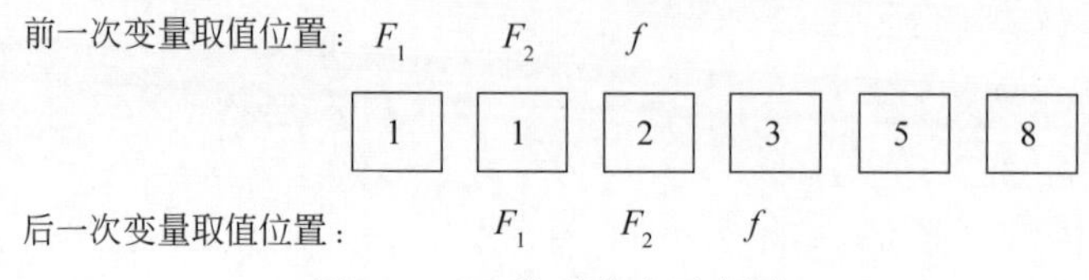

图 5-8　Fib 数列公式示意图

(1) 将前一次的 F_2 赋值给后一次的 F_1，得到 $F_1=F_2$。

(2) 将前一次的 f 赋值给后一次的 f_2，得到 $f_2=f$。

Fib()递推代码如下。

```
def fib_loop(n):
    result_list=[]
    a,b=0,1
    while n>0:
        result_list.append(b)
        a,b =b,a+b
        n-=1
    return result_list
num=fib_loop(5)
print(num)
```

第 6 章

Python 数据科学

本章重点介绍了数据科学模块 NumPy 和 SciPy，数据可视化 Matplotlib 和 Seaborn，以及统计与分析模块 Pandas。其中，NumPy 负责数值计算、矩阵操作等；Matplotlib 和 Seaborn 负责数据可视化；Pandas 用于数据清洗等。SciPy 负责常见的数学算法、插值、拟合等。

6.1 科学计算

科学计算是指在科学与工程领域，使用计算机数学建模和数值分析技术分析和解决问题的过程。科学计算属于计算机科学、数学、问题领域的交叉学科，如图 6-1 所示。

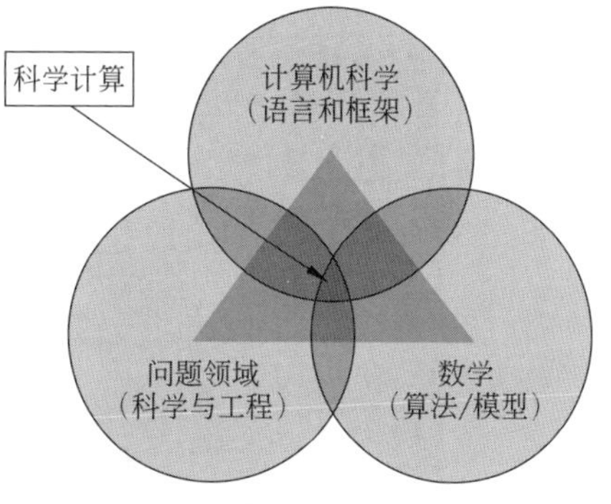

图 6-1 科学计算的地位

Python 数据分析具有如下内容：

1. 数据获取

数据获取可以通过 Python 爬虫取得数据，或者来自于数据源(如 Sklearn 自带数据集，NLTK 自带的语料集等)。

2. 数据清洗

数据清洗处理缺失数据、重复数据、不一致数据，对数据进行标准化等预处理。如对数据的增、删、改、查，排序与索引，聚合等。

3. 数据分析

对数据进行描述性分析和探索性分析，及统计和可视化分析。

4. 数据报告

确定目标任务，对数据给予合适的呈现形式。

Python 使用如下的库进行科学计算。

(1) NumPy 作为 Python 科学计算最核心的扩展库，用于科学分析和建模。

(2) Matplotlib 用于数据可视化，绘制线性图、直方图、散点图等各种图。

(3) Pandas 用于数据清洗，对噪声数据进行处理。

(4) SciPy 在优化、非线性方程求解、常微分方程等方面应用广泛。

Python 数据分析相关扩展库如表 6-1 所示。

表 6-1 Python 数据分析相关扩展库

扩展库	简 介
NumPy	提供数组支持,以及相应的高效处理函数
Matplotlib	强大的数据可视化工具、作图库
Pandas	强大的数据分析和探索工具
SciPy	提供矩阵支持,以及矩阵相关的数值计算模块

打开 Anaconda Prompt,输入 conda list 可以查看所有安装的包,如图 6-2 所示。

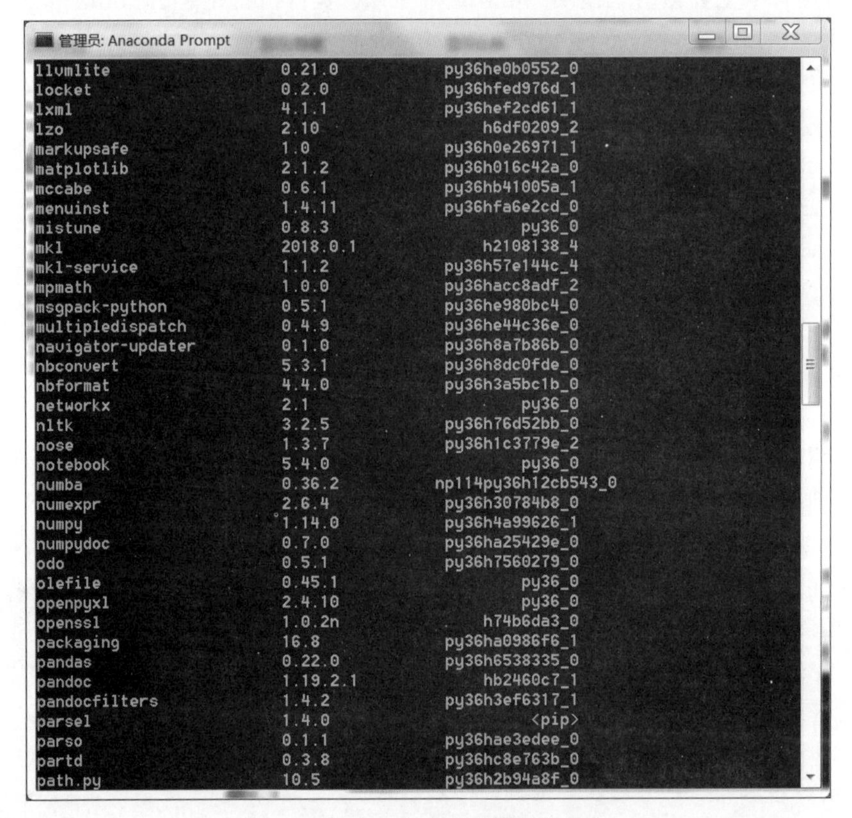

图 6-2 Anaconda 包含的科学计算包

NumPy

6.2 NumPy

6.2.1 认识 NumPy

NumPy(Numerical Python)在 Anaconda Prompt 下使用命令 pip install numpy 进行安装,如图 6-3 所示。

Python 的 array 模块不支持多维,也没有各种运算函数,不适合做数值运算。而

```
(base) C:\Users\Administrator>pip install numpy
Requirement already satisfied: numpy in c:\programdata\anaconda3\lib\site-packag
es
You are using pip version 9.0.3, however version 10.0.0 is available.
You should consider upgrading via the 'python -m pip install --upgrade pip' comm
and.
```

图 6-3　安装 NumPy

NumPy 提供同质多维数组 ndarray 正好弥补不足。ndarray 的重要属性如表 6-2 所示。

表 6-2　ndarray 对象的属性

属 性 名	含　　义
ndarray.ndim	数组的轴(维度)的数量
ndarray.shape	数组的维度。元组表示每个维度上的大小。对于 n 行 m 列的矩阵,shape 就是(n,m)
ndarray.size	数组中元素的总个数。等于 shape 元素的乘积
ndarray.dtype	用来描述数组中元素类型的对象
ndarray.itermsize	数组中每个元素的字节大小。例如,一个类型为 float64 的元素的数组的 itemsize 为 8
ndarray.data	该缓冲区包含数组的实际元素

NumPy 的相关方法如表 6-3 所示。

表 6-3　NumPy 相关方法

方　　法	含　　义
numpy.array	创造一组数
numpy.random.normal	创造一组服从正态分布的定量数
numpy.random.randint	创造一组服从均匀分布的定性数
numpy.mean	计算均值
numpy.median	计算中位数
numpy.ptp	计算极差
numpy.var	计算方差
numpy.std	计算标准差
numpy.cov	计算协方差
numpy.corrcoef	计算相关系数

6.2.2　创建数组

创建数组有 array()、arange()、linspace()和 logspace()四种方法,分别如下。

方法 1：array()创建数组,将元组或列表作为参数。

【例 6-1】　array()举例。

```
import numpy as np                                  #引入 numpy 库
a=np.array([[1,5],[4,5,7]])                         #创建数组,将元组或列表作为参数
a5 =np.array(([1,5,3,4,5],[6,7,8,9,5]))             #创建二维的 narray 对象
print(type(a))                                      #a 的类型是数组
print(type(a5))
print(a)
print(a5)
```

程序运行结果如下。

```
<class 'numpy.ndarray'>
<class 'numpy.ndarray'>
[list([1, 5]) list([4, 5, 7])]
[[ 1 5 3 4 5]
 [ 6 7 8 9 5]]
```

方法 2：arange()创建数组。与 range()函数相似。

【例 6-2】 arange()举例。

```
import numpy as np
a=np.arange(10)                                     #利用 arange()函数创建数组
print(a)
a5=np.arange(1,2,0.1)
print(a5)
```

程序运行结果如下。

```
[0  1  2  3  4  5  6  7  8  9]
[1.  1.1 1.2 1.3 1.4 1.5 1.6 1.7 1.8 1.9]
```

方法 3：linspace()用于创建指定数量等间隔的序列,实际生成一个等差数列。

【例 6-3】 linspace()举例。

```
import numpy as np
a=np.linspace(0,1,10)                               #从 0 开始到 1 结束,共 10 个数的等差数列
print(a)
```

程序运行结果如下。

```
[0.         0.11111111 0.22222222 0.33333333 0.44444444 0.55555556
 0.66666667 0.77777778 0.88888889 1.        ]
```

方法 4：logspace()用于生成等比数列。

【例 6-4】 logspace()举例。

```
import numpy as np
a =np.logspace(0,1,5)
#生成首位是 10 的 0 次方,末位是 10 的 1 次方,含 5 个数的等比数列
print(a)
```

程序运行结果如下。

```
[ 1.          1.77827941 3.16227766 5.62341325 10.         ]
```

6.2.3 查看数组

【例 6-5】 查看数组。

```
import numpy as np                               #引入 numpy 库
a=np.array([[1,5],[4,5,7],3])                    #创建数组,将元组或列表作为参数
a5 =np.array(([1,5,3,4,5],[6,7,8,9,5]))          #创建二维的 narray 对象
print(type(a))                                   #a 的类型是数组
print(a)
print(a5)
print(a.dtype)                                   #查看 a 数组中每个元素的类型
print(a5.dtype)                                  #查看 a5 数组中每个元素的类型
print(a.shape)                                   #查看数组的行列,3 行
print(a5.shape)                                  #查看数组的行列,返回行列的元组,5 行 5 列
print(a.shape[0])                                #查看 a 的行数
print(a5.shape[1])                               #查看 a5 的列数
print(a.ndim)                                    #获取数组的维数
print(a5.ndim)
print(a5.T)                                      #简单转置矩阵 ndarray
```

程序运行结果如下。

```
<class 'numpy.ndarray'>
[list([1, 5]) list([4, 5, 7]) 3]
[[ 1 5 3 4 5]
 [ 6 7 8 9 5]]
object
int32
(3,)
(2, 5)
3
5
1
5
[[ 1 6]
 [ 5 7]
 [ 3 8]
 [ 4 9]
 [ 5 5]]
```

6.2.4 索引和切片

【例 6-6】 索引和切片。

```
import numpy as np
a =np.array([[1,2,3,4,5],[6,7,8,9,10]])
print(a)
print(a[:])                     #选取全部元素
print(a[1])                     #选取行为 1 的全部元素
print(a[0:1])                   #截取[0,1)的元素
print(a[1,2:5])                 #截取第二行第[2,5)的元素[8 9 10]
print(a[1,:])                   #截取第二行,返回 [6 7 8 9 10]
print(a[1,2])                   #截取行号为 1,列号为 5 的元素 8
print(a[1][2])                  #截取行号为 1,列号为 5 的元素 8,与上面的语句等价

#按条件截取
print(a[a>5])                   #截取矩阵 a 中大于 5 的数,范围是一维数组
print(a>5)                      #比较 a 中每个数和 5 的大小,输出值为 False 或 True
a[a>5] =0                       #把矩阵 a 中大于 6 的数变成 0
print(a)
```

程序运行结果如下。

```
[[ 1  2  3  4  5]
 [ 6  7  8  9 10]]
[[ 1  2  3  4  5]
 [ 6  7  8  9 10]]
[ 6  7  8  9 10]
[[1 2 3 4 5]]
[ 8  9 10]
[ 6  7  8  9 10]
8
8
[ 6  7  8  9 10]
[[False False False False False]
 [ True  True  True  True  True]]
[[1 2 3 4 5]
 [0 0 0 0 0]]
```

6.2.5 矩阵运算

【例 6-7】 矩阵运算。

```
import numpy as np
import numpy.linalg as lg        #求矩阵的逆需要先导入 numpy.linalg
a1 =np.array([[1,2,3],[4,5,6],[5,4,5]])
a5 =np.array([[1,5,4],[3,4,8],[8,5,6]])
print(a1+a5)                     #相加
print(a1-a5)                     #相减
```

```
print(a1/a5)                    #对应元素相除,如果都是整数则取商
print(a1%a5)                    #对应元素相除后取余数
print(a1**5)                    #矩阵每个元素都取 n 次方
print(a1.dot(a5))               #点乘满足:第一个矩阵的列数等于第二个矩阵的行数
print(a1.transpose())           #转置等价于 print(a1.T)
print(lg.inv(a1))               #用 linalg 的 inv()函数来求逆
```

程序运行结果如下。

```
[[ 2  7  7]
 [ 7  9 14]
 [13  9 11]]
[[ 0 -3 -1]
 [ 1  1 -2]
 [-3 -1 -1]]
[[1.         0.4        0.75      ]
 [1.33333333 1.25       0.75      ]
 [0.625      0.8        0.83333333]]
[[0 2 3]
 [1 1 6]
 [5 4 5]]
[[   1   32  243]
 [1024 3125 7776]
 [3125 1024 3125]]
[[31 28 38]
 [67 70 92]
 [57 66 82]]
[[1 4 5]
 [2 5 4]
 [3 6 5]]
[[-0.16666667 -0.33333333  0.5       ]
 [-1.66666667  1.66666667 -1.        ]
 [ 1.5        -1.          0.5       ]]
```

6.3 Matplotlib

Matplotlib

6.3.1 认识 Matplotlib

数据可视化是指通过图表形式展现数据,揭示数据背后的规律。Matplotlib 是可视化数据的最基本库。在 Anaconda Prompt 下使用如下命令进行安装：pip install matplotlib，如图 6-4 所示。

导入 matplotlib 一般使用如下语句：

```
import matplotlib.pyplot as plt
```

```
(base) C:\Users\Administrator>pip install matplotlib
Requirement already satisfied: matplotlib in c:\programdata\anaconda3\lib\site-p
ackages
Requirement already satisfied: numpy>=1.7.1 in c:\programdata\anaconda3\lib\site
-packages (from matplotlib)
Requirement already satisfied: six>=1.10 in c:\programdata\anaconda3\lib\site-pa
ckages (from matplotlib)
Requirement already satisfied: python-dateutil>=2.1 in c:\programdata\anaconda3\
lib\site-packages (from matplotlib)
Requirement already satisfied: pytz in c:\programdata\anaconda3\lib\site-package
s (from matplotlib)
Requirement already satisfied: cycler>=0.10 in c:\programdata\anaconda3\lib\site
-packages (from matplotlib)
Requirement already satisfied: pyparsing!=2.0.4,!=2.1.2,!=2.1.6,>=2.0.1 in c:\pr
ogramdata\anaconda3\lib\site-packages (from matplotlib)
You are using pip version 9.0.3, however version 10.0.0 is available.
You should consider upgrading via the 'python -m pip install --upgrade pip' comm
and.
```

图 6-4　Matplotlib 安装

【例 6-8】　使用 Matplotlib 作图。

```
import matplotlib.pyplot as plt
fig =plt.figure()
ax =fig.add_subplot(111)
ax.set(xlim=[0.5, 4.5], ylim=[-2, 8], title='An Example Axes',
      ylabel='Y-Axis', xlabel='X-Axis')
plt.show()
```

运行结果如图 6-5 所示。

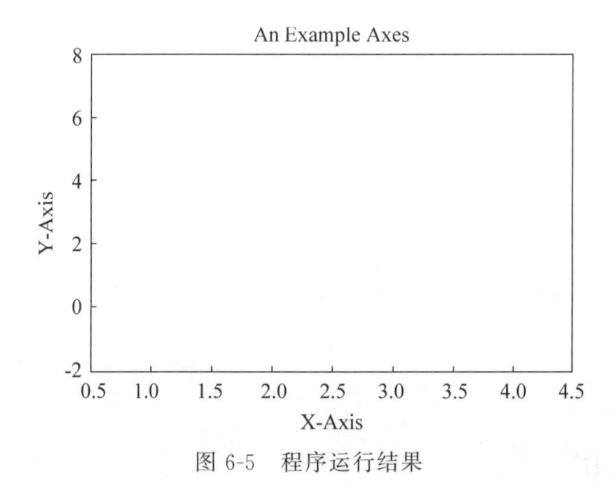

图 6-5　程序运行结果

Matplotlib 可以绘制多种图,如线形图、散点图、饼状图、直方图等。

6.3.2　线形图

线形图简单易制,Matplotlib 提供 plot()函数绘制一系列点,用线将其串连起来。

【例 6-9】　绘制线形图。

```
import numpy as np
import matplotlib.pyplot as plt
```

```
x =np.linspace(0, np.pi)
y_sin =np.sin(x)
y_cos =np.cos(x)

fig =plt.figure()
#add_subplot(221) 前面两个参数确定了面板的划分,第三个参数表示第几个 Axis
ax1 =fig.add_subplot(221)
ax2 =fig.add_subplot(222)
ax3 =fig.add_subplot(224)

ax1.plot(x, y_sin)
ax2.plot(x, y_sin, 'go--', linewidth=2, markersize=12)
ax3.plot(x, y_cos, color='red', marker='+', linestyle='dashed')      #颜色,标记,线型
```

运行结果如图 6-6 所示。

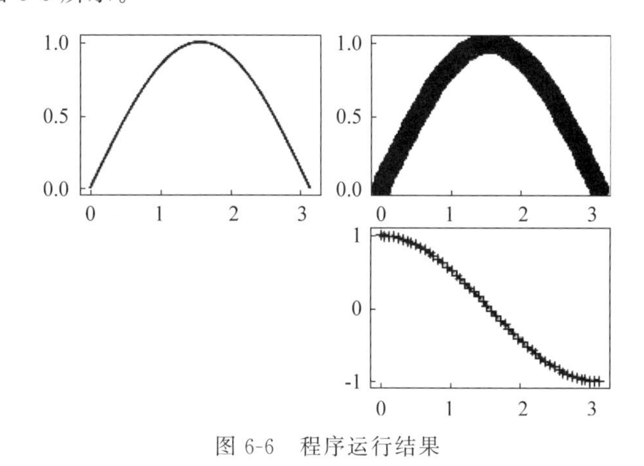

图 6-6 程序运行结果

6.3.3 散点图

散点图用于表示多个变量之间的相关性。Matplotlib 提供 scatter()函数绘制散点图。

【例 6-10】 绘制散点图。

```
import matplotlib.pyplot as plt
import numpy as np
  N =50
  plt.scatter(np.random.rand(N) * 50, np.random.rand(N) * 50, c='r', s=50,
  alpha=0.5)
  plt.scatter(np.random.rand(N) * 50, np.random.rand(N) * 50, c='g', s=500,
  alpha=0.5)
  plt.scatter(np.random.rand(N) * 50, np.random.rand(N) * 50, c='b', s=300,
  alpha=0.5)
  plt.show()
```

运行结果如图 6-7 所示。

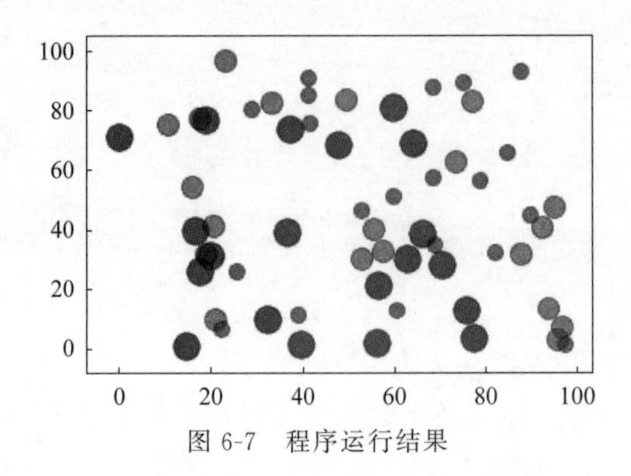

图 6-7 程序运行结果

6.3.4 饼状图

饼状图是用被分成若干部分的圆表示部分在整体中所占比例。Matplotlib 提供 pie()函数绘制饼状图。

【例 6-11】 绘制饼状图。

```
import matplotlib.pyplot as plt
import numpy as np
labels =['Mon', 'Tue', 'Wed', 'Thu', 'Fri', 'Sat', 'Sun']
data =np.random.rand(7) * 100
plt.pie(data, labels=labels, autopct='%1.1f%%')
plt.axis('equal')
plt.legend()
plt.show()
```

运行结果如图 6-8 所示。

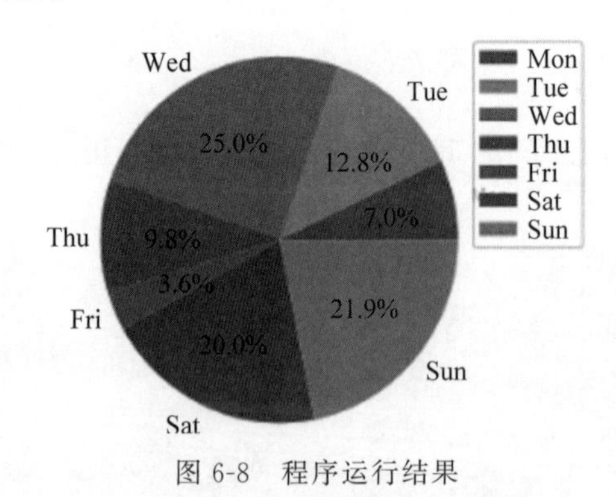

图 6-8 程序运行结果

6.3.5 直方图

直方图用于显示每个变量出现的频率，与条形图有些类似。但其含义不同，条形图用于比较类别的值，而直方图用于显示变量的分布。Matplotlib 提供 hist()函数绘制直方图。

【例 6-12】 绘制直方图。

```
import matplotlib.pyplot as plt
import numpy as np
data =[np.random.randint(0, n, n) for n in [3000, 4000, 5000]]
labels =['3K', '4K', '5K']
bins =[0, 100, 500, 500, 5000, 3000, 4000, 5000]
plt.hist(data, bins=bins, label=labels)
plt.legend()
  plt.show()
```

运行结果如图 6-9 所示。

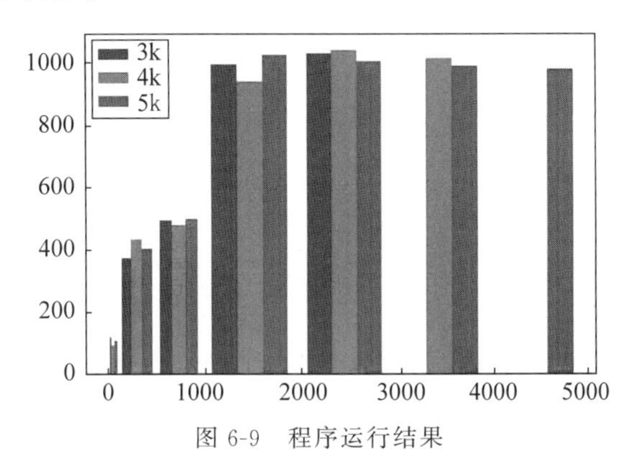

图 6-9 程序运行结果

6.4 Pandas

Pandas

6.4.1 认识 Pandas

在 Anaconda Prompt 下使用如下命令进行安装，pip install pandas，如图 6-10 所示。

```
(base) C:\Users\Administrator>pip install pandas
Requirement already satisfied: pandas in c:\programdata\anaconda3\lib\site-packa
ges
Requirement already satisfied: python-dateutil>=2 in c:\programdata\anaconda3\li
b\site-packages (from pandas)
Requirement already satisfied: pytz>=2011k in c:\programdata\anaconda3\lib\site-
packages (from pandas)
Requirement already satisfied: numpy>=1.9.0 in c:\programdata\anaconda3\lib\site
-packages (from pandas)
Requirement already satisfied: six>=1.5 in c:\programdata\anaconda3\lib\site-pac
kages (from python-dateutil>=2->pandas)
You are using pip version 9.0.3, however version 10.0.0 is available.
You should consider upgrading via the 'python -m pip install --upgrade pip' comm
and.
```

图 6-10 安装 Pandas

Pandas 具有 Series 和 DataFrame 两个最重要的数据类型，如表 6-4 所示。

表 6-4 Pandas 的两个数据结构

名 称	维 度	说 明
Series	一维	带有标签的同构数据类型一维数组，与 NumPy 中的一维数组类似。二者与 Python 基本的数据结构 List 也很相近，其区别是 List 中的元素可以是不同的数据类型，而 Array 和 Series 只允许存储相同的数据类型
DataFrame	二维	带有标签的异构数据类型二维数组，DataFrame 有行和列的索引，可以看作 Series 的容器，一个 DataFrame 中可以包含若干个 Series，DataFrame 的行和列的操作大致对称

6.4.2 Series

Series 由数据以及数据标签(即索引)组成，可以认为是 NumPy 的 ndarray，类似于一维数组的对象。

1. 创建 Series

创建 Series 对象的函数是 Series()，主要参数是 data 和 index，语法格式如下。

```
pandas.Series(data=None, index=None, name=None)
```

参数说明如下。

- data：接收 array 或 dict。表示接收的数据。默认为 None。
- index：接收 array 或 list。表示索引，它必须与数据长度相同。默认为 None。
- name：接收 string 或 list。表示 Series 对象的名称。默认为 None。

1）通过 ndarray 创建 Series

【例 6-13】 通过 ndarray 创建 Series。

```
import pandas as pd
import numpy as np
print('通过 ndarray 创建的 Series 为: \n', pd.Series(np.arange(3), index =['a', 'b
', 'c'], name ='ndarray'))
```

程序运行结果如下。

通过 ndarray 创建的 Series 为：

```
a    0
b    1
c    2
Name: ndarray, dtype: int32
```

2）通过 dict 创建 Series

dict 的键作为 Series 的索引，dict 的值作为 Series 的值，因此无须传入 index 参数。

【例 6-14】 通过 dict 创建 Series 对象。

```
import pandas as pd
dict ={'a': 0, 'b': 1, 'c': 5, 'd': 3, 'e': 4}
print('通过 dict 创建的 Series 为: \n', pd.Series(dict))
```

3）通过 list 创建 Series

【例 6-15】 通过 list 创建 Series 对象。

```
import pandas as pd
list1 =[0, 1, 5, 3, 4]
print('通过 list 创建的 Series 为: \n', pd.Series(list1, index =['a', 'b', 'c', 'd',
'e'], name ='list'))
```

2. Series 属性

Series 拥有如下 8 个常用属性。

（1）values：以 ndarray 格式返回 Series 对象的所有元素。

（2）index：返回 Series 对象的索引。

（3）dtype：返回 Series 对象的数据类型。

（4）shape：返回 Series 对象的形状。

（5）nbytes：返回 Series 对象的字节数。

（6）ndim：返回 Series 对象的维度。

（7）size：返回 Series 对象的个数。

（8）T：返回 Series 对象的转置。

【例 6-16】 访问 Series 的属性。

```
import pandas as pd
series1 =pd.Series([1, 2, 3, 4])
print("series1:\n{}\n".format(series1))
print("series1.values: {}\n".format(series1.values))        #Series 中的数据
print("series1.index: {}\n".format(series1.index))          #Series 中的索引
print("series1.shape: {}\n".format(series1.shape))          #Series 中的形状
print("series1.ndim: {}\n".format(series1.ndim))            #Series 中的维度
```

程序运行结果如下。

```
series1:
0    1
1    2
2    3
3    4
dtype: int64
series1.values: [1 2 3 4]
series1.index: RangeIndex(start=0, stop=4, step=1)
series1.shape: (4,)
series1.ndim: 1
```

3. 访问 Series 数据

通过索引位置访问 Series 的数据。

【例 6-17】 访问 Series 的数据。

```
import pandas as pd
```

```
series2 =pd.Series([1,2,3,4,5,6,7], index=["C","D","E","F","G","A","B"])
#通过索引位置访问 Series 数据子集
print("series2 位于第 1 位置的数据为:",series2[0])
#通过索引名称(标签)也可以访问 Series 数据
print("E is {}\n".format(series2["E"]))
```

程序运行结果如下。

```
Series2 位于第 1 位置的数据为: 1
E is 3
```

4. 更新、插入和删除

采用赋值方式对指定索引标签(或位置)对应的数据进行修改。

1) 更新 Series 举例

【例 6-18】 更新 Series。

```
import pandas as pd
list1=[1,2,3,4,5]
series1 =pd.Series(list1, index =['a','b', 'c', 'd', 'e'], name ='list')
print("series1:\n{}\n".format(series1))
#更新元素
series1['a'] =3
print('更新后的 Series1 为: \n', series1)
```

程序运行结果如下。

```
series1:
a    1
b    2
c    3
d    4
e    5
Name: list, dtype: int64
更新后的 Series1 为:
a    3
b    2
c    3
d    4
e    5
Name: list, dtype: int64
```

2) 追加 Series 和插入单个值

通过 append()方法在原 Series 上追加新的 Series。若只在原 Series 上插入单个值,采用赋值方式。

【例 6-19】 追加 Series。

```
import pandas as pd
list1=[0,1,2,3,4]
```

```
series1 =pd.Series(list1, index =['a', 'b', 'c', 'd', 'e'], name ='list')
print("series1:\n{}\n".format(series1))
series2 =pd.Series([4, 5], index =['f', 'g'])
#追加 Series
print('在 series1 后插入 series2 为: \n', series1.append(series2))
```

程序运行结果如下。

```
series1:
a    0
b    1
c    2
d    3
e    4
Name: list, dtype: int64
```

在 series 后插入 series1 为：

```
a    0
b    1
c    2
d    3
e    4
f    4
g    5
dtype: int64
```

3）删除 Series 元素

使用 drop()方法可删除 Series 元素，参数为被删除元素对应的索引，inplace=True 表示改变原 Series。

【例 6-20】 删除 Series 元素。

```
import pandas as pd
list1=[0,1,2,3,4]
series1 =pd.Series(list1, index =['a','b','c','d','e'], name ='list')
print("series1:\n{}\n".format(series1))
#删除数据
series1.drop('e', inplace =True)
print('删除索引 e 对应数据后的 series1:\n',series1)
```

程序运行结果如下。

```
series1:
a    0
b    1
c    2
d    3
e    4
Name: list, dtype: int64
```

```
删除索引 e 对应数据后的 series1:
a    0
b    1
c    2
d    3
Name: list, dtype: int64
```

6.4.3 DataFrame

DataFrame 类似数据库中的表，既有行索引，也有列索引，DataFrame 可以看作是 Series 组成的字典，每个 Series 是 DataFrame 的一列。

1. 创建 DataFrame

DataFrame()函数用于创建 DataFrame 对象，其基本语法格式如下。

```
pandas.DataFrame(data=None, index=None, columns=None, dtype=None, copy=False)
```

参数说明如下。

- data：接收 ndarray、dict、list 或 DataFrame。表示输入数据。默认为 None。
- index：接收 index，ndarray。表示索引。默认为 None。
- columns：接收 index，ndarray。表示列标签(列名)。默认为 None。

1）通过 dict 创建 DataFrame

【例 6-21】 通过 dict 创建 DataFrame。

```
import pandas as pd
dict1 ={'col1': [0, 1, 2, 3, 4], 'col5': [5, 6, 7, 8, 9]}
print('通过 dict 创建的 DataFrame 为: \n', pd.DataFrame(dict1, index =['a', 'b',
'c', 'd', 'e']))
```

程序运行结果如下。

通过 dict 创建的 DataFrame 为：

```
   col1  col5
a    0     5
b    1     6
c    2     7
d    3     8
e    4     9
```

2）通过 list 创建 DataFrame

【例 6-22】 通过 list 创建 DataFrame。

```
import pandas as pd
list5 =[[0, 5], [1, 6], [2, 7], [3, 8], [4, 9]]
print('通过 list 创建的 DataFrame 为: \n',
      pd.DataFrame(list5, index =['a', 'b', 'c', 'd', 'e'], columns =['col1',
      'col5']))
```

3）通过 Series 创建 DataFrame

以 Series 创建 DataFrame，每个 Series 为一行，而不是一列，代码如下。

【例 6-23】 通过 Series 创建 DataFrame。

```
import pandas as pd
noteSeries =pd.Series(["C", "D", "E", "F", "G", "A", "B"], index=[1, 5, 3, 4, 5, 6,
7])
weekdaySeries =pd.Series(["Mon", "Tue", "Wed", "Thu","Fri", "Sat", "Sun"], index= [1,
5, 3, 4, 5, 6, 7])
df4 =pd.DataFrame([noteSeries, weekdaySeries])
print("df4:\n{}\n".format(df4))
```

程序运行结果如下。

```
df4:
    1    5    3    4    5    6    7
0   C    D    E    F    G    A    B
1  Mon  Tue  Wed  Thu  Fri  Sat  Sun
```

2. DataFrame 属性

DataFrame 是二维数据结构，包含列索引（列名），比 Series 具有更多的属性。DataFrame 常用的属性及其说明如下。

(1) values：以 ndarray 的格式返回 DataFrame 对象的所有元素。

(2) index：返回 DataFrame 对象的 index。

(3) columns：返回 DataFrame 对象的列标签。

(4) dtypes：返回 DataFrame 对象的数据类型。

(5) axes：返回 DataFrame 对象的轴标签。

(6) ndim：返回 DataFrame 对象的轴尺寸数。

(7) size：返回 DataFrame 对象的个数。

(8) shape：返回 DataFrame 对象的形状。

【例 6-24】 访问 DataFrame 的属性。

```
import pandas as pd
df =pd.DataFrame({'col1': [0, 1, 2, 3, 4], 'col5': [5, 6, 7, 8, 9]}, index =['a', 'b',
'c', 'd', 'e'])
print('DataFrame 的 Index 为: ', df.index)
print('DataFrame 的列标签为: ', df.columns)
print('DataFrame 的轴标签为: ', df.axes)
print('DataFrame 的维度为: ', df.ndim)
print('DataFrame 的形状为: ', df.shape)
```

程序运行结果如下。

```
DataFrame 的 Index 为: Index(['a', 'b', 'c', 'd', 'e'], dtype='object')
DataFrame 的列标签为: Index(['col1', 'col5'], dtype='object')
DataFrame 的轴标签为: [Index(['a', 'b', 'c', 'd', 'e'], dtype='object'), Index(['
```

```
col1', 'col5'], dtype='object')]
DataFrame 的维度为: 2
DataFrame 的形状为: (5, 2)
```

3. 访问 DataFrame 首尾数据

head()和 tail()方法用于访问 DataFrame 前 *n* 行和后 *n* 行数据,默认返回 5 行数据。

【例 6-25】 访问数据。

```
print('默认返回前 5 行数据为: \n', df.head())
print('返回后 3 行数据为: \n', df.tail(3))
```

4. 更新、插入和删除

1) 更新 DataFrame

【例 6-26】 更新 DataFrame。

```
import pandas as pd
df =pd.DataFrame({'col1': [0, 1, 2, 3, 4], 'col5': [5, 6, 7, 8, 9]}, index =['a', 'b',
'c', 'd', 'e'])
print('DataFrame 为: \n', df)
#更新列
df['col1'] =[10, 11, 12, 13, 14]
print('更新列后的 DataFrame 为: \n', df)
```

程序运行结果如下。

```
DataFrame 为:
   col1  col5
a    0     5
b    1     6
c    2     7
d    3     8
e    4     9
更新列后的 DataFrame 为:
   col1  col5
a   10     5
b   11     6
c   12     7
d   13     8
e   14     9
```

2) 插入和删除 DataFrame

【例 6-27】 插入和删除 DataFrame。

```
import pandas as pd
df3 =pd.DataFrame({"note": ["C", "D", "E", "F", "G", "A","B"], "weekday": ["Mon",
"Tue", "Wed", "Thu", "Fri", "Sat","Sun"]})
print("df3:\n{}\n".format(df3))
df3["No."] =pd.Series([1, 2, 3, 4, 5, 6, 7])   #采用赋值的方法插入列
```

```
print("df3:\n{}\n".format(df3))
del df3["weekday"]                          #删除列的方法有多种,如 del()、pop()、drop()等
print("df3:\n{}\n".format(df3))
```

程序运行结果如下。

```
df3:
   note  weekday
0    C      Mon
1    D      Tue
2    E      Wed
3    F      Thu
4    G      Fri
5    A      Sat
6    B      Sun
df3:
   note  weekday  No.
0    C      Mon     1
1    D      Tue     2
2    E      Wed     3
3    F      Thu     4
4    G      Fri     5
5    A      Sat     6
6    B      Sun     7
df3:
   note  No.
0    C     1
1    D     2
2    E     3
3    F     4
4    G     5
5    A     6
6    B     7
```

3) drop()方法

drop()方法可以删除行或者列,基本语法格式如下。

```
DataFrame.drop(labels, axis, levels, inplace)
```

参数说明如下。

- labels：接收 string 或 array。表示删除行或列的标签。
- axis：接收 0 或 1。表示执行操作的轴向,0 表示删除行,1 表示删除列。默认值为 0。
- levels：接收 int 型或者索引名。表示索引级别。
- inplace：接收 bool 型。表示操作是否对原数据生效。默认值为 False。

【例 6-28】 drop()举例。

```
import pandas as pd
```

```
df =pd.DataFrame({'col1': [0, 1, 2, 3, 4], 'col5': [5, 6, 7, 8, 9]}, index =['a', 'b',
'c', 'd', 'e'])
df['col3'] =[15, 16, 17, 18, 19]
print('插入列后的 DataFrame 为: \n', df)
df.drop(['col3'], axis =1, inplace =True)
print('删除 col3 列 DataFrame 为: \n', df)
#删除行
df.drop('a', axis =0, inplace =True)
print('删除 a 行 DataFrame 为: \n', df)
```

程序运行结果如下。

```
插入列后的 DataFrame 为:
   col1  col5  col3
a    0     5     15
b    1     6     16
c    2     7     17
d    3     8     18
e    4     9     19
删除 col3 列 DataFrame 为:
   col1  col5
a    0     5
b    1     6
c    2     7
d    3     8
e    4     9
删除 a 行 DataFrame 为:
   col1  col5
b    1     6
c    2     7
d    3     8
e    4     9
```

6.4.4 Index

Index 对象可以通过 pandas.Index()函数创建,也可以通过创建数据对象 Series、DataFrame 时接收 index(或 column)参数创建,前者属于显式创建,后者属于隐式创建。

Index 对象常用的属性及其说明如下。

- is_monotonic:当各元素均大于前一个元素时,返回 True。
- is_unique:当 Index 没有重复值时,返回 True。

【例 6-29】 创建 Index。

```
import pandas as pd
df =pd.DataFrame({'col1': [0, 1, 5, 3, 4], 'col5': [5, 6, 7, 8, 9]},
index =['a', 'b', 'c', 'd', 'e'])
```

```
print('DataFrames 的 Index 为: ', df.index)
print('DataFrame 中 Index 各元素是否大于前一个: ', df.index.is_monotonic)
print('DataFrame 中 Index 各元素是否唯一: ', df.index.is_unique)
```

程序运行结果如下。

```
DataFrames 的 Index 为: Index(['a', 'b', 'c', 'd', 'e'], dtype='object')
DataFrame 中 Index 各元素是否大于前一个: True
DataFrame 中 Index 各元素是否唯一: True
```

Index 对象的常用方法及其说明如下。

(1) append(): 连接另一个 Index 对象,产生一个新的 Index。

(2) difference(): 计算两个 Index 对象的差集,得到一个新的 Index。

(3) intersection(): 计算两个 Index 对象的交集。

(4) union(): 计算两个 Index 对象的并集。

(5) isin(): 计算一个 Index 是否在另一个 Index 中,返回 bool 数组。

(6) delete(): 删除指定 Index 的元素,并得到新的 Index。

(7) drop(): 删除传入的值,并得到新的 Index。

(8) insert(): 将元素插入到指定 Index 处,并得到新的 Index。

(9) unique(): 计算 Index 中唯一值的数组。

【例 6-30】 Index 对象的常用方法。

```
import pandas as pd
df1 =pd.DataFrame({'col1': [0, 1, 2, 3]}, index =['a', 'b', 'c', 'd'])
df5 =pd.DataFrame({'col5': [5, 6, 7]},index =['b','c','d'])
index1 =df1.index
index5 =df5.index
print('index1 连接 index5 后结果为: \n', index1.append(index5))
print('index1 与 index5 的差集为: \n', index1.difference(index5))
print('index1 与 index5 的交集为: \n', index1.intersection(index5))
print('index1 与 index5 的并集为: \n', index1.union(index5))
print('index1 中的元素是否在 index5 中: \n', index1.isin(index5))
```

程序运行结果如下。

```
index1 连接 index5 后结果为:
Index(['a', 'b', 'c', 'd', 'b', 'c', 'd'], dtype='object')
index1 与 index5 的差集为:
Index(['a'], dtype='object')
index1 与 index5 的交集为:
Index(['b', 'c', 'd'], dtype='object')
index1 与 index5 的并集为:
Index(['a', 'b', 'c', 'd'], dtype='object')
index1 中的元素是否在 index5 中:
[False True True True]
```

6.4.5 Plot

Matplotlib绘制图表需要各个基础组件对象,工作量较大。而Pandas使用行列标签以及分组信息,较为简便地完成图表制作。Pandas作图函数如表6-5所示。

表6-5 Pandas作图函数

函 数 名	函数功能	所属工具箱
Plot()	绘制线性二维图、折线图	Matplotlib/Pandas
Pie()	绘制饼型图	Matplotlib/Pandas
Hist()	绘制二维条形直方图	Matplotlib/Pandas
Boxplot()	绘制样本数据的箱型图	Pandas
Plot(logy=True)	绘制Y轴对数图形	Pandas
Plot(yerr=error)	绘制误差条形图	Pandas

【例6-31】 Plot举例。

```
import pandas as pd
import numpy as np
#调用plot.pie()对生成的一列随机数的series数据绘制饼图
df1=pd.Series(3*np.random.rand(4),index=['a','b','c','d'],name='series')
df1.plot.pie(figsize=(6,6))
#调用plot.bar()对生成的四列随机数的DataFrame数据绘制条形图
df5=pd. DataFrame (np.random.rand(10,4),columns=['a','b','c','d'])
df5.plot.bar()
#调用plot.box()对生成的五列随机数的DataFrame数据绘制箱型图
df3=pd. DataFrame (np.random.rand(10,5),columns=['A','B','C','D','E'])
df3.plot.box()
#调用plot.scatter()对生成的四列随机数的DataFrame数据绘制散点图
df4=pd. DataFrame (np.random.rand(50,4),columns=['a','b','c','d'])
df4.plot.scatter(x='a',y='b')
```

程序运行结果如下。

程序运行结果如图6-11～图6-14所示。

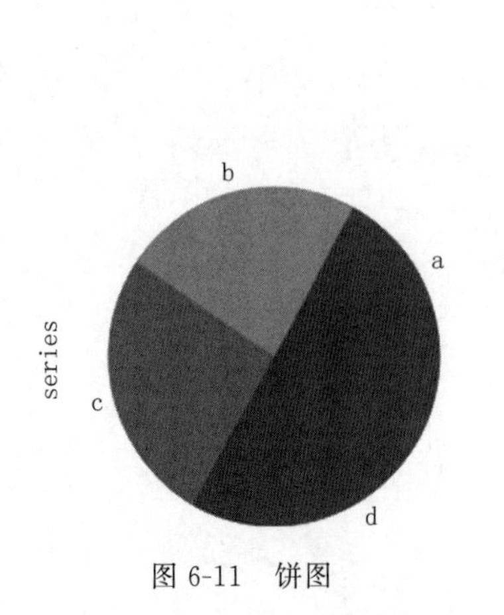

图6-11 饼图

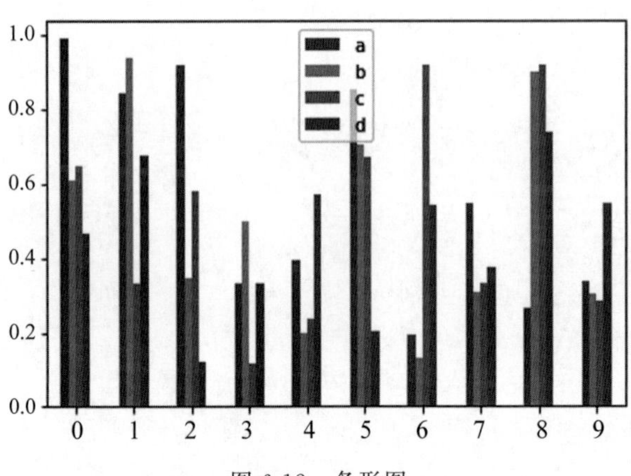

图6-12 条形图

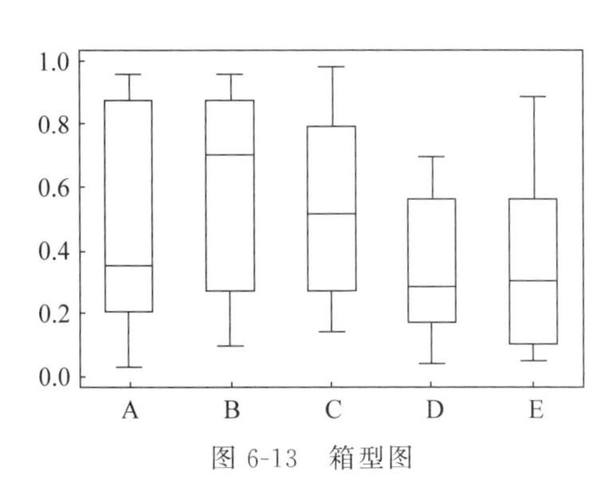

图 6-13 箱型图

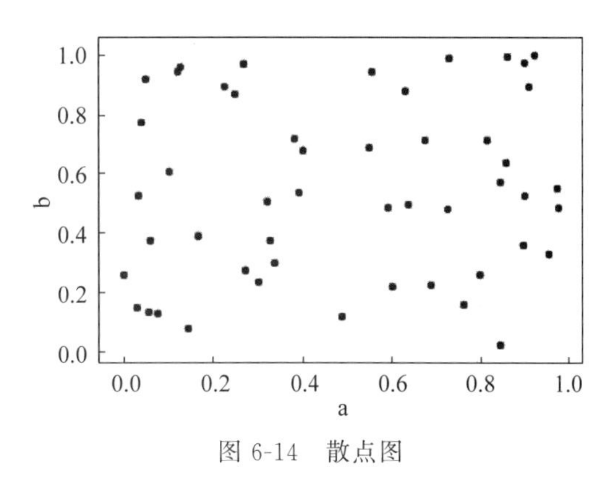

图 6-14 散点图

6.5 SciPy

SciPy

6.5.1 认识 SciPy

在 Anaconda Prompt 下使用命令安装 SciPy：pip install scipy，如图 6-15 所示。

```
(base) C:\Users\Administrator>pip install scipy
Requirement already satisfied: scipy in c:\programdata\anaconda3\lib\site-packag
es
You are using pip version 9.0.3, however version 10.0.0 is available.
You should consider upgrading via the 'python -m pip install --upgrade pip' comm
and.
```

图 6-15 SciPy 下载安装

SciPy 科学计算库内容如表 6-6 所示。

表 6-6 SciPy 科学计算库

功　　能	函　　数	功　　能	函　　数
积分	scipy.integrate	线性代数	scipy.linalg
信号处理	scipy.signal	稀疏矩阵	scipy.sparse
空间数据结构和算法	scipy.spatial	统计学	scipy.stats
最优化	scipy.optimize	多维图像处理	scipy.ndimage
插值	scipy.interpolate	聚类	scipy.cluster
曲线拟合	scipy.curve_fit	文件输入/输出	scipy.io
傅里叶变换	scipy.fftpack		

6.5.2 稀疏矩阵

矩阵中数值为 0 的元素个数远远多于非 0 元素个数，并且非 0 元素分布没有规律时，该矩阵称为稀疏矩阵。SciPy 提供 coo_matrix()函数创建稀疏矩阵，语法如下。

```
coo_matrix((data, (i, j)), [shape=(M, N)])
```

参数解释如下。

- data[:]表示矩阵数据。
- i[:]表示行的指示符号。
- j[:]表示列的指示符号。
- shape 参数：coo_matrix 原始矩阵的形状。

【例 6-32】 稀疏矩阵。

```
from scipy.sparse import *
import numpy as np
#使用一个已有的矩阵或数组或列表创建新矩阵
A =coo_matrix([[1,2,0],[0,0,3],[4,0,5]])
print(A)
#转换为普通矩阵
C =A.todense()
print(C)
#传入一个 (data, (row, col))元组来构建稀疏矩阵
I =np.array([0,3,1,0])
J =np.array([0,3,1,2])
data =np.array([4,5,7,9])
A =coo_matrix((data,(I,J)),shape=(4,4))
#矩阵中数据为 data=[4,5,7,9], 说明第 1 个数据是 4,在第 0 行第 0 列,即 A[i[k], j[k]] =
 data[k]。
第 2 个数据是 5,在第 3 行第 3 列,以此类推。
print(A)
```

程序运行结果如下。

```
  (0, 0)	1
  (0, 1)	2
  (1, 2)	3
  (2, 0)	4
  (2, 2)	5
[[1 2 0]
 [0 0 3]
[4 0 5]]
  (0, 0)	4
  (3, 3)	5
  (1, 1)	7
  (0, 2)	9
```

6.5.3 线性代数

1. 矩阵运算

【例 6-33】 矩阵运算。

```
from scipy.linalg import *
import numpy as np
A=np.matrix('[1,2;3,4]')
print(A)
print(A.T)              #转置矩阵
print(A.I)              #逆矩阵
```

程序运行结果如下。

```
[[1 2]
 [3 4]]
[[1 3]
 [2 4]]
[[-2.   1. ]
 [ 1.5 -0.5]]
```

2. 求解线性方程组

【例 6-34】 线性方程组求解。

$$\begin{cases} x + 3y + 5z = 10 \\ 2x + 5y - z = 6 \\ 2x + 4y + 7z = 4 \end{cases}$$

代码如下。

```
from scipy import linalg
import numpy as np
a=np.array([[1,3,5],[2,5,-1],[2,4,7]])
b=np.array([10,6,4])
x=linalg.solve(a,b)
print(x)
```

程序运行结果如下。

```
[-14.31578947   7.05263158   0.63157895]
```

6.6 Seaborn

Seaborn

6.6.1 认识 Seaborn

Seaborn 是基于 Matplotlib 的图形可视化 Python 包，用于绘制各种统计图表。虽然 Pandas 与 Seaborn 都是基于 Matplotlib 作图，但是 Pandas 只能绘制较为简单的图形，而 Seaborn 具有大量参数进行图形调优。

Seaborn 依赖 SciPy，在安装 SciPy 之后，使用 pip install seaborn 命令进行安装，如图 6-16 所示。

导入 Seaborn 的语法如下。

```
import seaborn as sns
```

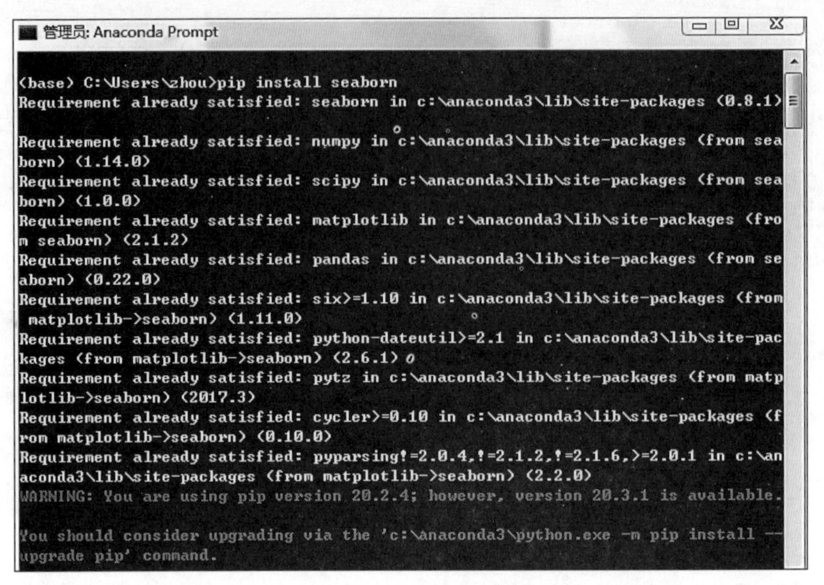

图 6-16 程序运行结果

Matplotlib 与 Seaborn 绘图对比如表 6-7 所示。

表 6-7 Matplotlib 与 Seaborn 绘图对比

Matplotlib 绘图	Seaborn 绘图

import matplotlib.pyplot as plt
x =[1, 3, 5, 7, 9, 11, 13, 15, 17, 19]
y_bar =[3, 4, 6, 8, 9, 10, 9, 11, 7, 8]
y_line =[2, 3, 5, 7, 8, 9, 8, 10, 6, 7]
 	
plt.bar(x, y_bar)
plt.plot(x, y_line, '-o', color='y')
运行结果如图 6-17 所示。
	import matplotlib.pyplot as plt
	x =[1, 3, 5, 7, 9, 11, 13, 15, 17, 19]
	y_bar =[3, 4, 6, 8, 9, 10, 9, 11, 7, 8]
	y_line =[2, 3, 5, 7, 8, 9, 8, 10, 6, 7]
	import seaborn as sns
	sns.set() #声明使用 Seaborn 样式
	plt.bar(x, y_bar)
	plt.plot(x, y_line, '-o', color='y')
	运行结果如图 6-18 所示。

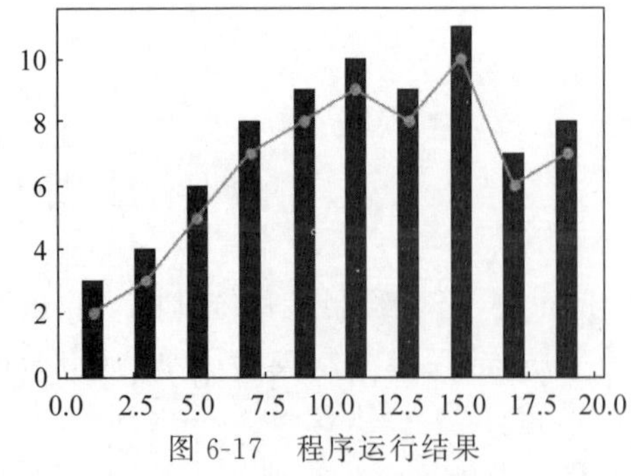 图 6-17 程序运行结果	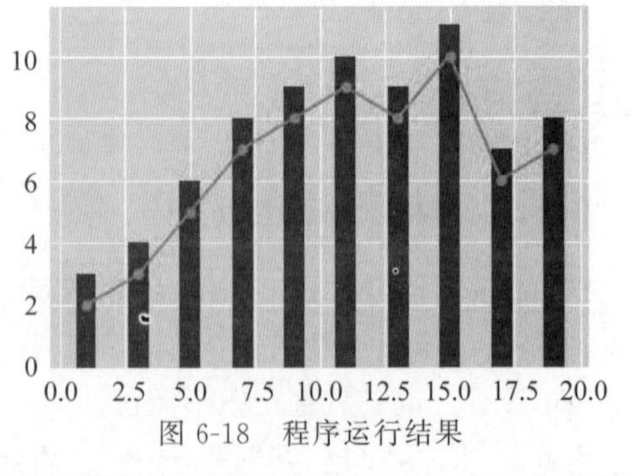 图 6-18 程序运行结果
相比于 Matplotlib 默认的纯白色背景，Seaborn 默认的浅灰色网格背景效果较为细腻舒适，柱状图的色调、坐标轴的字体大小也有变化	

sns.set()的语法如下。

```
sns.set(context='notebook', style='darkgrid', palette='deep')
```

参数解释如下。

- context：控制着画幅，有 paper，notebook，talk，poster 四个值，大小依次为 poster > talk > notebook > paper。
- style：用于控制默认样式，分别有 darkgrid，whitegrid，dark，white，ticks 五种主题风格。
- palette：为预设的调色板，分别有 deep，muted，bright，pastel，dark，colorblind 等。

6.6.2 图表分类

Seaborn 可以绘制关联图、类别图、分布图、回归图、矩阵图等，分别如下。

1. 矩阵图

如热力图(heatmap)、聚类图(clustermap)。

2. 回归图

如线性回归图(regplot)、分面网格线性回归图(lmplot)。

3. 关联图

relplot 是 relational plots 的缩写，用于呈现数据之间的关系，主要有散点图(scatterplot)和条形图(lineplot)两种样式。

4. 类别图

catplot 是 categorical plots 的缩写，具有如下图示。

1）分类散点图

```
stripplot() (kind="strip")          #分类散点图
swarmplot() (kind="swarm")          #分簇散点图
```

2）分类分布图

```
boxplot() (kind="box")              #箱图
violinplot() (kind="violin")        #小提琴图
boxenplot() (kind="boxen")          #增强箱图
```

3）分类估计图

```
pointplot() (kind="point")          #点图
barplot() (kind="bar")              #柱状图
countplot() (kind="count")          #计数直方图
```

5. 分布图

分布图一般分为单变量分布和多变量分布，具有多变量分布图(jointplot)，两变量分布图(pairplot)，单变量分布图(distplot)，核密度图(kdeplot)等类型。

第 7 章

Sklearn 和 NLTK

本章介绍了 Sklearn 和 NLTK 两个重要的机器学习与自然语言处理库。其中,Sklearn 是机器学习中常用的第三方模块,对常用的机器学习方法进行了封装,实现文本分类和聚类等功能。NLTK 是自然语言处理最常使用的 Python 库,具有语料库,支持文本分类等功能。

Sklearn 和 NLTK

7.1 Sklearn 简介

Sklearn(Scikit-learn)是机器学习中常用的第三方模块,对常用的机器学习方法进行了封装,具有分类、回归、聚类、降维、模型选择、预处理六大模块。

(1) 分类:识别某个对象属于哪个类别,常用的算法有 SVM(支持向量机)、KNN(最近邻)、Random Forest(随机森林)。

(2) 回归:预测与对象相关联的连续值属性,常见的算法有 SVR(支持向量机)、Ridge Regression(岭回归)。

(3) 聚类:将相似对象自动归类分组,常用的算法有 K-Means(K 均值聚类算法)。

(4) 降维:减少要考虑的随机变量的数量,常见的算法有 PCA(主成分分析)、Feature Selection(特征选择)。

(5) 模型选择:用于比较、验证、选择参数和模型,常用的模块有 Grid Search(网格搜索)、Cross Validation(交叉验证)、Metrics(度量)。

(6) 预处理:用于特征提取和归一化,具有 Preprocessing(预处理)和 Feature Extraction 特征提取模块。

Sklearn 针对无监督学习算法具有如下模块,如表 7-1 所示。

表 7-1 无监督学习算法

算 法	说 明	算 法	说 明
Cluster	聚类	neural_network	无监督的神经网络
Decomposition	因子分解	Covariance	协方差估计
Mixture	高斯混合模型		

Sklearn 针对有监督学习算法具有如下模块,如表 7-2 所示。

表 7-2 有监督学习

算　　法	说　　明	算　　法	说　　明
Tree	决策树	neural_network	神经网络
SVM	支持向量机	kernel_ridge	岭回归
Neighbors	近邻算法	naive_bayes	朴素贝叶斯
linear_model	广义线性模型		

Sklearn 针对数据转换具有如下模块，如表 7-3 所示。

表 7-3 数据转换

模　　块	说　　明
feature_extraction	特征提取
feature_selection	特征选择
preprocessing	预处理

7.2 安装 Sklearn

Sklearn 安装要求 Python(版本高于 2.7)、NumPy (版本高于 1.8.2)、SciPy (版本高于 0.1)。安装 NumPy 和 SciPy 之后，在 Anaconda Prompt 下运行命令：pip install -U scikit-learn，如图 7-1 所示。

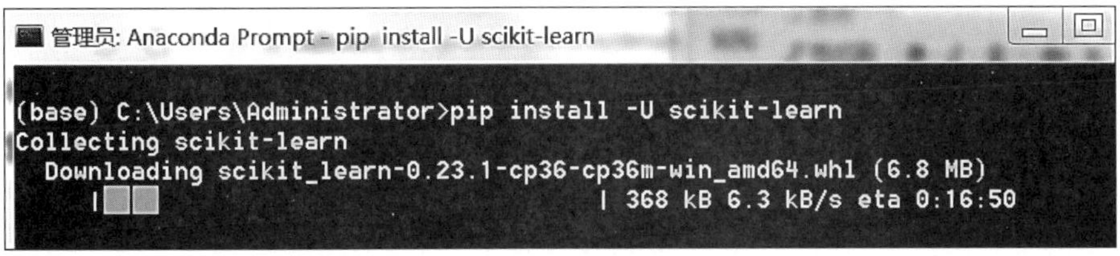

```
管理员: Anaconda Prompt - pip install -U scikit-learn
(base) C:\Users\Administrator>pip install -U scikit-learn
Collecting scikit-learn
  Downloading scikit_learn-0.23.1-cp36-cp36m-win_amd64.whl (6.8 MB)
     |██                            | 368 kB 6.3 kB/s eta 0:16:50
```

图 7-1 安装 Sklearn

进入 Python 环境，输入命令 import sklearn，图 7-2 说明 sklearn 安装成功。

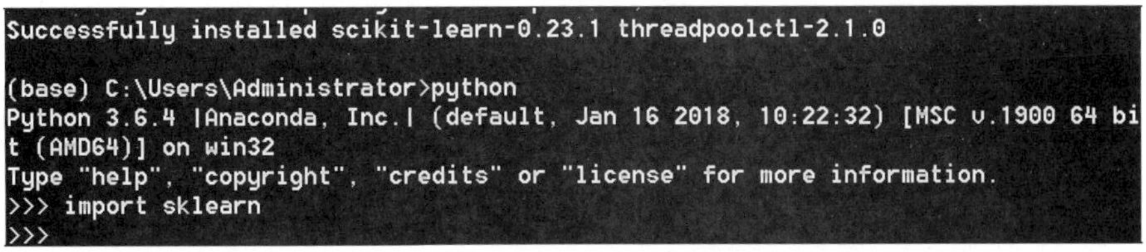

```
Successfully installed scikit-learn-0.23.1 threadpoolctl-2.1.0

(base) C:\Users\Administrator>python
Python 3.6.4 |Anaconda, Inc.| (default, Jan 16 2018, 10:22:32) [MSC v.1900 64 bi
t (AMD64)] on win32
Type "help", "copyright", "credits" or "license" for more information.
>>> import sklearn
>>>
```

图 7-2 检测 Sklearn 安装成功

7.3 数据集

机器学习领域有句话："数据和特征决定了机器学习的上限，而模型和算法只是逼近这个上限而已。"数据作为机器学习的最关键要素，决定着模型选择、参数的设定和调优。Sklearn 使用 datasets 模块导入数据集，代码如下。

```
from sklearn import datasets
```

Sklearn 提供小数据集、大数据集和生成数据集三种数据集。

7.3.1 小数据集

使用 sklearn.datasets.load_* 命令导入小数据集，如图 7-3 所示。

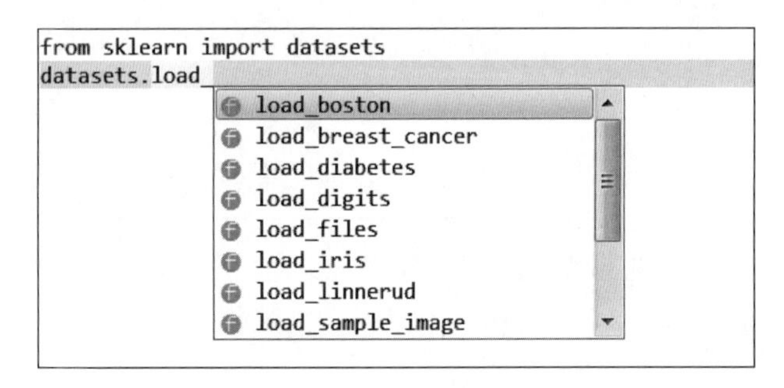

图 7-3 小数据集

sklearn.datasets 模块的小数据集详细解释如表 7-4 所示。

表 7-4 Sklearn 小数据集

中文翻译	任务类型	数据规模	数据集函数
波士顿房屋价格	回归	506×13	load_boston
糖尿病	回归	442×10	load_diabetes
手写数字	分类	1797×64	load_digits
乳腺癌	分类、聚类	(357+212)×30	load_breast_cancer
鸢尾花	分类、聚类	(50×3)×4	load_iris
葡萄酒	分类	(59+71+48)×13	load_wine
体能训练	多分类	20	load_linnerud

数据集返回值的数据类型是 datasets.base.Bunch（字典格式），具有如下属性。

- data：特征数据数组(特征值输入)。
- target：标签数组(目标输出)。
- feature_names：特征名称。
- target_names：标签名称。
- DESCR：数据描述。

1. 鸢尾花数据集

鸢尾花(Iris)数据集由 Fisher 在 1936 年收集整理,是一类多重变量分析的数据集。该数据集包含 150 个数据样本,分为山鸢尾(iris-setosa)、变色鸢尾(iris-versicolor)和弗吉尼亚鸢尾(iris-virginica)三类,如图 7-4 所示。

图 7-4 3 种鸢尾花类型

鸢尾花数据集每类 50 个数据,每个数据包含花萼长度(sepal length)、花萼宽度(sepal width)、花瓣长度(petal length)、花瓣宽度(petal width)4 个属性。通过分析鸢尾花的 4 个属性预测鸢尾类别,常用于分类。

鸢尾花数据集使用如下命令加载。

```
from sklearn.datasets import load_iris
```

【例 7-1】 Iris 数据集。

```
from sklearn.datasets import load_iris              #加载数据集
iris=load_iris()
n_samples,n_features=iris.data.shape
print(iris.data.shape)                              #(150, 4)表示 150 个样本,4 个特征
print(iris.target.shape)                            #(150,)
print("特征值的名字:\n",iris.feature_names)         #特征名称
print("鸢尾花的数据集描述:\n",iris['DESCR'])        #数据描述
```

程序运行结果如下。

```
(150, 4)
(150,)
特征值的名字:
['sepal length (cm)', 'sepal width (cm)', 'petal length (cm)', 'petal width (cm)']
鸢尾花的数据集描述:
Iris Plants Database
====================


Notes
-----
Data Set Characteristics:
    :Number of Instances: 150 (50 in each of three classes)
    :Number of Attributes: 4 numeric, predictive attributes and the class
    :Attribute Information:
```

```
        - sepal length in cm
        - sepal width in cm
        - petal length in cm
        - petal width in cm
        - class:
            - Iris-Setosa
            - Iris-Versicolour
            - Iris-Virginica
    :Summary Statistics:

    ============== ==== ==== ======= ===== ====================
                   Min  Max  Mean    SD    Class Correlation
    ============== ==== ==== ======= ===== ====================
    sepal length:  4.3  7.9  5.84    0.83  0.7826
    sepal width:   2.0  4.4  3.05    0.43  -0.4194
    petal length:  1.0  6.9  3.76    1.76  0.9490 (high!)
    petal width:   0.1  2.5  1.20    0.76  0.9565 (high!)
    ============== ==== ==== ======= ===== ====================

    :Missing Attribute Values: None
    :Class Distribution: 33.3% for each of 3 classes.
    :Creator: R.A. Fisher
    :Donor: Michael Marshall (MARSHALL%PLU@ io.arc.nasa.gov)
    :Date: July, 1988

This is a copy of UCI ML iris datasets.
http://archive.ics.uci.edu/ml/datasets/Iris

The famous Iris database, first used by Sir R.A Fisher

This is perhaps the best known database to be found in the
pattern recognition literature. Fisher's paper is a classic in the field and
is referenced frequently to this day. (See Duda & Hart, for example.) The
data set contains 3 classes of 50 instances each, where each class refers to a
type of iris plant. One class is linearly separable from the other 2; the
latter are NOT linearly separable from each other.

References
----------
    - Fisher,R.A. "The use of multiple measurements in taxonomic problems"
      Annual Eugenics, 7, Part II, 179-188 (1936); also in "Contributions to
      Mathematical Statistics" (John Wiley, NY, 1950).
    - Duda,R.O., & Hart,P.E. (1973) Pattern Classification and Scene Analysis.
      (Q327.D83) John Wiley & Sons. ISBN 0-471-22361-1. See page 218.
    - Dasarathy, B.V. (1980) "Nosing Around the Neighborhood: A New System
```

```
  Structure and Classification Rule for Recognition in Partially Exposed
  Environments". IEEE Transactions on Pattern Analysis and Machine
  Intelligence, Vol. PAMI-2, No. 1, 67-71.
-Gates, G.W. (1972) "The Reduced Nearest Neighbor Rule". IEEE Transactions
  on Information Theory, May 1972, 431-433.
-See also: 1988 MLC Proceedings, 54-64. Cheeseman et al"s AUTOCLASS II
  conceptual clustering system finds 3 classes in the data.
-Many, many more ...
```

2. 葡萄酒数据集

葡萄酒数据集包括1599个红葡萄酒样本以及4898个白葡萄酒样本，每个样本含有12个特征：固定酸度、挥发酸度、柠檬酸、残糖、氯化物、游离二氧化硫、总二氧化硫、密度、pH值、硫酸盐、酒精、葡萄酒的质量。

葡萄酒数据集使用如下命令加载。

```
from sklearn.datasets import load_wine
```

3. 波士顿房价数据集

波士顿房价数据集(http://lib.stat.cmu.edu/datasets/boston)包括506个样本场景，每个房屋含14个特征。每条数据包含房屋以及房屋周围的详细信息，例如，城镇犯罪率、一氧化氮浓度、住宅平均房间数、到中心区域的加权距离，以及自住房平均房价等。

波士顿房价数据集使用如下命令加载。

```
from sklearn.datasets import load_boston
```

4. 手写数字数据集

手写数字数据集包括1797个0～9的手写数字数据，每个数字由8×8大小的矩阵构成，矩阵中值的范围是0～16，代表颜色的深度。

手写数字数据集使用如下命令加载。

```
from sklearn.datasets import load_digits
```

【例7-2】 digits数据集。

```
from sklearn.datasets import load_digits      #导入手写数字数据集
digits =load_digits()
print(digits.keys())
#一共有1797张图面，每张图面有64个像素点
print(digits.data)
print(digits.data.shape)
#从标签可以看出数据的范围是0～9
print(digits.target)
print(digits.target.shape)
#图像信息以8×8的矩阵存储
print(digits.images)
print(digits.images.shape)
```

```
import matplotlib.pyplot as plt
plt.figure(figsize=(8,8))
for i in range(10):
    plt.subplot(1,10,i+1)          #图片是1×10的参数(行数,列数,当前图片的序号)
    plt.imshow(digits.images[i],cmap="Greys")
    plt.xlabel(digits.target[i])
    plt.xticks([])
    plt.yticks([])                 #去掉坐标轴
plt.show()
```

程序运行结果如下。

```
dict_keys(['data', 'target', 'frame', 'feature_names', 'target_names', 'images',
'DESCR'])
[[ 0.  0.  5. ...  0.  0.  0.]
 [ 0.  0.  0. ... 10.  0.  0.]
 [ 0.  0.  0. ... 16.  9.  0.]
 ...
 [ 0.  0.  1. ...  6.  0.  0.]
 [ 0.  0.  2. ... 12.  0.  0.]
 [ 0.  0. 10. ... 12.  1.  0.]]
(1797, 64)
[0 1 2 ... 8 9 8]
(1797,)
[[[ 0.  0.  5. ...  1.  0.  0.]
 [ 0.  0. 13. ... 15.  5.  0.]
 [ 0.  3. 15. ... 11.  8.  0.]
 ...
 [ 0.  4. 16. ... 16.  6.  0.]
 [ 0.  8. 16. ... 16.  8.  0.]
 [ 0.  1.  8. ... 12.  1.  0.]]]
(1797, 8, 8)
```

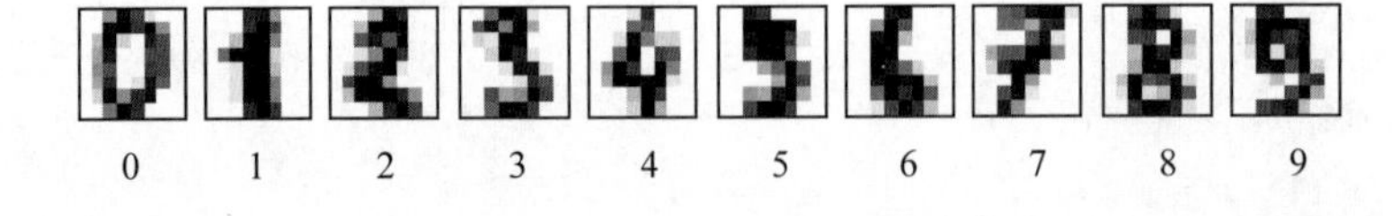

5. 乳腺癌数据集

乳腺癌数据集包括良/恶性乳腺癌肿瘤预测的数据569条样本,共有30个特征,分为良性和恶性两类。

乳腺癌数据集使用如下命令加载。

```
from sklearn.datasets import load_breast_cancer
```

6. 糖尿病数据集

糖尿病数据集包含442个患者的10个生理特征(年龄、性别、体重、血压等)和一年疾病级数指标，这 10 个特征都已经被处理成 0 均值，方差归一。

糖尿病数据集使用如下命令加载。

```
from sklearn.datasets import load_diabetes
```

from sklearn.datasets importload_diabetes

7. 体能训练数据集

体能训练数据集包含两个小数据集，如下所示。

(1) excise 是对 3 个训练变量(体重、腰围、脉搏)的 20 次观测。

(2) physiological 是对 3 个生理学变量(引体向上、仰卧起坐、立定跳远)的 20 次观测。

体能训练数据集使用如下命令加载。

```
from sklearn.datasets  import  load_linnerud
```

7.3.2 大数据集

大数据集使用 sklearn.datasets.fetch_ * 导入，第一次使用时会自动下载。Sklearn 的大数据集如表 7-5 所示。

表 7-5 Sklearn 大数据集

API 函数	中 文 翻 译	任务类型
fetch_olivetti_faces	Olivetti 面部图像数据集	降维
fetch_20newsgroups	新闻分类数据集	分类
fetch_lfw_people	带标签的人脸数据集	分类，降维
fetch_rcv1	路透社英文新闻文本分类数据集	分类

其中，20newsgroups 数据集共有 18 000 篇新闻文章，涉及 20 种话题，所以称作 20 newsgroups text dataset，是文本分类、文本挖掘和信息检索研究的国际标准数据集之一。20newsgroups 数据集有三个版本。第一个版本 19997 是原始并没有修改过的版本。第二个版本 bydate 是按时间顺序分为训练(60%)和测试(40%)两部分数据集，不包含重复文档和新闻组名(新闻组、路径、隶属于、日期)。第三个版本 18828 不包含重复文档，只有来源和主题。三个版本如下所示。

- 20news-19997.tar.gz：原始 20 newsgroups 数据集。
- 20news-bydate.tar.gz：按时间分类，不包含重复文档和新闻组名(18846 个文档)。
- 20news-18828.tar.gz：不包含重复文档，只有来源和主题 (18828 个文档)。

加载 20newsgroups 数据集有如下两种方式。

(1) sklearn.datasets.fetch_20newsgroups：返回一个可以被文本特征提取器(如 sklearn.feature_extraction.text.CountVectorizer)自定义参数提取特征的原始文本序列。

(2) sklearn.datasets.fetch_20newsgroups_vectorized：返回一个已提取特征的文本序列，即不需要使用特征提取器。

【例 7-3】 使用 20newsgroups 数据集。

```
from sklearn.datasets import fetch_20newsgroups          #加载数据集
news =fetch_20newsgroups()
print(len(news.data))
print(news.target.shape)
print("数据集描述:\n",news['DESCR'])
```

程序运行结果如下。

```
11314
(11314,)
```

7.3.3 生成数据集

Scikit-learn 采用 sklearn.datasets.make_ * 创建数据集,用来生成适合特定机器学习模型的数据。常用的 API 如表 7-6 所示。

表 7-6 Sklearn 生成数据集的 API

API 函数名	功 能
make_regression	生成回归模型的数据
make_blobs	生成聚类模型数据
make_classification	生成分类模型数据
make_gaussian_quantiles	生成分组多维正态分布的数据
make_circles	生成环线数据

1. make_regression

sklearn.datasets.samples_generator 模块提供 make_regression()函数,形式如下。

```
make_regression(n_samples,n_features,noise,coef)
```

参数解释如下:

- n_samples:生成样本数。
- n_features:样本特征数。
- noise:样本随机噪声。
- coef:是否返回回归系数。

【例 7-4】 make_regression()举例。

```
import numpy as np
import matplotlib.pyplot as plt
from sklearn.datasets.samples_generator import make_regression
  #X 为样本特征,y 为样本输出, coef 为回归系数,共 1000 个样本,每个样本 1 个特征
X, y, coef =make_regression(n_samples=1000, n_features=1,noise=10, coef=True)
#画图
plt.scatter(X, y, color='black')
```

```
plt.plot(X, X * coef, color='blue', linewidth=3)
plt.xticks(())
plt.yticks(())
plt.show()
```

程序运行结果如图 7-5 所示。

2. make_blobs

sklearn.datasets.make_blobs()可以根据用户指定的特征数量、中心点数量、范围等生成数据，用于测试聚类算法。make_blobs()函数语法如下。

```
sklearn.datasets.make_blobs(n_samples, n_features, centers,cluster_std)
```

参数解释如下。

- n_samples：生成样本数。
- n_features：样本特征数。
- centers：簇中心的个数或者自定义的簇中心。
- cluster_std：簇数据方差，代表簇的聚合程度。

【例 7-5】 make_blobs()举例。

```
import matplotlib.pyplot as plt
from sklearn.datasets.samples_generator import make_blobs
X, Y =make_blobs(n_samples=50, centers=2,random_state=50,cluster_std=2)
plt.scatter(X[:, 0], X[:, 1], c=y,cmap=plt.cm.cool)
plt.show()
```

程序运行结果如图 7-6 所示。

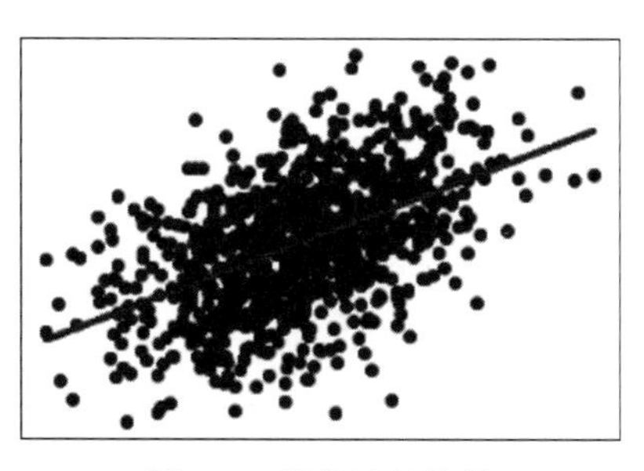

图 7-5 程序运行结果

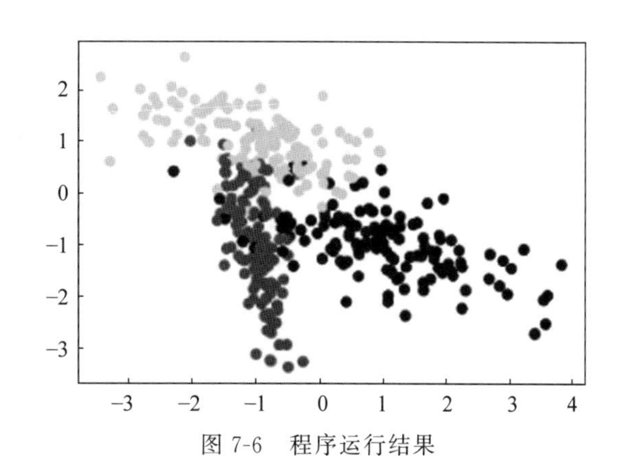

图 7-6 程序运行结果

代码解释如下：

X 为样本特征，Y 为样本簇类别，n_samples=50 表示 50 个样本，centers=2 表示分为两个类，random_state=50 表示随机状态为 50，cluster_std=2 表示标准差为 2。数据集样本共有两个特征，分别对应 X 轴和 Y 轴，特征 1 的数值大约为−7～7，特征 2 的数值大约为−10～−1。

3. make_classification

make_classification()生成分类模型数据,语法形式如下。

```
make_classification(n_samples, n_features, n_redundant, n_classes, random_
state)
```

参数解释如下。

- n_samples:指定样本数。
- n_features:指定特征数。
- n_redundant:冗余特征数。
- n_classes:指定几分类。
- random_state:随机种子。

【例 7-6】 make_classification()举例。

```
import numpy as np
import matplotlib.pyplot as plt
from sklearn.datasets.samples_generator import make_classification
#X1 为样本特征,Y1 为样本类别输出,共 400 个样本,每个样本 2 个特征,输出有 3 个类别,没有冗
#余特征,每个类别一个簇
X1, Y1 =make_classification(n_samples=400, n_features=2, n_redundant=0,
                            n_clusters_per_class=1, n_classes=3)
plt.scatter(X1[:, 0], X1[:, 1], marker='o', c=Y1)
plt.show()
```

程序运行结果如图 7-7 所示。

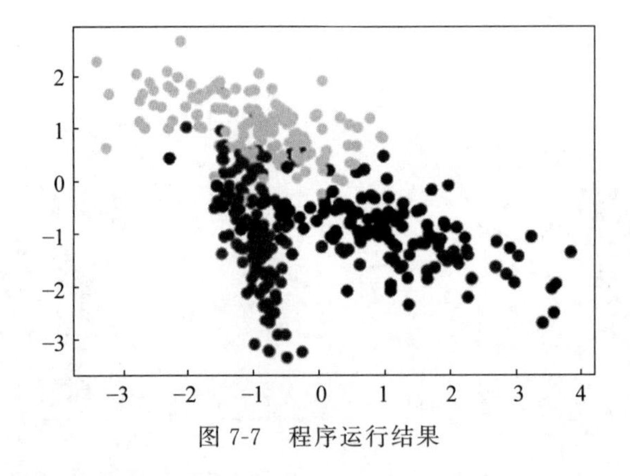

图 7-7 程序运行结果

4. make_gaussian_quantiles

make_gaussian_quantiles()方法用于生成分组多维正态分布的数据,语法如下。

```
make_gaussian_quantiles(mean, cov, n_samples,n_features, n_classes)
```

参数解释如下。

- n_samples:指定样本数。

- n_features：指定特征数。
- mean：特征均值。
- cov：样本协方差的系数。

n_classes：数据在正态分布中按分位数分配的组数。

【例 7-7】 make_gaussian_quantiles()举例。

```
import numpy as np
import matplotlib.pyplot as plt
from sklearn.datasets import make_gaussian_quantiles
#生成二维正态分布,数据按分位数分成三组,1000 个样本,两个样本特征均值为 1 和 2,协方差系数
#为 2
X1, Y1 =make_gaussian_quantiles(n_samples=1000, n_features=2, n_classes=3, mean
=[1,2],cov=2)
plt.scatter(X1[:, 0], X1[:, 1], marker='o', c=Y1)
```

程序运行结果如图 7-8 所示。

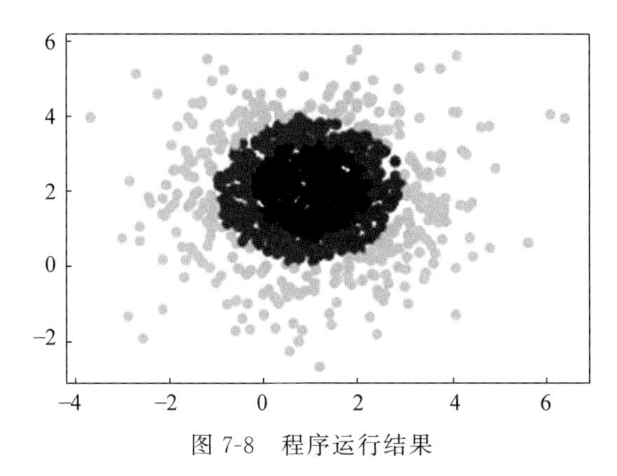

图 7-8 程序运行结果

5. make_circles

make_circles()可以为数据集添加噪声,为二元分类器产生环线数据,语法如下。

```
make_circles(n_samples, noise,factor)
```

参数解释如下。

- n_samples：指定样本数。
- noise：样本随机噪声。
- factor：内外圆之间的比例因子。

【例 7-8】 make_circles()举例。

```
#生成球形判决界面的数据
from sklearn.datasets.samples_generator import make_circles
X,labels=make_circles(n_samples=200,noise=0.2,factor=0.2)
print("X.shape:",X.shape)
print("labels:",set(labels))
```

```
unique_lables=set(labels)
colors=plt.cm.Spectral(np.linspace(0,1,len(unique_lables)))
for k,col in zip(unique_lables,colors):
    x_k=X[labels==k]
    plt.plot(x_k[:,0],x_k[:,1],'o',markerfacecolor=col,markeredgecolor="k",
markersize=14)
plt.title('data by make_moons()')
plt.show()
```

程序运行结果：

```
X.shape: (200, 2)
labels: {0, 1}
```

程序运行结果如图 7-9 所示。

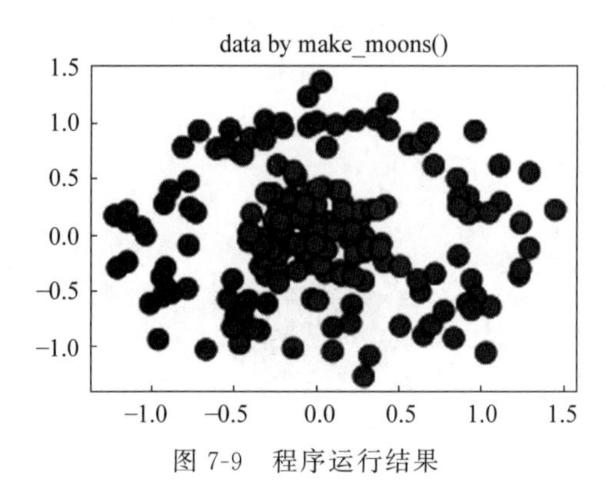

图 7-9 程序运行结果

7.4 机器学习流程

基于 Sklearn 的机器学习流程包括语料清洗、划分数据集、特征工程、机器算法和模型评估等步骤。

7.4.1 语料清洗

数据集中往往存在大量异常值、缺失值等“脏”数据，一般采用 Pandas 库进行数据处理。Sklearn 中 Imputer 类或 SimpleImputer 类也可以处理缺失值。

7.4.2 划分数据集

在机器学习中，通常将数据集划分为训练数据集和测试数据集。训练数据集用于训练数据，生成机器学习模型。测试数据集用于验证生成的机器学习模型的效果如何？

数据划分方法一般有留出法、交叉验证法和自助法等，具体如下所示：

1. 留出法

留出法将数据集分成训练和测试两个互斥的部分。

留出法具有如下优点。

(1) 实现简单、方便,在一定程度上能评估泛化误差。

(2) 测试集和训练集分开,缓解了过拟合。

留出法具有如下缺点。

(1) 数据都只被使用了一次,没有被充分利用。

(2) 在验证集上计算出来的最后的评估指标与原始分组有很大关系。

(3) 稳定性较差,通常会进行若干次随机划分,重复评估取平均值作为评估结果。

一般情况下,数据划分训练集占 70%～80%,测试集占 20%～30%。Sklearn 提供 train_test_split()函数,语法形式如下。

```
x_train,x_test,y_train,y_test =
sklearn.model_selection.train_test_split(train_data,train_target,test_size,
random_state)
```

参数含义如表 7-7 所示。

表 7-7 train_test_split()函数的参数

参 数	含 义
train_data	待划分的样本数据
train_target	待划分样本数据的结果(标签)
test_size	测试数据占样本数据的比例,整数则为样本数量。例如,test_size =0.3,表示样本数据的 30%数据为测试数据(x_test),70%数据为训练数据(x_train)
random_state	设置随机数种子,保证每次都是同一个随机数。若为 0 或不填,生成的随机数不同
x_train	划分出的训练集数据(特征值)
x_test	划分出的测试集数据(特征值)
y_train	划分出的训练集标签(目标值)
y_test	划分出的测试集标签(目标值)

【例 7-9】 数据集拆分。

```
from sklearn.datasets import load_iris
from sklearn.model_selection import train_test_split
#获取鸢尾花数据集
iris =load_iris()
#test_size 默认取值为 25%,test_size 取值为 0.2,随机种子 22
x_train, x_test, y_train, y_test =train_test_split(iris.data, iris.target, test_
size=0.2, random_state=22)
print("训练集的特征值: \n",x_train,x_train.shape)
```

程序运行结果如下。

```
训练集的特征值:
```

```
(120, 4)
```

样本数为120,这是因为test_size取值为0.2,150×(1－0.2)＝120。

2. 交叉验证法

根据数据集大小和数据类别不同,交叉验证法具有如下几种。

1) 留一交叉验证

当数据集小时,使用留一交叉验证(Leave One Out,LOO),每次只将一个样本用于测试,较为简单。

2) *K* 折交叉验证

当数据集较大,采用*K*折交叉验证。*K*折是指将数据集进行*K*次分割,使得所有数据在训练集和测试集中都出现,但每次分割不会重叠,相当于无放回抽样。

KFold()函数语法如下。

```
KFold(n_splits, shuffle, random_state)
```

参数:

- n_splits:表示划分为几等份(至少是2)。
- shuffle:表示是否进行洗牌,即是否打乱划分,默认为False,即不打乱。
- random_state:随机种子数。

方法:

get_n_splits([X, y, groups]):获取参数n_splits的值。

split(X[,Y,groups]):将数据集划分成训练集和测试集,返回索引生成器。

【例7-10】 KFold()举例。

```
import numpy as np
from sklearn.model_selection import KFold
X =np.array([[1, 2], [3, 4], [1, 2], [3, 4]])
kf =KFold(n_splits=2)
print( kf.get_n_splits(X))
for train_index, test_index in kf.split(X):
    print("TRAIN:", train_index, "TEST:", test_index)
```

程序运行结果如下。

```
2
TRAIN: [2 3] TEST: [0 1]
TRAIN: [0 1] TEST: [2 3]
```

3) 分层交叉验证

Sklearn提供cross_val_score()函数将数据集划分为k个大小相似的互斥子集,每次用$k-1$个子集作为训练集,余下1个子集作为测试集,如此反复循环,进行k次训练和测试,返回k个测试结果的均值。其中,“10次10折交叉验证法”最为常用,将数据集分成10份,轮流将9份数据作为训练集,1份数据作为测试集,如图7-10所示。

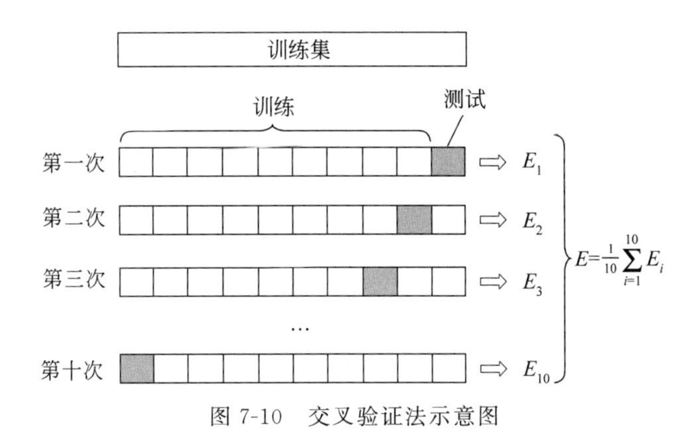

图 7-10 交叉验证法示意图

cross_val_score()函数语法形式如下。

```
cross_val_score(estimator,train_x,train_y,cv=10)
```

参数：

- estimator：需要使用交叉验证的算法。
- train_x：输入样本数据。
- train_y：样本标签。
- cv：默认使用 KFold()进行数据集打乱。

【例 7-11】 利用交叉验证。

```
from sklearn import datasets
from sklearn.model_selection import train_test_split,cross_val_score
                                                   #划分数据交叉验证
from sklearn.neighbors import KNeighborsClassifier
import matplotlib.pyplot as plt
iris =datasets.load_iris()                         #加载 Iris 数据集
X =iris.data
y =iris.target                                     #这是每个数据所对应的标签
train_X,test_X,train_y,test_y =train_test_split(X,y,test_size=1/3,random_state
=3)
#以 1/3 划分训练集训练结果、测试集测试结果
k_range =range(1,31)
cv_scores =[]                                      #用来放每个模型的结果值
for n in k_range:
    knn =KNeighborsClassifier(n)
    scores =cross_val_score(knn,train_X,train_y,cv=10)
    cv_scores.append(scores.mean())
plt.plot(k_range,cv_scores)
plt.xlabel('K')
plt.ylabel('Accuracy')                             #通过图像选择最好的参数
plt.show()
```

```
best_knn =KNeighborsClassifier(n_neighbors=3)          #选择最优的 K=3 传入模型
best_knn.fit(train_X,train_y)                          #训练模型
print("score:\n",best_knn.score(test_X,test_y))        #看看评分
```

程序运行结果如图 7-11 所示。

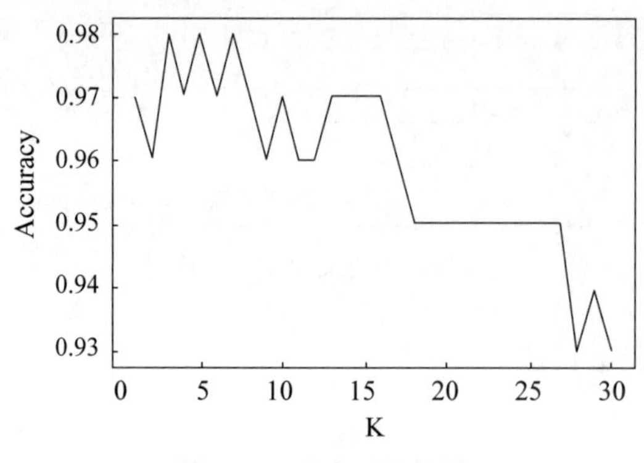

图 7-11 程序运行结果

```
score:
0.94
```

3. 自助法

与 k 折交叉验证相比自助法(Bootstrapping)的实质是有放回的随机抽样,将记录用于测试集后,放回数据集,继续下一次随机抽样,直到测试集中的数据条数满足要求。

ShuffleSplit()函数语法如下。

```
ShuffleSplit(n_split, test_size, train_size, random_state)
```

参数:

- n_splits:表示划分为几块(至少是 2)。
- test_size:测试集比例或样本数量。
- train_size:训练集比例或样本数量。
- random_state:随机种子数,默认为 None。

【例 7-12】 ShuffleSplit()举例。

```
import numpy as np
from sklearn.model_selection import ShuffleSplit
X =np.arange(5)
ss =ShuffleSplit(n_splits=3, test_size=.25, random_state=0)
for train_index, test_index in ss.split(X):
    print("TRAIN:", train_index, "TEST:", test_index)
```

程序运行结果如下。

```
TRAIN: [1 3 4] TEST: [2 0]
TRAIN: [1 4 3] TEST: [0 2]
TRAIN: [4 0 2] TEST: [1 3]
```

总之，几种方法的选择如下。

(1) 已知数据集数量充足时，通常采用留出法或者 k 折交叉验证法。

(2) 对于已知数据集较小且难以有效划分训练集/测试集的时候，采用自助法。

(3) 对于已知数据集较小且可以有效划分训练集/测试集的时候，采用留一法。

7.4.3 特征工程

特征工程用于从原始数据中提取特征以供算法和模型使用。Sklearn 提供了较为完整的特征处理方法，包括数据预处理、特征选择、降维等，相关函数如表 7-8 所示。

表 7-8 特征工程的相关函数

类	功 能	说 明
StandardScaler	无量纲化	标准化，将特征值转换至服从标准正态分布
MinMaxScaler	无量纲化	区间缩放，基于最大最小值，将特征值转换到[0，1]区间上
Normalizer	归一化	基于特征矩阵的行，将样本向量转换为“单位向量”
Binarizer	二值化	基于给定阈值，将定量特征按阈值划分
OneHotEncoder	哑编码	将定性数据编码为定量数据
Imputer	缺失值计算	计算缺失值，缺失值可填充为均值等

7.4.4 机器算法

Sklearn 提供传统的机器学习算法实现分类和聚类。采用支持向量机、朴素贝叶斯等算法实现文本分类，采用 K-Means 算法实习文本聚类。例如，支持向量机的代码如下。

```
from sklearn.svm import svc                          #支持向量机
estimator =svc( )
estiamtor.fit(x_train,y_train)                       #训练集的特征值与目标值
```

7.4.5 模型评估

通过计算混淆矩阵、精确率、召回率和 F-score 等进行分类评估，如图 7-12 所示。

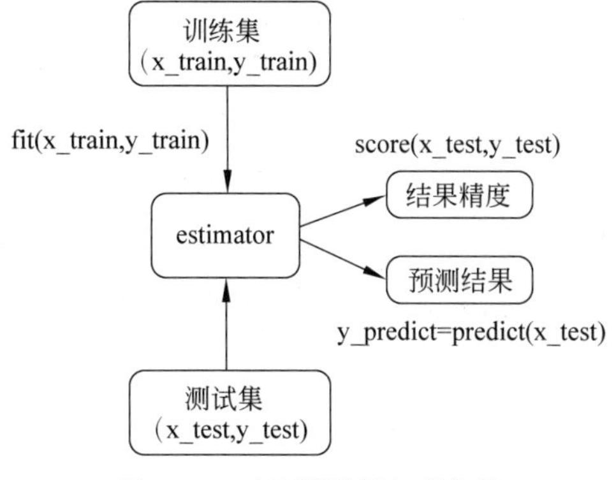

图 7-12 对比预测值与真实值

方法 1：计算出准确率。

```
score=estimator.score(x_test,y_test)                    #测试集的特征值和目标值
print(score)
```

方法 2：对比预测值与真实值。

```
y_predict =estimator.predict(x_test)                    #预测
print("对比真实值和预测值\n",y_test==y_predict)
```

7.5 NLTK 简介

NLTK 被称为"使用 Python 进行教学和计算语言学工作的绝佳工具""用自然语言进行游戏的神奇图书馆"。安装命令如下：pip install nltk，如图 7-13 所示。

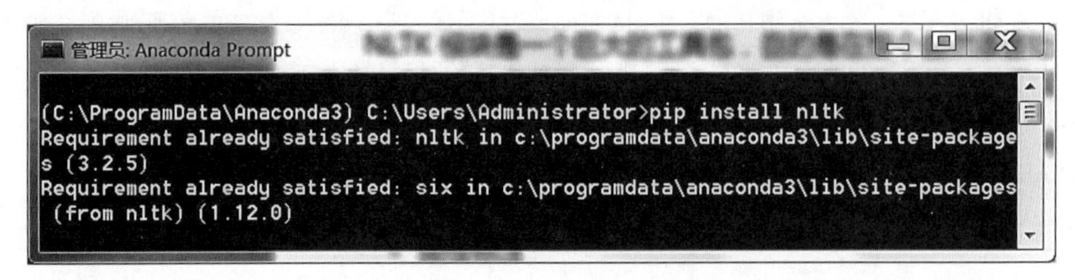

图 7-13　安装 NLTK

在 Python 交互下使用 import nltk.book 命令，出现一长串的报错信息，如图 7-14 所示。

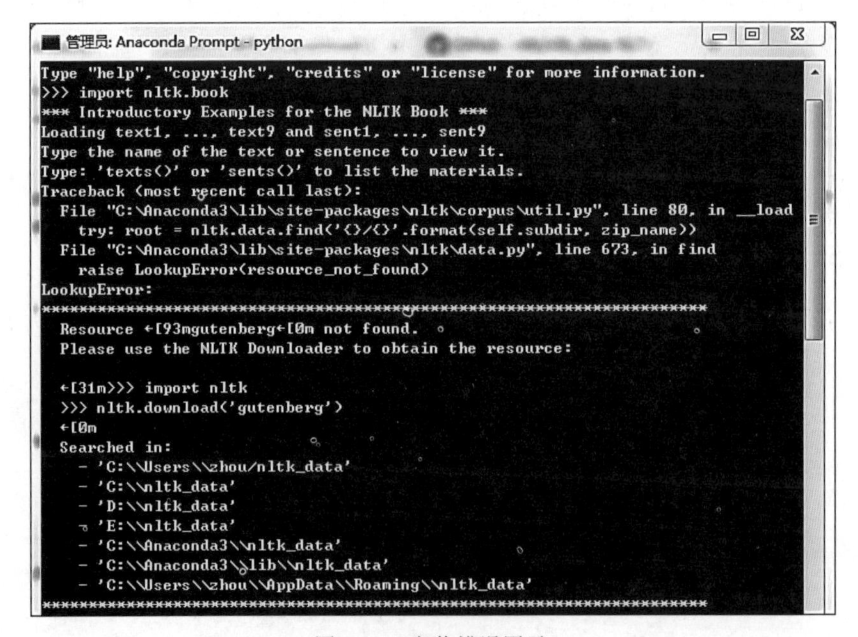

图 7-14　安装错误图示

解决方法如下：进入网址 https://github.com/nltk/nltk_data 下载数据，只需下载正数第二个 packages 文件夹，把 packages 文件夹下的所有子文件夹复制至图 7-14 所示的

"Searched in:"下任一路径处,即可解决。

NLTK 功能模块如表 7-9 所示。

表 7-9 NITK 功能模块简介

语言处理任务	NLTK 模块	功能描述
获取和处理语料库	nltk.corpus	语料库和词典的标准化接口
字符串处理	nltk.tokenize, nltk.stem	分词,句子分解提取主干
搭配发现	nltk.collocations	t-检验,卡方,点互信息 PMI
词性标识符	nltk.tag	n-gram, backoff, Brill, HMM, TnT
分类	nltk.classify, nltk.cluster	决策树,最大熵,贝叶斯,EM,K-Means
分块	nltk.chunk	正则表达式,*N*-gram,命名实体
解析	nltk.parse	图表,基于特征,一致性,概率,依赖
语义解释	nltk.sem, nltk.inference	λ 演算,一阶逻辑,模型检验
指标评测	nltk.metrics	精度,召回率,协议系数
概率与估计	nltk.probability	频率分布,平滑概率分布
应用	nltk.app nltk.chat	图形化的关键词排序,聊天机器人
语言学领域	nltk.toolbox	处理 SIL 工具箱格式的数据

7.6 NLTK 语料库

NLTK 语料库有古腾堡语料库(gutenberg)、网络聊天语料库(webtext、nps_chat)、布朗语料库(brown)、路透社语料库(reuters)、就职演讲语料库(inaugural)等。

7.6.1 inaugural 语料库

inaugural 语料库是 55 个文本的集合,每个文本是某个总统在不同时间的演说。

【例 7-13】 inaugural 语料库。

```
from nltk.corpus import inaugural
print(inaugural.fileids())
```

运行结果如图 7-15 所示。

7.6.2 gutenberg 语料库

gutenberg 语料库包含古腾堡项目电子文档的一小部分文本。该项目大约有 36 000 本免费电子书,可以通过平均句子长度和平均词种数(词语丰富度)两个特征,分析不同作者的写作风格。

【例 7-14】 gutenberg 语料库。

```
#打开"古腾堡圣经",阅读前几行
```

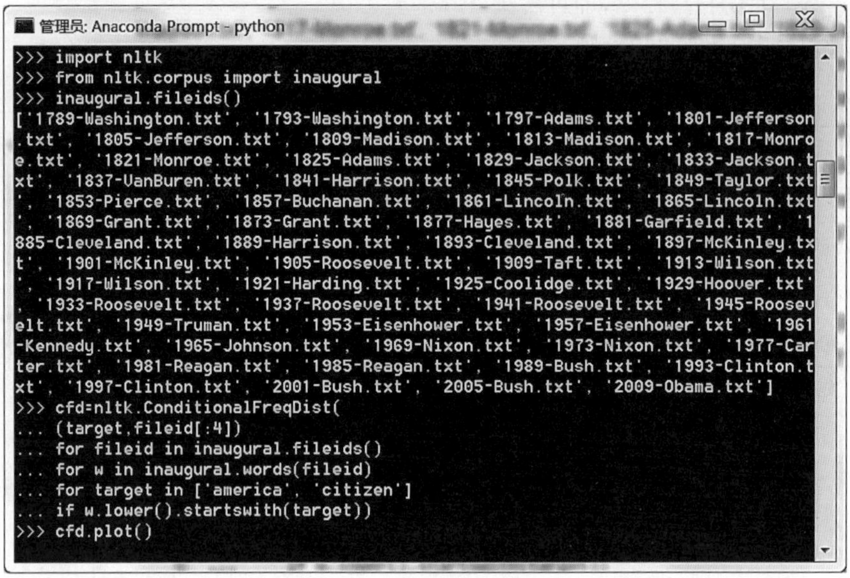

管理员: Anaconda Prompt - python

```
>>> import nltk
>>> from nltk.corpus import inaugural
>>> inaugural.fileids()
['1789-Washington.txt', '1793-Washington.txt', '1797-Adams.txt', '1801-Jefferson
.txt', '1805-Jefferson.txt', '1809-Madison.txt', '1813-Madison.txt', '1817-Monro
e.txt', '1821-Monroe.txt', '1825-Adams.txt', '1829-Jackson.txt', '1833-Jackson.t
xt', '1837-VanBuren.txt', '1841-Harrison.txt', '1845-Polk.txt', '1849-Taylor.txt
', '1853-Pierce.txt', '1857-Buchanan.txt', '1861-Lincoln.txt', '1865-Lincoln.txt
', '1869-Grant.txt', '1873-Grant.txt', '1877-Hayes.txt', '1881-Garfield.txt', '1
885-Cleveland.txt', '1889-Harrison.txt', '1893-Cleveland.txt', '1897-McKinley.tx
t', '1901-McKinley.txt', '1905-Roosevelt.txt', '1909-Taft.txt', '1913-Wilson.txt
', '1917-Wilson.txt', '1921-Harding.txt', '1925-Coolidge.txt', '1929-Hoover.txt'
, '1933-Roosevelt.txt', '1937-Roosevelt.txt', '1941-Roosevelt.txt', '1945-Roosev
elt.txt', '1949-Truman.txt', '1953-Eisenhower.txt', '1957-Eisenhower.txt', '1961
-Kennedy.txt', '1965-Johnson.txt', '1969-Nixon.txt', '1973-Nixon.txt', '1977-Car
ter.txt', '1981-Reagan.txt', '1985-Reagan.txt', '1989-Bush.txt', '1993-Clinton.t
xt', '1997-Clinton.txt', '2001-Bush.txt', '2005-Bush.txt', '2009-Obama.txt']
>>> cfd=nltk.ConditionalFreqDist(
... (target,fileid[:4])
... for fileid in inaugural.fileids()
... for w in inaugural.words(fileid)
... for target in ['america', 'citizen']
... if w.lower().startswith(target))
>>> cfd.plot()
```

图 7-15 程序运行结果

```
from nltk.tokenize import sent_tokenize, PunktSentenceTokenizer
from nltk.corpus import gutenberg

sample =gutenberg.raw("bible-kjv.txt")
tok =sent_tokenize(sample)
for x in range(5):
    print(tok[x])
```

程序运行结果如下。

```
[The King James Bible]
The Old Testament of the King James Bible
The First Book of Moses: Called Genesis
1:1 In the beginning God created the heaven and the earth.
1:2 And the earth was without form, and void; and darkness was upon
the face of the deep.
And the Spirit of God moved upon the face of the
waters.
1:3 And God said, Let there be light: and there was light.
1:4 And God saw the light, that it was good: and God divided the light
from the darkness.
```

7.6.3 movie_reviews 语料库

movie_reviews 语料库拥有评论，被标记为正面或负面。

【例 7-15】 movie_reviews 语料库。

```
import nltk
```

```
import random
from nltk.corpus import movie_reviews
#选取所有的文件 ID(每个评论有自己的 ID),然后对文件 ID 存储 word_tokenized
#版本(单词列表),后面是一个大列表中的正面或负面标签
documents =[(list(movie_reviews.words(fileid)), category)
            for category in movie_reviews.categories()
            for fileid in movie_reviews.fileids(category)]
random.shuffle(documents)                              #打乱文件进行训练和测试
#列表中第一个元素是一列单词,第二个元素是 pos 或 neg 标签
#print(documents[1])
all_words =[]
for w in movie_reviews.words():
    all_words.append(w.lower())
    all_words =nltk.FreqDist(all_words)                #单词频率分布
    print(all_words.most_common(15))                   #找出了 15 个最常用的单词
    print(all_words["stupid"])                         #某个单词的出现次数
```

程序运行结果如下。

```
[(',', 77717), ('the', 76529), ('.', 65876), ('a', 38106), ('and', 35576), ('of',
34123), ('to', 31937), ("'", 30585), ('is', 25195), ('in', 21822), ('s', 18513), ('"
', 17612), ('it', 16107), ('that', 15924), ('-', 15595)]
253
```

7.7 NLTK 文本分类

7.7.1 分句分词

NLTK 提供 nltk.sent_tokenize 对文本按照句子进行分隔,使用 nltk.word_tokenize 将句子按照单词进行分隔,返回一个列表。

【例 7-16】 分句分词。

```
from nltk.tokenize import sent_tokenize, word_tokenize
EXAMPLE_TEXT ="Hello Mr. Smith, how are you doing today? The weather is great, and
Python is awesome. The sky is pinkish-blue. You shouldn't eat cardboard."
print(sent_tokenize(EXAMPLE_TEXT))
print(word_tokenize(EXAMPLE_TEXT))
```

程序运行结果如下。

```
['Hello Mr. Smith, how are you doing today?', 'The weaher is great, and Python is
awesome.', 'The sky is pinkish-blue.', "You shouldn't eat cardboard."]
['Hello', 'Mr.', 'Smith', ',', 'how', 'are', 'you', 'doing', 'today', '?', 'The',
'weather', 'is', 'great', ',', 'and', 'Python', 'is', 'awesome', '.', 'The', 'sky',
'is', 'pinkish-blue', '.', 'You', 'should', "n't", 'eat', 'cardboard', '.']
```

7.7.2 停止词

使用 nltk.corpus 的 stopwords 模块查看英文中的停止词表。

【例 7-17】 停止词。

```
from nltk.corpus import stopwords
from nltk.tokenize import word_tokenize
print(set(stopwords.words('english')))

example_sent = "This is a sample sentence, showing off the stop words filtration."
stop_words = set(stopwords.words('english'))
word_tokens = word_tokenize(example_sent)
filtered_sentence = [w for w in word_tokens if not w in stop_words]
filtered_sentence = []
for w in word_tokens:
    if w not in stop_words:
        filtered_sentence.append(w)
print(example_sent)
print("分词结果:\n",word_tokens)
print("添加停止词后的分词结果:\n",filtered_sentence)
```

程序运行结果如下。

```
{'how', 'now', 't', 'from', 's', 'off', 'her', 'do', 'his', 'did', 'we', 'nor',
'other', 'a', 'your', 'who', 'same', 'you', 'most', 'having', 'our', 'again', 'some
', 'each', 'were', 'only', 'out', 'hers', 'up', 'are', 'so', 'and', 'further', '
yourselves', 'my', 'myself', 'here', 'will', 'she', 'through', 'those', 'does', '
not', 'these', 'herself', 'yours', 'am', 'should', 'until', 'than', 'whom', 'had',
'which', 'don', 'doing', 'under', 'once', 'this', 'where', 'few', 'they', 'both', '
while', 'very', 'what', 'by', 'against', 'all', 'about', 'being', 'for', 'own', '
when', 'because', 'ours', 'down', 'on', 'with', 'or', 'i', 'was', 'it', 'him', 'to
', 'before', 'them', 'such', 'if', 'between', 'after', 'is', 'the', 'theirs', 'has
', 'at', 'yourself', 'have', 'then', 'ourselves', 'me', 'into', 'been', 'any', '
itself', 'he', 'be', 'no', 'too', 'more', 'themselves', 'can', 'in', 'there', '
during', 'of', 'its', 'but', 'below', 'just', 'why', 'as', 'above', 'that', '
himself', 'over', 'their', 'an'}

This is a sample sentence, showing off the stop words filtration.
```

分词结果:

```
['This', 'is', 'a', 'sample', 'sentence', ',', 'showing', 'off', 'the', 'stop', '
words', 'filtration', '.']
```

添加停止词后的分词结果:

```
['This', 'sample', 'sentence', ',', 'showing', 'stop', 'words', 'filtration', '.']
```

7.7.3　词干提取

词干提取是去除词缀得到词根的过程。例如,“fishing”“fished”“fish”和“fisher”为同一个词干“fish”。NLTK 提供 PorterStemmer 进行词干提取。

【例 7-18】　词干提取。

```
from nltk.stem import PorterStemmer
from nltk.tokenize import sent_tokenize, word_tokenize
ps =PorterStemmer()
example_words =["python","pythoner","pythoning","pythoned","pythonly"]
print(example_words)
for w in example_words:
    print(ps.stem(w),end=' ')
```

程序运行结果如下。

```
['python', 'pythoner', 'pythoning', 'pythoned', 'pythonly']
python python python python pythonli
```

7.7.4　词形还原

与词干提取非常类似的操作称为词形还原。词干提取经常可能创造出不存在的词汇,而词形还原的是实际的词汇。NLTK 提供 WordNetLemmatizer 进行词干还原。

【例 7-19】　词形还原。

```
from nltk.stem import WordNetLemmatizer
lemmatizer =WordNetLemmatizer()
print("cats\t",lemmatizer.lemmatize("cats"))
print("cacti\t",lemmatizer.lemmatize("cacti"))
print("geese\t",lemmatizer.lemmatize("geese"))
print("rocks\t",lemmatizer.lemmatize("rocks"))
print("python\t",lemmatizer.lemmatize("python"))
print("better\t",lemmatizer.lemmatize("better", pos="a"))
print("best\t",lemmatizer.lemmatize("best"))
print("ran\t",lemmatizer.lemmatize("ran",'v'))
```

程序运行结果如下。

```
cats     cat
cacti    cactus
geese    goose
rocks    rock
python   python
better   good
best     best
ran      run
```

7.7.5 同义词与反义词

NLTK 提供 WordNet 进行定义同义词、反义词等词汇数据库的集合。

【例 7-20】 WordNet。

```
from nltk.corpus import wordnet
#单词 boy 寻找同义词
syns =wordnet.synsets("boy")
print(syns[0].name())
#只是单词
print(syns[0].lemmas()[0].name())
#第一个同义词的定义
print(syns[0].definition())
#单词 boy 的使用示例
print(syns[0].examples())
```

程序运行结果如下。

```
male_child.n.01
male_child
a youthful male person
['the baby was a boy', 'she made the boy brush his teeth every night', 'most
soldiers are only boys in uniform']
```

【例 7-21】 词形的近义词与反义词。

```
from nltk.corpus import wordnet
synonyms =[]          #.synonyms 找到词形的近义词
antonyms =[]          #.antonyms 找到词形的反义词
for syn in wordnet.synsets("good"):
    for l in syn.lemmas():
        synonyms.append(l.name())
        if l.antonyms():
            antonyms.append(l.antonyms()[0].name())

print(set(synonyms))
print(set(antonyms))
```

程序运行结果如下。

```
{'effective', 'undecomposed', 'commodity', 'well', 'sound', 'skilful', 'upright
', 'practiced', 'unspoiled', 'safe', 'expert', 'thoroughly', 'serious', '
estimable', 'dependable', 'in_effect', 'unspoilt', 'secure', 'skillful', '
beneficial', 'respectable', 'honorable', 'near', 'trade_good', 'honest', '
salutary', 'proficient', 'in_force', 'just', 'soundly', 'full', 'adept', 'dear',
'good', 'goodness', 'right', 'ripe'}
{'ill', 'bad', 'evilness', 'evil', 'badness'}
```

7.7.6 语义相关性

wordnet 的 wup_similarity()方法用于语义相关性。

【例 7-22】 语义相关性。

```
from nltk.corpus import wordnet
w1 =wordnet.synset('ship.n.01')
w2 =wordnet.synset('boat.n.01')
print(w1.wup_similarity(w2))

w1 =wordnet.synset('ship.n.01')
w2 =wordnet.synset('car.n.01')
print(w1.wup_similarity(w2))

w1 =wordnet.synset('ship.n.01')
w2 =wordnet.synset('cat.n.01')
print(w1.wup_similarity(w2))
```

程序运行结果如下。

```
0.9090909090909091
0.6956521739130435
0.32
```

第8章

语料清洗

语料清洗

语料清洗是自然语言处理的第一步，对最终结果起到决定性的作用。本章重点讲解了语料的清洗策略，填充缺失值、消除异常值和平滑噪声数据等清洗方法。介绍数据替换、数据映射、数据合并和数据补充等数据转换功能，missingno库用于数据分析前的数据检查，查看数据集完整性。词云用于可视化地显示数据相关信息。

8.1 认识语料清洗

由于原始文本含有“脏”数据，无法直接用来训练模型，会严重干扰数据分析的结果，因此需要进行清洗，保留有用的数据。“脏”数据是指缺失值、异常值、离群点等数据。语料清洗用于纠正语料数据中不一致的内容，通常会占据数据分析50%～80%的工作量。经过数据清洗的数据，应该满足以下特点。

(1) 所有值都是数字。

机器学习算法的所有数据都是数字，需要将非数字值(在类别或文本列中的内容)需要替换为数字标识符。

(2) 标识并清除无效值记录。

无效值无法反映实际问题。

(3) 识别并消除无关类别。

所有记录都需要使用一致类别。

【例8-1】 语料清洗。

str＝'''??? 程序员是从事程序开发、维护的专业人员。％％＃＃aba一般将程序员分为程序设计人员和程序编码人员，＜body＞但两者的78界限并不非常清楚，软件从业人员分为初级程序员、高级程序员、系统分析员和项目经理四大类。'''

```
import re                                          #引入正则表达式
pattern =re.compile(r'[^\u4e00-\u9fa5]')           #过滤掉数字、符号、字符等特殊字符
chinese_txt =re.sub(pattern,'',str)
print(chinese_txt)
```

程序运行结果如下。

程序员是从事程序开发维护的专业人员一般将程序员分为程序设计人员和程序编码人员但两者的界限并不非常清楚特别是在中国软件从业人员分为初级程序员高级程序员系统

分析员和项目经理四大类。

代码分析如下

str 文本中不仅包含中文字符，还包括数字、标签、英文字符、标点等非常规字符，这些都是无意义的信息，与文本内容所要表达的主题没有任何关联。通过正则表达式进行清洗。将在第 14 章中进行详细介绍。

8.2 清洗策略

8.2.1 一致性检查

一致性检查是根据每个变量的合理取值范围和相互关系，检查数据是否合乎要求，发现超出正常范围的数据。例如，体重出现了负数、年龄超出正常值范围。SPSS、Excel 等软件能够自动识别超出范围的变量值。

8.2.2 格式内容检查

多源的数据往往在格式和内容上存在很多问题，例如，时间、日期、数值、全半角等显示格式不一致等。例如，性别字段，某来源为“男”和“女”，某来源为“0”和“1”，需要进行格式内容检查。

8.2.3 逻辑检查

通过逻辑推理发现不合理或者相互矛盾的问题数据。例如，“身份证号”和“年龄”两个字段，可以进行相互验证。

8.3 缺失值清洗

8.3.1 认识缺失值

缺失值是指记录的缺失和记录中某个字段信息的缺失，一般以空白、NaN 或其他占位符进行编码。数据缺失率与重要性的关系如图 8-1 所示。

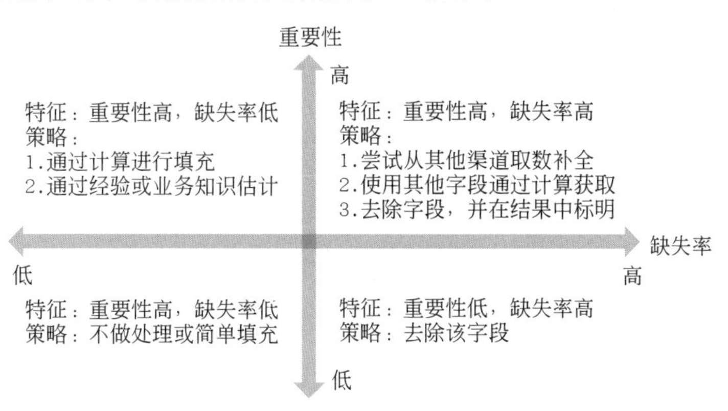

图 8-1 数据缺失率与重要性的关系

缺失值往往采用删除法和数据填充法进行处理。

- 删除法：如果某个属性的缺失值过多，可以直接删除整个属性。
- 数据填充法：使用属性的平均值、中位数、固定值、最近值、最大、最小值等填充。

常用的填充方法如表 8-1 所示。

表 8-1 常用填充方法

填充方法	方法描述
平均值	根据属性值类型，用该属性取值的平均值填充
中位数	根据属性值类型，用该属性取值的中位数填充
固定值	将缺失的属性值用一个常量替换
最近值	用最接近缺失值的属性值填充
最大、最小值	根据属性值类型，用最大、最小值进行填充

8.3.2 Pandas 处理

Pandas 使用浮点值 NaN 表示缺失值，缺失值的处理有 df.fillna()和 df.dropna()两个函数，如表 8-2 所示。

表 8-2 Pandas 缺失值处理函数

函数名	功能
df.fillna(num)	用实数 num 填充缺失值
df.dropna()	删除 DataFrame 数据中的缺失数据

使用 df.fillna()用实数填充缺失值，语法如下。

```
DataFrame.fillna(value=None, method=None, axis=None, inplace=None, limit=None)
```

参数说明如表 8-3 所示。

表 8-3 df.dropna 参数说明

参数	说明
value	用于填充缺失值的标量值或字典对象
method	插值方式
axis	数据删除维度：取值 0 为行；取值 1 为列
inplace	修改调用者对象而不产生副本
limit	可以连续填充的最大数量

【例 8-2】 df.fillna(num)举例。

```
from numpy import nan as NaN
import pandas as pd
```

```
df1=pd.DataFrame([[1,2,3],[NaN,NaN,2],[NaN,NaN,NaN],[8,8,NaN]])
print("df1:\n{}\n".format(df1))
df2=df1. fillna(100)
print("df2:\n{}\n".format(df2))
```

程序运行结果如下。

```
df1:
   0    1    2
0  1.0  2.0  3.0
1  NaN  NaN  2.0
2  NaN  NaN  NaN
3  8.0  8.0  NaN
df2:
      0      1      2
0    1.0    2.0    3.0
1  100.0  100.0    2.0
2  100.0  100.0  100.0
3    8.0    8.0  100.0
```

使用 df.dropna()删除 DataFrame 缺失数据所在的行或列，语法如下。

```
DataFrame.dropna(axis=0, how='any', thresh=None, subset=None, inplace=False)
```

参数说明如表 8-4 所示。

表 8-4　df.dropna()参数说明

参　数	说　　明
axis	数据删除维度：取值 0 为行；取值 1 为列
how	{'any', 'all'}，默认为'any'，表示删除带有 nan 的行；all 表示删除全为 nan 的行
thresh	int，保留至少 int 个非 nan 行
subset	部分标签中删除某些列
inplace	bool，是否修改源文件

【例 8-3】 df.dropna()举例。

```
from numpy import nan as NaN
import pandas as pd
df1=pd.DataFrame([[1,2,3],[NaN,NaN,2],[NaN,NaN,NaN],[8,8,NaN]])
print("df1:\n{}\n".format(df1))
df2=df1.dropna()
print("df2:\n{}\n".format(df2))
```

程序运行结果如下。

```
df1:                                    df2:
   0    1    2                             0    1    2
0  1.0  2.0  3.0                        0  1.0  2.0  3.0
1  NaN  NaN  2.0
2  NaN  NaN  NaN
3  8.0  8.0  NaN
```

8.3.3 Sklearn 处理

Sklearn 中 Imputer 类或 SimpleImputer 类用于处理缺失值。其中，Imputer 类在 preprocessing 模块中，而 SimpleImputer 类在 sklearn.impute 模块中。

Imputer 具体语法如下。

```
from sklearn.preprocessing import Imputer
imp =Imputer(missing_values="NaN", strategy="mean")
```

SimpleImputer 具体语法如下。

```
from sklearn.impute import SimpleImputer
imp =SimpleImputer(missing_values=np.nan, strategy="mean")
```

参数含义如下。

missing_values＝np.nan：缺失值是 nan。

strategy＝"mean"：用平均数、中位数等插值方法的数据。

【例 8-4】 Sklearn 中 Imputer 类或 SimpleImputer 类。

```
import pandas as pd
import numpy as np
#from sklearn.preprocessing import Imputer
from sklearn.impute import SimpleImputer
df=pd.DataFrame([["XXL", 8, "black", "class 1", 22],
["L", np.nan, "gray", "class 2", 20],
["XL", 10, "blue", "class 2", 19],
["M", np.nan, "orange", "class 1", 17],
["M", 11, "green", "class 3", np.nan],
["M", 7, "red", "class 1", 22]])
df.columns=["size", "price", "color", "class", "boh"]
print(df)
   #1.创建 Imputer 器
#imp =Imputer(missing_values="NaN", strategy="mean" )
imp =SimpleImputer(missing_values=np.nan, strategy="mean")
   #2.使用 fit_transform()函数完成缺失值填充
df["price"]=imp.fit_transform(df[["price"]])
print(df)
```

程序运行结果如下。

```
   size  price   color    class    boh
0   XXL    8.0   black  class 1  22.0
1     L    NaN    gray  class 2  20.0
2    XL   10.0    blue  class 2  19.0
3     M    NaN  orange  class 1  18.0
4     M   11.0   green  class 3   NaN
5     M    8.0     red  class 1  22.0
   size  price   color    class    boh
0   XXL    8.0   black  class 1  22.0
1     L    9.0    gray  class 2  20.0
2    XL   10.0    blue  class 2  19.0
3     M    9.0  orange  class 1  18.0
4     M   11.0   green  class 3   NaN
5     M    8.0     red  class 1  22.0
```

8.4 异常值清洗

异常值又称为离群点或噪声数据，是指特征属性中的个别数值明显偏离其余数据的值。检测异常值往往有散点图、箱线图和 3σ 法则。

8.4.1 散点图方法

散点图通过展示两组数据的位置关系，可以展示数据的分布和聚合情况，可以清晰直观地看出哪些值是离群点。Matplotlib、Pandas 和 Seaborn 等都提供散点图绘制方法。

【例 8-5】 绘制散点图方法。

```
import numpy as np
import pandas as pd

wdf =pd.DataFrame(np.arange(20),columns=['W'])
wdf['Y']=wdf['W'] * 1.5+2
wdf.iloc[3,1]=128
wdf.iloc[18,1]=150
wdf.plot(kind ='scatter', x='W',y='Y')
```

程序运行结果如图 8-2 所示。

8.4.2 箱线图方法

箱线图又称箱形图或盒式图。不同于折线图、柱状图或饼图等传统图表只是数据大小、占比、趋势的呈现，箱线图包含统计学的均值、分位数、极值等统计量，用于分析不同类别数据平均水平差异，展示属性与中位数离散速度，并揭示数据间离散程度、异常值、分布差异等。箱线图是一种基于"五位数"显示数据分布的标准化方法，如图 8-3 所示。

"五位数"是指箱形图的 5 个参数。

(1) 下边缘(Q_1)表示最小值。

(2) 下四分位数(Q_2)又称“第一四分位数”,由小到大排列后第 25%的数字。

(3) 中位数(Q_3)又称“第二四分位数”,由小到大排列后第 50%的数字。

(4) 上四分位数(Q_4)又称“第三四分位数”,由小到大排列后第 75%的数字。

(5) 上边缘(Q_5)表示最大值。

箱形图以四分位数和四分位距为基础判断是否是异常值。当数据在箱线图中超过上四分位 1.5 倍四分位距或下四分位 1.5 倍距离时,即小于 $Q_1-1.5\mathrm{IQR}$ 或大于 $Q_3+1.5\mathrm{IQR}$ 的值时被认为是异常值。

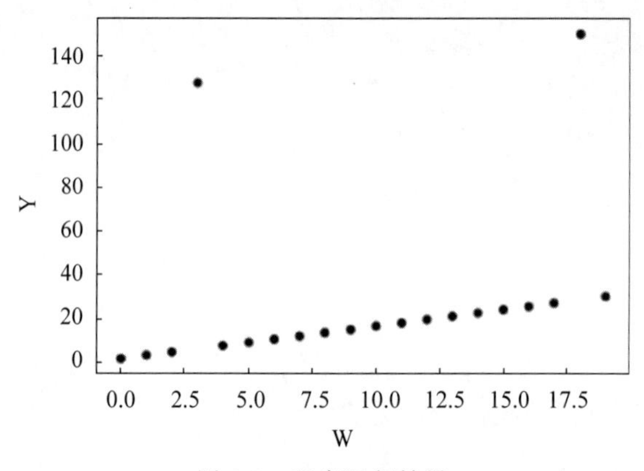

图 8-2 程序运行结果

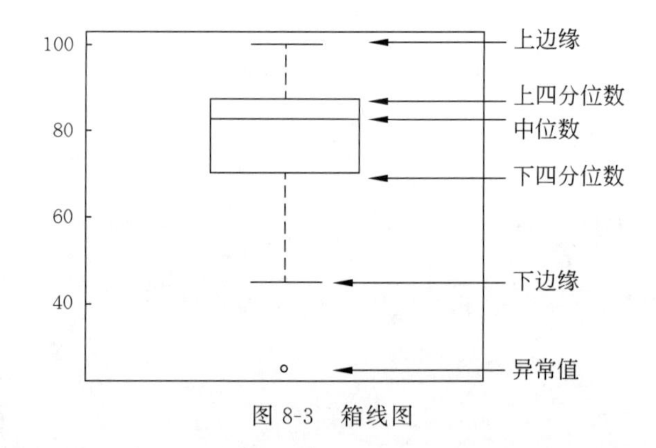

图 8-3 箱线图

【例 8-6】 绘制箱形图。

```
import numpy as np
import pandas as pd

wdf =pd.DataFrame(np.arange(20),columns=['W'])
wdf['Y']=wdf['W'] * 1.5+2
wdf.iloc[3,1]=128
wdf.iloc[18,1]=150
import matplotlib.pyplot as plt
```

```
plt.boxplot(wdf)
plt.show()
```

程序运行结果如图 8-4 所示。

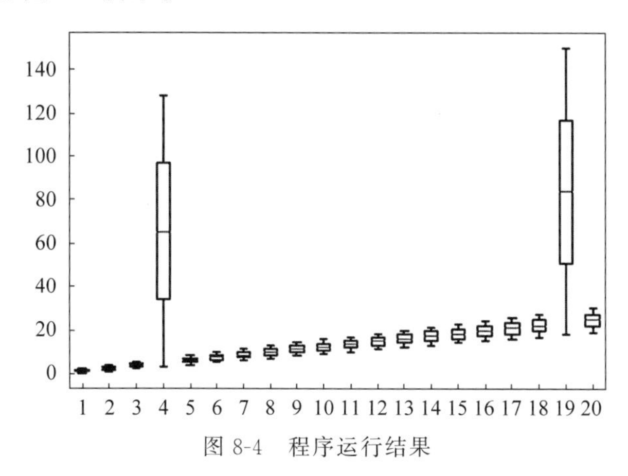

图 8-4　程序运行结果

8.4.3　3σ 法则

正态数据如图 8-5 所示，数值分布在$(\mu-\sigma,\mu+\sigma)$中的概率为 0.6827；在$(\mu-2\sigma,\mu+2\sigma)$中的概率为 0.9545；在$(\mu-3\sigma,\mu+3\sigma)$中的概率为 0.9973（$\mu$ 为平均值，σ 为标准差）。3σ 原则，又叫拉依达原则，认为数据的取值几乎全部集中在$(\mu-3\sigma,\mu+3\sigma)$区间内，超出这个范围的数据是异常值。

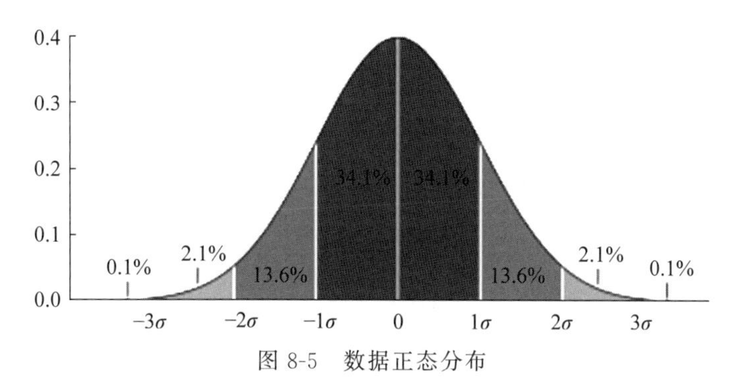

图 8-5　数据正态分布

【例 8-7】　3σ 法则。

```
#计算步骤如下
#首先判断数据大致上服从正态分布
#计算需要检验的数据列的平均值和标准差
#比较数据列的每个值与平均值的偏差是否超过 3 倍,如果超过 3 倍,则为异常值
#剔除异常值,得到规范的数据

import numpy as np
import pandas as pd
```

```
from scipy import stats
#创建数据
data =[1222, 87, 77, 92, 68, 75, 77, 80, 78, 123, 3, 23, 32]
df =pd.DataFrame(data,columns =['value'])
#计算均值
u =df['value'].mean()
#计算标准差
std =df['value'].std()

print(stats.kstest(df,'norm',(u, std)))
print('均值为: %.3f,标准差为: %.3f'%(u,std))
print( '------')
#识别异常值
error =df[np.abs(df['value']-u)>3 * std]
#剔除异常值,保留正常的数据
data_c =df[np.abs(df['value']-u)<=3 * std]
print("输出正常的数据")
print(data_c)
print("输出异常数据")
print(error)
```

程序运行结果如下。

```
KstestResult(statistic=0.9995370512363594, pvalue=0.0)
均值为: 156.692,标准差为: 321.639
------
输出正常的数据
   value
1     87
2     77
3     92
4     68
5     75
6     77
7     80
8     78
9    123
10     3
11    23
12    32
输出异常数据
   value
0   1222
```

异常值处理常用方法如表 8-5 所示。

表 8-5　异常值处理方法

方　法	方法描述
删除	直接删除含有异常值的记录
视为缺失值	利用缺失值处理方法
采用平均值修正	用前后两个观测值的平均值修正该异常值

8.5　重复值清洗

重复值会影响数据分析的准确性，消除重复值的基本思想是“排序和合并”，将数据进行排序后，比较邻近记录是否相似来检测记录是否重复。NumPy 和 Pandas 分别提供重复值的检测和清洗等。

8.5.1　NumPy 处理

NumPy 提供 unique()函数返回数组元素的唯一值。

【例 8-8】　使用 NumPy 的 unique()函数去除重复值。

```
import numpy as np
names=np.array(['红色','蓝色','红色','白色','白色','红色','绿色','红色'])
print('原数组：',names)
print('去重后的数组：',np.unique(names))
```

程序运行结果如下。

```
原数组：['红色' '蓝色' '红色' '白色' '白色' '红色' '绿色' '红色']
去重后的数组：['白色' '红色' '绿色' '蓝色']
```

8.5.2　Pandas 处理

Pandas 提供的 df.duplicated 和 df.drop_duplicates 用于处理重复值。其中，df.duplicated 用于判断各行是否重复，df.drop_duplicates 用于删除重复行，语法如下。

```
DataFrame(Series).drop_duplicates(self, subset=None, keep='first', inplace=
False)
```

参数说明如表 8-6 所示。

表 8-6　drop_duplicates()参数说明

参　数	说　　明
subset	接收 string 或 sequence，表示进行去重的列，默认为全部列
keep	表示重复时保留第几个数据，first 保留第一个，last 保留最后一个
inplace	表示是否在原表上进行操作，默认为 False

【例 8-9】 df.duplicated()举例。

```
import pandas as pd                                         #导入 Pandas 库
#生成异常数据
data1, data2, data3, data4 =['a', 3], ['b', 2], ['a', 3], ['c', 2]
df =pd.DataFrame([data1, data2, data3, data4], columns=['col1', 'col2'])
print("数据为: \n",df)                                      #打印输出

isDuplicated =df.duplicated()                               #判断重复数据记录
print("重复值为: \n",isDuplicated)                          #打印输出
print("删除数据记录中所有列值相同的记录\n",df.drop_duplicates())
    #删除数据记录中所有列值相同的记录
print("删除数据记录中 col1 值相同的记录\n",df.drop_duplicates(['col1']))
    #删除数据记录中 col1 值相同的记录
print("删除数据记录中 col2 值相同的记录\n",df.drop_duplicates(['col2']))
    #删除数据记录中 col2 值相同的记录
print("删除数据记录中指定列(col1/col2)值相同的记录\n",df.drop_duplicates(['col1',
'col2']))
    #删除数据记录中指定列(col1/col2)值相同的记录
```

程序运行结果如下。

```
   col1  col2
0    a     3
1    b     2
2    a     3
3    c     2
重复值为:
0    False
1    False
2     True
3    False
dtype: bool
删除数据记录中所有列值相同的记录
   col1  col2
0    a     3
1    b     2
3    c     2
删除数据记录中 col1 值相同的记录
   col1  col2
0    a     3
1    b     2
3    c     2
删除数据记录中 col2 值相同的记录
   col1  col2
0    a     3
1    b     2
```

```
删除数据记录中指定列(col1/col2)值相同的记录
   col1  col2
0   a     3
1   b     2
3   c     2
```

8.6　数据转换

Pandas 提供数据转换的相关函数如表 8-7 所示。

表 8-7　数据转换函数

函数名	说明
df.replace(a,b)	df.replace(a,b)是指用 b 值替换 a 值
df['col1'].map()	对指定列进行函数转换,用于 Series
pd.merge(df1,df2)	用于合并 df1 和 df2,按照共有的列连接
df1.combine_first(df2)	用 df2 的数据补充 df1 的缺失值

8.6.1　数据值替换

df.replace(a,b)是指用 b 值替换 a 值。

【例 8-10】 df.replace()举例。

```
import pandas as pd
#创建数据集
df =pd.DataFrame(
        { '名称':['产品 1','产品 2','产品 3','产品 4','产品 5','产品 6','产品 7','产品 8'],
            '数量':['A','0.7','0.8','0.4','0.7','B','0.76','0.28'],
            '金额':['0','0.48','0.33','C','0.74','0','0','0.22'],
            '合计':['D','0.37','0.28','E','0.57','F','0','0.06'], }
        )
#原 DataFrame 并没有改变,改变的只是一个副本
print("df:\n{}\n".format(df))
df1=df.replace('A', 0.1)
print("df1:\n{}\n".format(df1))
#只需要替换某个数据的部分内容
df2=df['名称'].str.replace('产品', 'product')
print("df2:\n{}\n".format(df2))
#如果需要改变原数据,需要添加常用参数 inplace=True,用于替换部分区域
df['合计'].replace({'D':0.11111, 'F':0.22222}, inplace=True)
print("df:\n{}\n".format(df))
```

程序运行结果如下。

```
df:
```

```
   合计   名称   数量  金额
0  D      产品 1  A     0
1  0.37   产品 2  0.7   0.48
2  0.28   产品 3  0.8   0.33
3  E      产品 4  0.4   C
4  0.57   产品 5  0.7   0.74
5  F      产品 6  B     0
6  0      产品 7  0.76  0
7  0.06   产品 8  0.28  0.22

df1:
   合计   名称   数量  金额
0  D      产品 1  0.1   0
1  0.37   产品 2  0.7   0.48
2  0.28   产品 3  0.8   0.33
3  E      产品 4  0.4   C
4  0.57   产品 5  0.7   0.74
5  F      产品 6  B     0
6  0      产品 7  0.76  0
7  0.06   产品 8  0.28  0.22
df2:
0  product1
1  product2
2  product3
3  product4
4  product5
5  product6
6  product7
7  product8
Name: 名称, dtype: object
df:
   合计      名称   数量  金额
0  0.11111  产品 1  A     0
1  0.37     产品 2  0.7   0.48
2  0.28     产品 3  0.8   0.33
3  E        产品 4  0.4   C
4  0.57     产品 5  0.7   0.74
5  0.22222  产品 6  B     0
6  0        产品 7  0.76  0
7  0.06     产品 8  0.28  0.22
```

8.6.2 数据值映射

df['col1'].map()对指定列进行函数转换,用于 Series。

【例 8-11】 df[].map()举例。

```
import pandas as pd
import numpy as np
data ={'姓名':['周元哲','潘婧','詹涛','王颖','李震'],'性别':['1','0','0','0','1']}
df =pd.DataFrame(data)
df['成绩']=[98,87,32,67,77]
print(df)
def grade(x):
    if x>=90:
        return '优秀'
    elif x>=80:
        return '良好'
    elif x>=70:
        return '中等'
    elif x>=60:
        return '及格'
    else:
        return '不及格'
df['等级']=df['成绩'].map(grade)
print(df)
```

程序运行结果如下。

```
    姓名   性别  成绩
0  周元哲   1    98
1  潘婧     0    87
2  詹涛     0    32
3  王颖     0    67
4  李震     1    77
    姓名   性别  成绩   等级
0  周元哲   1    98   优秀
1  潘婧     0    87   良好
2  詹涛     0    32   不及格
3  王颖     0    67   及格
4  李震     1    77   中等
```

8.6.3 数据值合并

pd.merge(df1,df2)用于合并 df1 和 df2,按照共有的列连接,语法如下。

```
pd.merge(left, right, how='inner', on=None, left_on=None, right_on=None,
left_index=False, right_index=False, sort=True)
```

参数如下。

- left:拼接的左侧 DataFrame 对象。
- right:拼接的右侧 DataFrame 对象。
- on:要加入的列或索引级别名称。

- left_on：左侧 DataFrame 中的列。
- right_on：右侧 DataFrame 中的列。
- left_index：使用左侧 DataFrame 中的索引(行标签)作为连接键。
- right_index：使用右侧 DataFrame 中的索引(行标签)作为连接键。
- how：取值('left','right','outer','inner')，默认为 inner。inner 表示取交集，outer 表示取并集。
- sort：按字典顺序通过连接键对结果 DataFrame 进行排序。

【例 8-12】 pd.merge(df1,df2)举例。

```
import pandas as pd
left =pd.DataFrame({'key': ['K0', 'K1', 'K2', 'K3'], 'A': ['A0', 'A1', 'A2', 'A3'],
'B': ['B0', 'B1', 'B2', 'B3']})
right =pd.DataFrame({'key': ['K0', 'K1', 'K2', 'K3'], 'C': ['C0', 'C1', 'C2', 'C3
'],'D': ['D0', 'D1', 'D2', 'D3']})
result =pd.merge(left, right, on='key')
#on参数传递的 key 作为连接键
print("left:\n{}\n".format(left))
print("right:\n{}\n".format(right))
print("merge:\n{}\n".format(result))
```

程序运行结果如下。

```
left:
    A   B  key
0  A0  B0  K0
1  A1  B1  K1
2  A2  B2  K2
3  A3  B3  K3

right:
    C   D  key
0  C0  D0  K0
1  C1  D1  K1
2  C2  D2  K2
3  C3  D3  K3
merge:
    A   B  key  C   D
0  A0  B0  K0  C0  D0
1  A1  B1  K1  C1  D1
2  A2  B2  K2  C2  D2
3  A3  B3  K3  C3  D3
```

8.6.4 数据值补充

df1.combine_first(df2)用 df2 的数据补充 df1 的缺失值。

【例 8-13】 df1.combine_first(df2)举例。

```
from numpy import nan as NaN
import numpy as np
import pandas as pd
a=pd.Series([np.nan,2.5,np.nan,3.5,4.5,np.nan],index=['f','e','d','c','b','a'])
b=pd.Series([1,np.nan,3,4,5,np.nan],index=['f','e','d','c','b','a'])
print(a)
print(b)
c=b.combine_first(a)
print(c)
```

程序运行结果如下。

```
f    NaN            f    1.0            f    1.0
e    2.5            e    NaN            e    2.5
d    NaN            d    3.0            d    3.0
c    3.5            c    4.0            c    4.0
b    4.5            b    5.0            b    5.0
a    NaN            a    NaN            a    NaN
dtype: float64      dtype: float64      dtype: float64
```

8.7 Missingno 库

8.7.1 认识 Missingno 库

Missingno 库用于缺失数据的可视化,便于快速直观地分析数据集的完整性。使用命令 pip install missingno 进行安装,如图 8-6 所示。

Missingno 库加载命令如下。

```
import missingno as msno                #加载 Missingno
```

Missingno 具有如下功能。

1. 无效矩阵的数据显示

快速直观地显示数据,方法如下。

```
msno.matrix(data, labels=True)
```

无效矩阵的数据显示用于查看每个变量的缺失情况,如图 8-7 所示。变量 y,X9 数据完整,其他变量都有不同程度的缺失,尤其是 X3,X5,X7 等数据缺失严重。

2. 列的无效可视化

利用条形图可以直观地看出每个变量缺失的比例和数量情况,方法如下。

```
msno.bar(data)
```

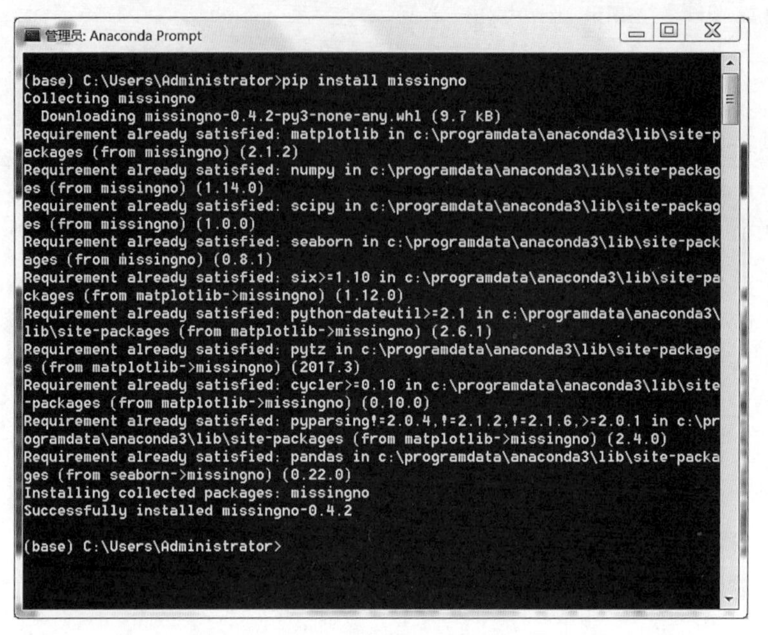

图 8-6　安装 Missingno 库

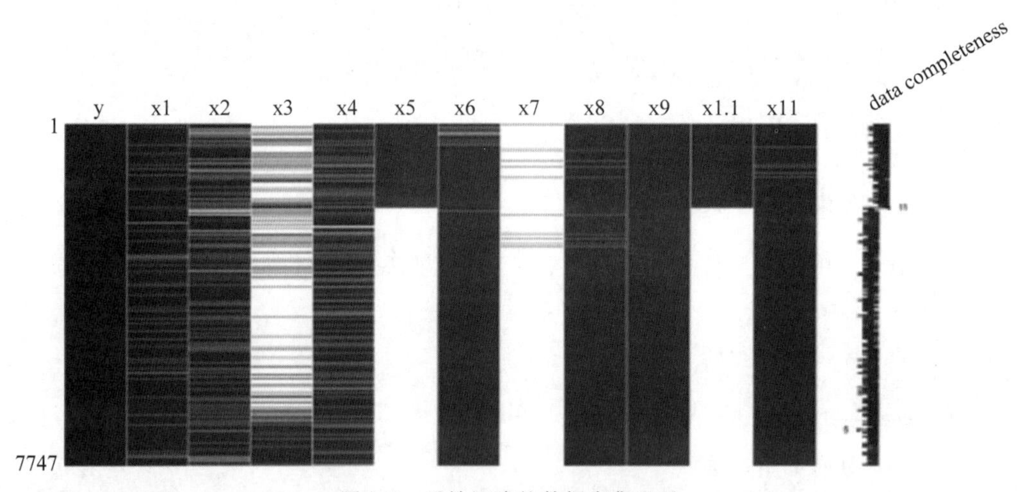

图 8-7　无效矩阵的数据密集显示

列的无效可视化如图 8-8 所示。

3. 热图相关性显示

热图相关性显示用于说明变量之间是否相互影响,方法如下。

```
msno.heatmap(data)
```

热图相关性显示如图 8-9 所示,X5 与 X1.1 的缺失相关性为 1,说明 X5 与 X1.1 正相关,即只要 X5 发生缺失,X1.1 必然会缺失。X7 和 X8 的相关性为 −1,说明 X7 和 X8 负相关,X7 缺失,X8 不缺失;反之,X7 不缺失,X8 缺失。

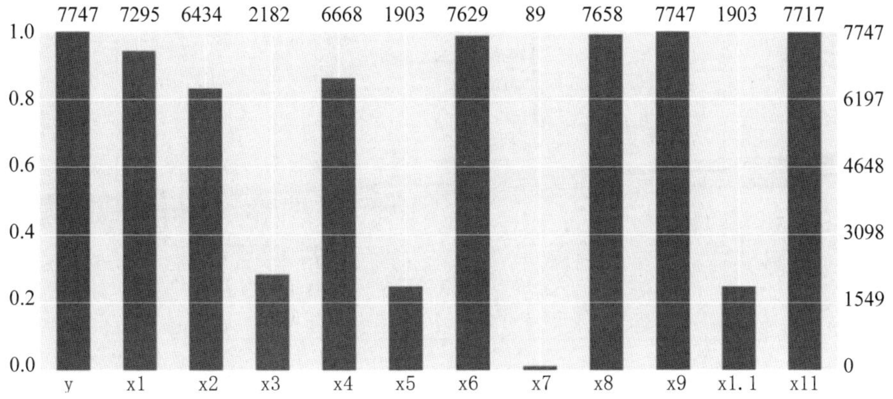

图 8-8 列的无效的简单可视化

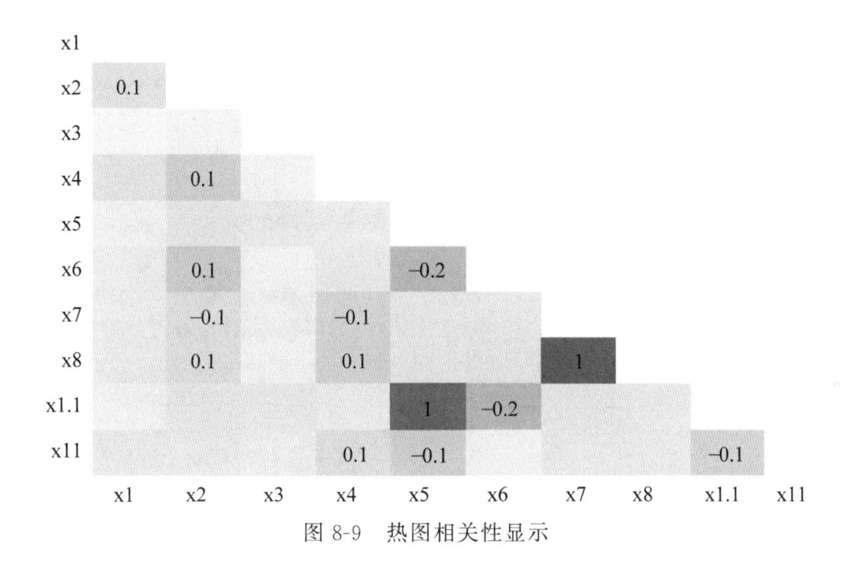

图 8-9 热图相关性显示

4. 树形图显示

树形图使用层次聚类算法将无效性变量彼此相加,方法如下。

```
msno.dendrogram(data)
```

树形图中数据越完整,距离越接近零,越靠近 y 轴,如图 8-10 所示。数据分为左边数据和右边数据。其中,左边数据比较完整,Y 和 X9 是完整数据,没有缺失值,距离为 0;相对于其他变量,X11 也比较完整,距离要比其他变量小,以此类推。右边数据的缺失值比较严重,由热图相关性得出 X5 和 X1.1 的相关性系数为 1,距离为 0,以此类推。

8.7.2 示例

【例 8-14】 Missingno 举例。

```
#Sklearn 中 make_classification 生成数据集,增加随机 Na 值,生成数据
import warnings
import numpy as np
import pandas as pd
```

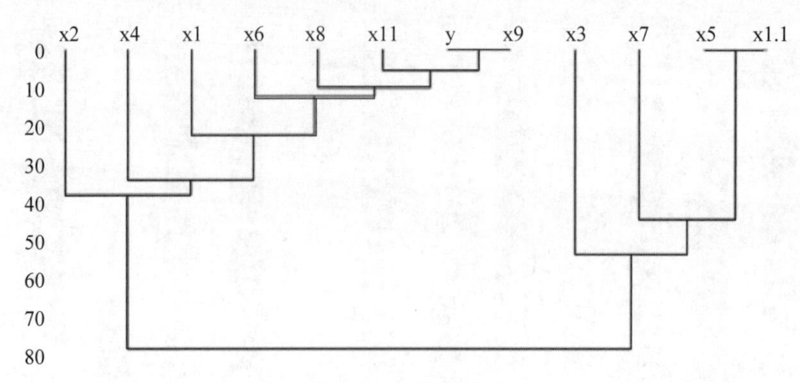

图 8-10　树形图显示

```
from sklearn.datasets import make_classification
import missingno as msno
import matplotlib.pyplot as plt
from itertools import product
warnings.filterwarnings( 'ignore')

#自定义数据集,并随机产生 2000 个 Na 值,分布在各个特征之中
def getData():
    X1, y1 =make_classification(n_samples=1000,
        n_features=10,n_classes=2,n_clusters_per_class=1, random_state=0)
    for i , j in product( range(X1.shape[ 0]) , range(X1.shape[ 1])):
        if np.random.random() >=0.8:
            xloc =np.random.randint( 0, 10)
            X1[i , xloc] =np.nan
    return X1 , y1
x,y=getData()
df=pd.DataFrame(x ,columns=[ 'x%s'%str(i) for i in range(x.shape[ 1])])
df[ 'label']=y
msno.matrix(df)
plt.show()
```

程序运行结果如图 8-11 所示。

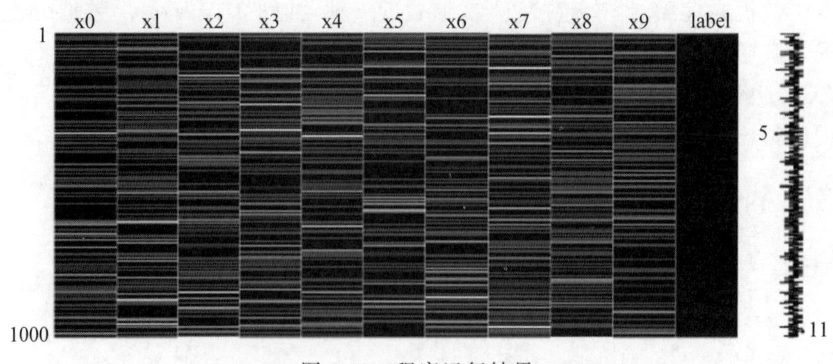

图 8-11　程序运行结果

8.8 词云

8.8.1 认识词云

word_cloud(词云),也叫作文字云,通过对文本中出现频率较高的关键词进行视觉上的突出,直观和艺术地展示文本中词语的重要性,使得读者一眼便能领略文本的主旨。

word_cloud 依赖于 Numpy 与 Pillow,安装命令如下。

```
pip install pillow
pip install wordcloud
```

安装运行结果如图 8-12 所示。

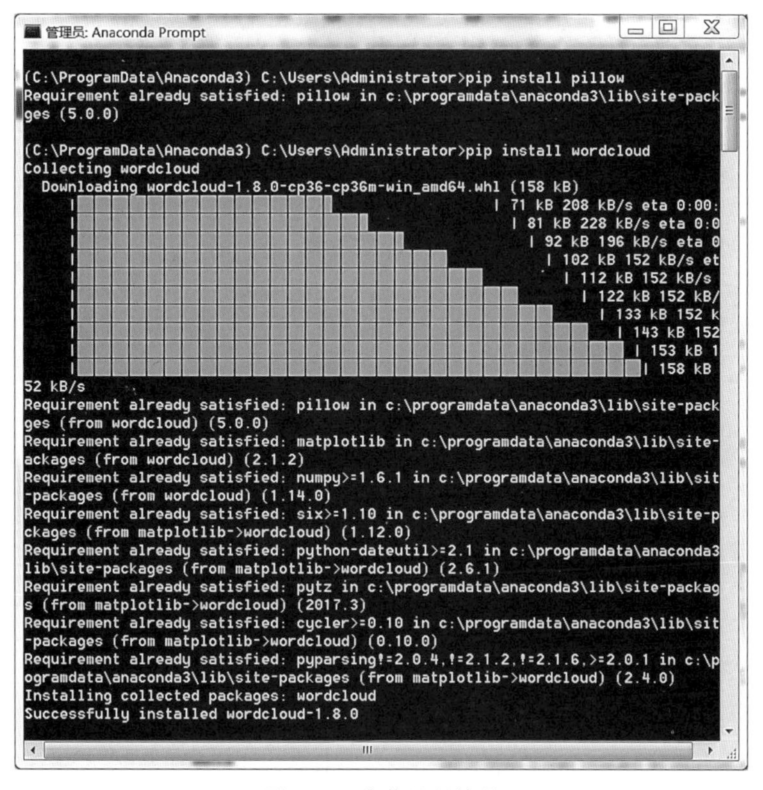

图 8-12 安装运行结果

WordCloud 以词语为基本单位,根据文本中词语出现的频率等参数绘制词云的形状、尺寸和颜色等,生成词云的过程如下。

步骤 1:使用 Pandas 读取数据并转换为列表。

步骤 2:对列表数据使用分词工具 jieba 进行中文分词。

步骤 3:使用 WordCloud 设置词云图片的属性、掩码和停止词等对象参数,加载词云文本,生成词云图像,保存输出词云文件。

WordCloud 常规方法如表 8-8 所示。

表 8-8　WordCloud 常规方法

方　法	描　述
w = wordcloud.WordCloud(＜参数＞)	配置对象参数
w.generate(txt)	向 WordCloud 对象 w 中加载文本 txt
w.to_file(filename)	将词云输出为图像文件,.png 或.jpg

word_cloud 提供了大量参数用来控制图像的生成效果,如表 8-9 所示。

表 8-9　word_cloud 绘图参数

属 性 名	示　例	说　明
background_color	background_color='white'	指定背景色,可以使用十六进制颜色
width	width=600	图像长度,默认 400px
height	height=400	图像高度,默认 200px
margin	margin=20	词与词之间的间距,默认 2px
scale	scale=0.5	缩放比例,对图像整体进行缩放,默认为 1
prefer_horizontal	prefer_horizontal=0.9	词在水平方向上出现的频率,默认为 0.9
stopwords	stopwords=set('dog')	设置要过滤的词,以字符串或者集合作为接收参数,如不设置将使用默认的停止词词库
relative_scaling	relative_scaling=1	词频与字体大小关联性,默认为 5,值越小,变化越明显

8.8.2　示例

【例 8-15】 word_cloud 举例。

```
from wordcloud import WordCloud
import matplotlib.pyplot as plt

text = "cat fish cat cat cat cat cat cat dog dog cat dog"
wordcloud = WordCloud(
         font_path="simhei.ttf",        #设置输出词云的字体
         max_font_size=500,             #设置字体的大小,默认为 200
         #background_color='white',
         width=1000,height=400,
         scale=2,                       #设置图的词密度
         random_state=50,               #random.Random 用来生成随机颜色
         ).generate(text)               #generate()根据文本生成词云

#wordcloud.to_file("d:/print.png")      #输出词云文件到 d:/print.png
plt.imshow(wordcloud,interpolation="none")
plt.axis("off")                         #关闭 x,y 轴刻度
```

```
plt.savefig('d:\print.jpg')
plt.show()
```

程序运行结果如下。

word_cloud 根据文本中单词的词频绘制图像中单词的大小,效果如图 8-13 所示。

图 8-13　程序运行结果

第 9 章

特 征 工 程

特征工程

特征是指区分事物的属性。特征工程是指通过规范化、标准化、鲁棒化和正则化等方法将数据转换成符合算法要求的数据。本章重点介绍词袋模型和词向量,特别是独热编码和TF-IDF。

9.1 特征预处理

特征预处理就是对特征进行集成、转换、规约等处理,主要包括特征的归一化、标准化、鲁棒化和正则化等方法。Sklearn 的 preprocessing 模块提供的相关函数如表 9-1 所示。

表 9-1 preprocessing 模块常用方法

方法含义	方 法 名
归一化	preprocessing. MinMaxScaler
标准化	preprocessing. StandardScaler
鲁棒化	preprocessing. RobustScaler
正则化	preprocessing.Normalize

9.1.1 归一化

不同特征往往具有不同的量纲,其差别较大的数值影响数据分析结果。为了让不同特征具有同等的重要性,往往需要进行归一化处理,通过对原始数据进行线性变换,将数据归一到[0,1]。归一化的数学计算公式如下。

$$X' = \frac{x - \min}{\max - \min}$$

参数如下。

- max 代表最大值,min 代表最小值。

Sklearn 提供 MinMaxScaler()方法进行规范化,具体语法如下。

```
MinMaxScaler(feature_range=(0,1))
```

参数如下。

feature_range=(0,1):范围设置为 0~1。

【例 9-1】 规范化。

现有三个样本,每个样本有四个特征,如表 9-2 所示。

表 9-2 样本特征

	特征 1	特征 2	特征 3	特征 4
样本一	90	2	10	40
样本二	60	4	15	45
样本三	75	3	13	46

```
from sklearn.preprocessing import MinMaxScaler
def Normalization():                                        #实例化一个转换器类
    Normalization =MinMaxScaler(feature_range=(0,1))        #范围设置为 0~1
    data=[[90,2,10,40],[60,4,15,45],[75,3,13,46]]
     print(data)
    #调用 fit_transform
    data_Normal =Normalization.fit_transform(data)
    print(data_Normal)
    return None
if __name__=='__main__':
Normalization()
```

程序运行结果如下。

```
[[90, 2, 10, 40], [60, 4, 15, 45], [75, 3, 13, 46]]
[[1.         0.         0.          0.        ]
 [0.         1.         1.          0.83333333]
 [0.5        0.5        0.6         1.        ]]
```

9.1.2 标准化

标准化可以将数据按比例缩放到特定区间。z-score 标准化又称为标准差标准化,指将数据处理成符合标准正态分布的数据,数学公式如下。

$$z=\frac{x-\mu}{\sigma}$$

参数如下。

- μ 是均值,σ 是标准差。

下面使用 NumPy 模块和 Sklearn 模块实现标准化的两种方法。

方法一:采用 NumPy 模块实现。

【例 9-2】 采用 NumPy 模块实现标准化。

```
import numpy as np
def z_norm(data_list):
    data_len=len(data_list)
    if data_len==0:
```

```
        raise "数据为空"
    data_list=np.array(data_list)
    mean_v=np.mean(data_list,axis=0)
    std_v=np.std(data_list,axis=0)
    print('该矩阵的均值为: {}\n 该矩阵的标准差为: {}'.format(mean_v,std_v))
    #if std_v==0:
    #   raise "标准差为 0"
    return(data_list-mean_v)/std_v
if __name__ =='__main__':
    data_list =[[1.5, -1., 2.],
                          [2., 0., 0.]]
    print('矩阵初值为: {}'.format(data_list))
    print("z-score 标准化 \n",z_norm(data_list))
```

程序运行结果如下。

```
矩阵初值为: [[1.5, -1.0, 2.0], [2.0, 0.0, 0.0]]
该矩阵的均值为: [ 1.75 -0.5 1. ]
  该矩阵的标准差为: [0.25 0.5 1. ]
z-score 标准化
  [[-1. -1. 1.]
  [ 1. 1. -1.]]
```

方法二：Sklearn 模块提供 StandardScaler()实现标准化，具体语法如下。

```
StandardScaler(copy, with_mean)
```

参数如下。

- copy：取值为 True 或 False，False 意味着用归一化的值替代原来的值。
- with_mean：取值为 True 或 False，False 意味着是稀疏矩阵。

【例 9-3】 采用 Sklearn 模块实现标准化。

```
import numpy as np
from sklearn.preprocessing import StandardScaler
def Standardization():
    data_list =[[1.5, -1., 2.], [2., 0., 0.]]
    print('矩阵初值为: {}'.format(data_list))
    scaler =StandardScaler()
    data_Standard =scaler.fit_transform(data_list)
    print('该矩阵的均值为: {}\n 该矩阵的标准差为:
{}'.format(scaler.mean_,np.sqrt(scaler.var_)))
    print('标准差标准化的矩阵为: {}'.format(data_Standard))
    return None
if __name__=='__main__':
    Standardization()
```

程序运行结果如下。

```
矩阵初值为: [[1.5, -1.0, 2.0], [2.0, 0.0, 0.0]]
该矩阵的均值为: [ 1.75 -0.5  1.  ]
  该矩阵的标准差为: [0.25 0.5  1.  ]
标准差标准化的矩阵为: [[-1. -1.  1.]
  [ 1.  1. -1.]]
```

9.1.3 鲁棒化

异常值往往会出现在最大值或最小值处,可以使用鲁棒化进行处理。RobustScaler 函数使用中位数和四分位数进行数据转换,具体语法如下。

```
RobustScaler(quantile_range ,with_centering, with_scaling)
```

参数如下。

- with_centering:布尔值(默认值为 True),在缩放之前将数据居中。
- with_scaling:布尔值(默认值为 True),将数据缩放到四分位数范围。
- quantile_range:元组(默认值为(25.0, 75.0)),用于计算分位数范围。

【例 9-4】 鲁棒化。

```
from sklearn.preprocessing import RobustScaler
X =[[ 1., -2.,  2.],[ -2.,  1.,  3.],[ 4.,  1., -2.]]
transformer =RobustScaler().fit(X)
RobustScaler(quantile_range= (25.0, 75.0), with_centering= True, with_scaling=
True)
print(transformer.transform(X))
```

程序运行结果如下。

```
[[ 0.  -2.  0. ]
 [-1.   0.  0.4]
 [ 1.   0. -1.6]]
```

9.1.4 正则化

Preprocessing 模块提供 normalize()函数实现正则化,具体语法如下。

```
normalize(X, norm='l2')
```

参数如下。

- X:样本数据。
- norm='l2':L2 范式。

【例 9-5】 正则化。

```
from sklearn.preprocessing import normalize
X =[[ 1., -1.,  2.],[ 2.,  0.,  0.],[ 0.,  1., -1.]]
X_normalized =normalize(X, norm='l2')
print(X_normalized)
```

程序运行结果如下。

```
[[ 0.40824829 -0.40824829  0.81649658]
 [ 1.          0.          0.        ]
 [ 0.          0.70710678 -0.70710678]]
```

9.1.5 示例

【例 9-6】 学生信息特征预处理。

```
import pandas as pd
import numpy as np
from collections import Counter
from sklearn import preprocessing
from matplotlib import pyplot as plt
import seaborn as sns
plt.rcParams['font.sans-serif'] =['SimHei']   #中文字体设置-黑体
plt.rcParams['axes.unicode_minus'] =False     #解决保存图像是负号'-'显示为方块的问题
sns.set(font='SimHei')                        #解决 Seaborn 中文显示问题

data=pd.read_excel("d:/dummy.xls")            #d:/目录下创建 dummy.xls 文件
print(data)
```

程序运行结果如下。

```
   姓名  学历   成绩    能力   学校
0  小红  博士   90.0  100.0  同济
1  小黄  硕士   90.0   89.0  交大
2  小绿  本科   80.0   99.0  同济
3  小白  硕士   90.0   99.0  复旦
4  小紫  博士  100.0   79.0  同济
5  小城  本科   80.0   99.0  交大
6  校的  NaN    NaN    NaN   NaN
print("data head:\n",data.head())             #序列的前 n 行(默认值为 5)
```

程序运行结果如下。

```
data head:
   姓名  学历   成绩    能力   学校
0  小红  博士   90.0  100.0  同济
1  小黄  硕士   90.0   89.0  交大
2  小绿  本科   80.0   99.0  同济
3  小白  硕士   90.0   99.0  复旦
4  小紫  博士  100.0   79.0  同济
print("data shape:\n",data.shape)             #查看数据的行列大小
```

程序运行结果如下。

```
data shape:
```

```
(7, 5)
print("data descibe:\n",data.describe())
```

程序运行结果如下。

```
data descibe:
              成绩          能力
count     6.000000     6.000000
 mean    89.333333    93.666667
  std     7.527727     9.640988
  min    80.000000    79.000000
  25%    82.500000    91.250000
  50%    90.000000    99.000000
  75%    90.000000    99.750000
  max   100.000000   100.000000

#列级别的判断,但凡某一列有 null 值或空的,则为真
data.isnull().any()
#将列中为空或者 null 的个数统计出来,并将缺失值最多的排在前面
total =data.isnull().sum().sort_values(ascending=False)
print("total:\n",total)
```

程序运行结果如下。

```
total:
学校    1
能力    1
成绩    1
学历    1
姓名    0

#输出百分比:
percent =(data.isnull().sum()/data.isnull().count()).sort_values(ascending=
False)
missing_data =pd.concat([total, percent], axis=1, keys=['Total', 'Percent'])
missing_data.head(20)
import missingno                              #missingno 是一个可视化缺失值的库
missingno.matrix(data)
data=data.dropna(thresh=data.shape[0] * 0.5,axis=1)
#至少有一半以上是非空的列筛选出来
#如果某一行全部都是 na 才删除,默认情况下是只保留没有空值的行
data.dropna(axis=0,how='all')
print(data)

#统计重复记录数
data.duplicated().sum()
data.drop_duplicates()
```

```
data.columns
#第一步,将整个 data 的连续型字段和离散型字段进行归类
id_col=['姓名']
cat_col=['学历','学校']                                    #离散型无序
cont_col=['成绩','能力']                                   #数值型
print (data[cat_col])                                       #离散型的数据部分
print (data[cont_col])                                      #连续型的数据部分

#计算出现的频次
for i in cat_col:
    print(pd.Series(data[i]).value_counts())
    plt.plot(data[i])
#对于离散型数据,对其获取哑变量
dummies=pd.get_dummies(data[cat_col])
print("哑变量:\n",dummies)
```

程序运行结果如下。

```
哑变量:
  学历_博士  学历_本科  学历_硕士  学校_交大  学校_同济  学校_复旦
0    1        0        0        0        1        0
1    0        0        1        1        0        0
2    0        1        0        0        1        0
3    0        0        1        0        0        1
4    1        0        0        0        1        0
5    0        1        0        1        0        0
6    0        0        0        0        0        0
```

```
#对于连续型数据的统计
data[cont_col].describe()

#对于连续型数据,看偏度,将大于 0.75 的数值用 log 转换,使之符合正态分布
skewed_feats =data[cont_col].apply(lambda x: (x.dropna()).skew() )      #compute skewness
skewed_feats =skewed_feats[skewed_feats >0.75]
skewed_feats =skewed_feats.index
data[skewed_feats] =np.log1p(data[skewed_feats])
#print(skewed_feats)

#对于连续型数据,对其进行标准化
scaled=preprocessing.scale(data[cont_col])
scaled=pd.DataFrame(scaled,columns=cont_col)
print(scaled)

m=dummies.join(scaled)
data_cleaned=data[id_col].join(m)
print("标准化:\n",data_cleaned)
```

程序运行结果如下。

```
标准化:
  姓名 学历_博士 学历_本科 学历_硕士 学校_交大 学校_同济 学校_复旦      成绩       能力
0 小红     1       0       0       0       1       0     0.242536   0.802897
1 小黄     0       0       1       1       0       0     0.242536  -0.591608
2 小绿     0       1       0       0       1       0    -1.212678   0.549350
3 小白     0       0       1       0       0       1     0.242536   0.676123
4 小紫     1       0       0       0       1       0     1.697749  -1.986112
5 小城     0       1       0       1       0       0    -1.212678   0.549350
6 校的     0       0       0       0       0       0         NaN        NaN
```

```
#变量之间的相关性:
print("变量之间的相关性:\n",data_cleaned.corr())
```

程序运行结果如下。

```
变量之间的相关性:
            学历_博士     学历_本科     学历_硕士     学校_交大     学校_同济     学校_复旦       成绩    \
学历_博士   1.000000  -0.400000  -0.400000  -0.400000   0.730297  -0.258199   0.685994
学历_本科  -0.400000   1.000000  -0.400000   0.300000   0.091287  -0.258199  -0.857493
学历_硕士  -0.400000  -0.400000   1.000000   0.300000  -0.547723   0.645497   0.171499
学校_交大  -0.400000   0.300000   0.300000   1.000000  -0.547723  -0.258199  -0.342997
学校_同济   0.730297   0.091287  -0.547723  -0.547723   1.000000  -0.353553   0.242536
学校_复旦  -0.258199  -0.258199   0.645497  -0.258199  -0.353553   1.000000   0.108465
成绩        0.685994  -0.857493   0.171499  -0.342997   0.242536   0.108465   1.000000
能力       -0.418330   0.388449   0.029881  -0.014940  -0.211289   0.302372  -0.748177

               能力
学历_博士   -0.418330
学历_本科    0.388449
学历_硕士    0.029881
学校_交大   -0.014940
学校_同济   -0.211289
学校_复旦    0.302372
成绩        -0.748177
能力         1.000000
```

```
#以下是相关性的热力图
def corr_heat(df):
    dfData =abs(df.corr())
    plt.subplots(figsize=(9, 9))                #设置画面大小
    sns.heatmap(dfData, annot=True, vmax=1, square=True, cmap="Blues")
    #plt.savefig('./BluesStateRelation.png')
    plt.show()
```

```
corr_heat(data_cleaned)
```

程序运行结果如图 9-1 所示。

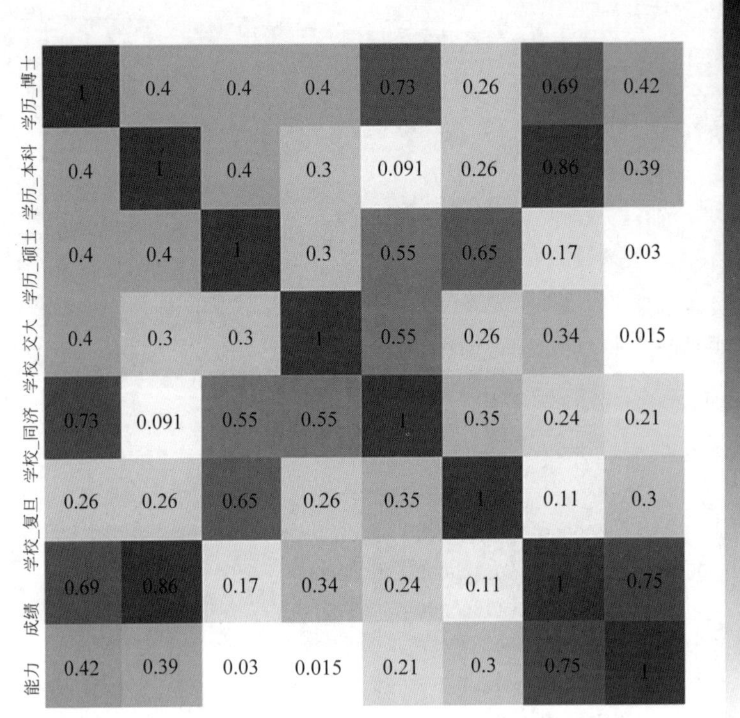

图 9-1 程序运行结果

9.2 独热编码

9.2.1 认识独热编码

词向量是将词语转换成向量矩阵的计算模型，是自然语言处理中的一组语言建模和特征学习技术的统称。最常用的词向量是独热编码(One-Hot 编码)，又称为一位有效编码，文本中的 n 个单词构成 n 个词向量，单词所在位置为 k，则词向量为“第 k 位为 1，其他位置都为 0”。独热编码保证了每一个取值只会使得一种状态处于“激活态”，具有操作简单、容易理解的优点。但是，当词汇表内容较多时，必然导致词向量的维度较大，独热编码多数位置会出现 0，出现稀疏编码。另外，独热编码完全割裂了词与词之间的联系。

【例 9-7】 One-Hot 编码。

步骤 1：确定编码对象：["中国", "美国", "日本", "美国"]。

步骤 2：确定分类变量：中国、美国、日本共 3 种类别。

步骤 3：进行特征编码：中国—0，美国—1，日本—2。

One-Hot 编码如图 9-2 所示。

要编码的序列(样本)

(样本的)特征

	中国	美国	日本
中国	1	0	0
美国	0	1	0
日本	0	0	1
美国	0	1	0

One-Hot编码后的结果(矩阵)

图 9-2 One-Hot 编码示例一

["中国","美国","日本","美国"]进行 One-Hot 编码为[[1,0,0],[0,1,0],[0,0,1],[0,1,0]]。

【例 9-8】 对"hello world"进行 One-Hot 编码。

步骤 1:确定编码对象:"hello world",共有 11 个样本。

步骤 2:确定分类变量:'h'、'e'、'l'、'l'、'o'、空格、'w'、'o'、'r'、'l'、'd',共 27 种类别(26 个小写字母 + 空格)。

步骤 3:进行特征编码。每个样本有 27 个特征,由于特征排列的顺序不同,对应的二进制向量不同。例如,空格放在第一列和 a 放第一列,两个 One-Hot 编码肯定不同。

因此,必须事先约定特征排列顺序,不妨使排列顺序如下。

(1) 27 种特征整数编码:'a':0,'b':1,…,'z':25,空格:26。

(2) 27 种特征按照整数编码的大小从前往后排列。

One-Hot 编码如图 9-3 所示。

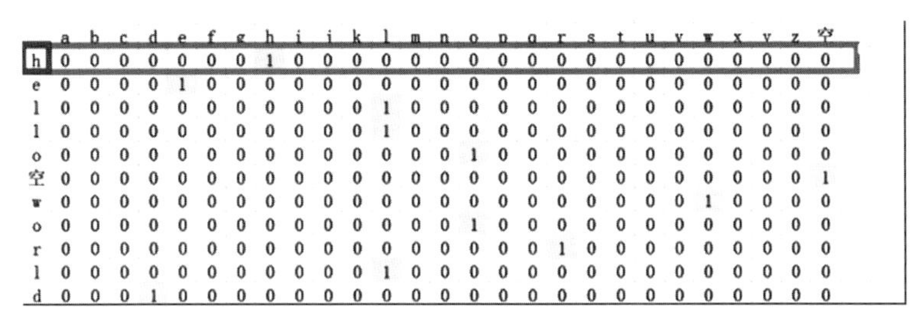

	a	b	c	d	e	f	g	h	i	j	k	l	m	n	o	p	q	r	s	t	u	v	w	x	y	z	空
h	0	0	0	0	0	0	0	1	0	0	0	0	0	0	0	0	0	0	0	0	0	0	0	0	0	0	0
e	0	0	0	0	1	0	0	0	0	0	0	0	0	0	0	0	0	0	0	0	0	0	0	0	0	0	0
l	0	0	0	0	0	0	0	0	0	0	0	1	0	0	0	0	0	0	0	0	0	0	0	0	0	0	0
l	0	0	0	0	0	0	0	0	0	0	0	1	0	0	0	0	0	0	0	0	0	0	0	0	0	0	0
o	0	0	0	0	0	0	0	0	0	0	0	0	0	0	1	0	0	0	0	0	0	0	0	0	0	0	0
空	0	0	0	0	0	0	0	0	0	0	0	0	0	0	0	0	0	0	0	0	0	0	0	0	0	0	1
w	0	0	0	0	0	0	0	0	0	0	0	0	0	0	0	0	0	0	0	0	0	0	1	0	0	0	0
o	0	0	0	0	0	0	0	0	0	0	0	0	0	0	1	0	0	0	0	0	0	0	0	0	0	0	0
r	0	0	0	0	0	0	0	0	0	0	0	0	0	0	0	0	0	1	0	0	0	0	0	0	0	0	0
l	0	0	0	0	0	0	0	0	0	0	0	1	0	0	0	0	0	0	0	0	0	0	0	0	0	0	0
d	0	0	0	1	0	0	0	0	0	0	0	0	0	0	0	0	0	0	0	0	0	0	0	0	0	0	0

图 9-3 One-Hot 编码示例二

9.2.2 Pandas 实现

Pandas 的 get_dummies()函数实现 One-Hot 编码,语法如下。

```
pandas.get_dummies(data, sparse=False)
```

参数如下。

- data:数组类型、Series、DataFrame 等。
- sparse:稀疏矩阵。

【例 9-9】 采用 Pandas 实现 One-Hot 编码。

```
import pandas as pd
s=pd.Series(list("abcd"))
print(s)
```

```
s1=pd.get_dummies(s,sparse=True)
print(s1)
```

程序运行结果如下。

```
0    a
1    b
2    c
3    d
dtype: object
   a  b  c  d
0  1  0  0  0
1  0  1  0  0
2  0  0  1  0
3  0  0  0  1
```

9.2.3 Sklearn 实现

Sklearn 库 Preprocessing 模块中的 OneHotEncoder()函数实现 One-Hot 编码。

【例 9-10】 采用 Sklearn 实现 One-Hot 编码。

```
from sklearn.preprocessing import OneHotEncoder
enc =OneHotEncoder()
enc.fit([[0, 0, 3],
         [1, 1, 0],
         [0, 2, 1],
         [1, 0, 2]
])                                                  #fit 编码
ans1 =enc.transform([[0, 1, 3]])                    #输出稀疏矩阵
ans2 =enc.transform([[0, 1, 3]]).toarray()          #输出数组格式
print("稀疏矩阵\n",ans1)
print("数组格式\n",ans2)
```

程序运行结果如下。

```
稀疏矩阵
  (0, 0)    1.0
  (0, 3)    1.0
  (0, 8)    1.0
数组格式
[[1. 0. 0. 1. 0. 0. 0. 0. 1.]]
```

数据矩阵是 4×3 行为样本,列为特征,共有 4 个样本,3 个特征。

第一个特征(第一列)为[0,1,0,1],有两个取值 0、1,One-Hot 就会使用两位来表示这个特征,[1,0]表示 0,[0,1]表示 1。[0,1,3]的数组格式输出结果[[1. 0. 0. 1. 0. 0. 0. 0. 1.]]的前两位[1,0…]表示该特征为 0。

第二个特征(第二列)为[0,1,2,0],有三种值 0、1、2,One-Hot 就会使用三位来表示这个特

征，[1,0,0]表示0，[0,1,0]表示1，[0,0,1]表示2。[0,1,3]的数组格式输出结果[[1. 0. 0. 1. 0. 0. 0. 0. 1.]]的第3～5位[…0,1,0…]就表示该特征为1。

第三个特征(第三列)为[3,0,1,2]，有四种值0、1、2、3，One-Hot就会使用四位来表示这个特征，[1,0,0,0]表示0，[0,1,0,0]表示1，[0,0,1,0]表示2，[0,0,0,1]表示3。[0,1,3]的数组格式输出结果[[1. 0. 0. 1. 0. 0. 0. 0. 1.]]的最后4位[…0,0,0,1]就表示该特征为3。

9.2.4 DictVectorizer

当数据以“字典”数据结构进行存储，Sklearn提供DictVectorizer实现特征提取，具体语法如下。

```
sklearn.feature_extraction.DictVectorizer(sparse=True)
```

参数如下。

- sparse=True表示返回稀疏矩阵，只将矩阵中非零值按位置表示。

【例9-11】 字典特征抽取。

```
from sklearn.feature_extraction import DictVectorizer
def dictvec1():
#定义一个字典列表,表示多个数据样本
    data =[ {"city": "上海", 'temperature': 100},
             {"city": "北京", 'temperature': 60},
             {"city": "深圳", 'temperature': 30} ]
    #1. 转换器
        DictTransform =DictVectorizer( )
        #DictTransform =DictVectorizer(sparse=True)输出为稀疏矩阵
        #DictTransform =DictVectorizer(sparse=False)输出为二维数组
    #2. 调用 fit_transform()方法,返回 sparse 矩阵
    data_new =DictTransform.fit_transform(data)
    print(DictTransform.get_feature_names())
    print(data_new)
    return None
if __name__ =='__main__':
    dictvec1()
```

程序运行结果如下。

```
['city=上海', 'city=北京', 'city=深圳', 'temperature']
(0, 0)      1.0
(0, 3)      100.0
(1, 1)      1.0
(1, 3)      60.0
(2, 2)      1.0
(2, 3)      30.0
```

当 transform = DictVectorizer(sparse=False)时输出为二维数组，如下所示。

```
['city=上海', 'city=北京', 'city=深圳', 'temperature']
[[ 1.  0.  0.  100.]
 [ 0.  1.  0.  60.]
 [ 0.  0.  1.  30.]]
```

二维数组共有 3 行 4 列，行表示样本，列表示 city 和 temperature 两个特征的取值。其中，city 为'上海'，'北京'，'深圳'3 个取值，进行 One-Hot 编码。第一行，'上海'为真(取值为 1)，'北京'、'深圳'为假(取值为 0)；第二行，'北京'为真，取值为 1，其余为 0……以此类推。

9.3 CountVectorizer

9.3.1 认识 CountVectorizer

CountVectorizer 适合于主题较多的语料集。CountVectorizer 构成特征矩阵的每一行表示一个训练文本的词频统计结果，只考虑每个单词在文本中出现的频率。其思想是，将文本中每个单词视为一个特征，构成一个词汇表，不考虑单词出现的先后次序，该方法又称为词袋法(Bag of Words)。词袋模型是最早的自然语言处理模型，将文章中的词语通过计数的方式转换为数字。

9.3.2 Sklearn 调用 CountVectorizer

Sklearn 提供 CountVectorizer 方法实现，具体语法如下。

```
sklearn.feature_extraction.text.CountVectorizer(stop_words)
```

参数如下。

- stop_words：停止词表。

【例 9-12】 CountVectorizer 举例。

```
from sklearn.feature_extraction.text import CountVectorizer
texts=["orange banana apple grape","banana apple apple","grape", 'orange apple']
#1.实例化一个转换器类
cv =CountVectorizer()
#2.调用 fit_transform()
cv_fit=cv.fit_transform(texts)
print(cv.vocabulary_)
print(cv_fit.shape)
print(cv_fit)
print(cv_fit.toarray())
```

程序运行结果如下。

```
{'orange': 3, 'banana': 1, 'apple': 0, 'grape': 2}
(4, 4)
```

```
(0, 2)    1
(0, 0)    1
(0, 1)    1                                    [[1 1 1 1]
(0, 3)    1                                     [2 1 0 0]
(1, 0)    2                                     [0 0 1 0]
(1, 1)    1                                     [1 0 0 1]]
(2, 2)    1
(3, 0)    1
(3, 3)    1
```

根据每个单词的首字母在26个字母中出现的先后次序进行排序,(apple,banana,grape,orange)排名为(0,1,2,3)。# (0, 2) 1 解释为第一字符串的顺序为2的词语出现次数为1。

- 0 表示第一个字符串"orange banana apple grape"。
- 2 为'grape'。
- 1 表示出现次数1。

"banana apple apple" 在(apple,banana,grape,orange)中,"apple"出现2次,"banana"出现1次,"grape"和"orange"出现零次,所以,对于"banana apple apple"得到二维数组的第二行[2,1,0,0]。

9.4 TF-IDF

9.4.1 认识 TF-IDF

词语对于篇章的重要性与其在文中出现的词频往往成正比。但是,停用词的词频虽然很大,信息量却几乎为0,因此,只是根据词频评价词语的重要性是不准确的,由此引入TF-IDF。TF-IDF(Term Frequency-Inverse Document Frequency,词频与逆向文件频率)是一种用于信息检索与数据挖掘的常用加权技术,通过衡量一个词语重要程度的统计指标,用于评估词语对于文件的重要程度。

TF-IDF不仅考虑了词频,更考虑词语的稀有程度,词语的重要程度正比于其在文档中出现的频次,反比于其存在于多少篇文章中。当一个词语在某文章中出现较高频次,在其他文章中出现较低频次,说明该词语具有较好的区分度。

9.4.2 计算 TF-IDF

TF-IDF计算步骤如下。

步骤1:计算TF。

TF算法统计文本中某个词的出现次数,计算公式如下。

$$\text{词频(TF)} = \frac{\text{某个词在文章中的出现次数}}{\text{文章的总词数}}$$

步骤2:计算IDF。

IDF算法用于计算某词频的逆向文件频率,计算公式如下。

$$\text{逆向文件频率(IDF)} = \log\left(\frac{\text{总样本数}}{\text{包含该词的文档数}+1}\right)$$

步骤 3：计算 TF-IDF。

TF-IDF 算法＝TF 算法×IDF 算法。

【例 9-13】 TF-IDF 计算。

(1) 计算 TF：某文件共有 100 个词语,“苹果”出现 3 次,“苹果”在该文件中的词频就是 3/100＝0.03。

(2) 计算 IDF：“苹果”在 1000 个文档中出现,全部文件总数是 10 000 000 个,逆向文件频率是 log(10 000 000/1000)＝4。

(3) 计算 TF-IDF：TF-IDF 的值就是 0.03×4＝0.12。

9.4.3 Sklearn 调用 TF-IDF

计算 TF-IDF 可以采用 Sklearn 提供的 TfidfVectorizer()函数实现,具体语法如下。

```
TfidfVectorizer(stop_words, sublinear_tf, max_df)
```

参数如下。

- stop_words：停止词表。
- sublinear_tf：取值为 True 或 False。
- max_df：文件频率阈值。

【例 9-14】 TfidfVectorizer 举例。

```
from sklearn.feature_extraction.text import TfidfVectorizer
texts=["orange banana apple grape","banana apple apple","grape", 'orange apple']
cv =TfidfVectorizer()
cv_fit=cv.fit_transform(texts)
print(cv.vocabulary_)
print(cv_fit)
print(cv_fit.toarray())
```

程序运行结果如下。

```
{'orange': 3, 'banana': 1, 'apple': 0, 'grape': 2}
(0, 3)      0.5230350301866413
(0, 1)      0.5230350301866413
(0, 0)      0.423441934145613
(0, 2)      0.5230350301866413
(1, 1)      0.5254635733493682
(1, 0)      0.8508160982744233
(2, 2)      1.0
(3, 3)      0.7772211620785797
(3, 0)      0.6292275146695526
[[0.42344193  0.52303503  0.52303503  0.52303503]
 [0.8508161   0.52546357  0.          0.        ]
 [0.          0.          1.          0.        ]
 [0.62922751  0.          0.          0.77722116]]
```

第10章 中文分词

本章介绍了中文分词的特点，基于规则和词表以及基于统计等中文分词方法，重点讲解了 jieba 分词库和 HanLP 分词库。

中文分词

10.1 概述

10.1.1 简介

语料是指一批文本(句子、文章摘要、段落或者整篇文章)的集合。由于文本处理的最小单位是词语，需要对语料进行分词处理。分词是指将连续的字序列按照一定的规范重新组合成词序列的过程。在英文中，单词之间是以空格作为自然分界符，而中文只有明显的逗号、句号等分界符进行句段划界，词与词之间没有明显的界限标志，因此分词是汉语文本分析处理中的首要问题，也是机器翻译、语音合成、自动分类、自动摘要、自动校对等中文信息处理的基础。

10.1.2 特点

中文分词就是在词与词之间加上边界标记。当前研究所面临的问题和困难主要体现在三个方面：分词规范、歧义词切分和未登录词识别。

1. 分词规范

中文处于一个不断变化的过程中词也一样，一直有新词源源不断地创作出来，但新词是否被认同有一个过程，这就造成有些词只被部分人认定成词，关于字(词)边界的划定尚没有一个公认的、权威的标准，导致汉语分词难度极大。

2. 歧义词切分

中文的歧义词是指同一个词有多种切分方式，具有如下三种类型。

(1) 交集型切分歧义：AJB 类型满足 AJ 和 JB 分别成词。例如，“大学生”的一种切分方式为“大学/生”，另一种切分方式为“大/学生”。

(2) 组合型切分歧义：AB 满足 A 和 B、AB 分别成词。例如，“才能”的一种切分为“/高超/的/才能”，另一种切分为“坚持/才/能/成功”。

(3) 混合型切分歧义：汉语词包含如上两种共存情况。

3. 未登录词识别

未登录词又称新词，有如下两种情况：一是词库中没有收录的词，二是训练语料没有出现过的词。未登录词主要体现在以下几种。

(1) 新出现的网络用词：如“蓝牙”等。

(2) 研究领域名称：特定领域的专有名词，如“禽流感”“三聚氰胺”等。

(3) 专有名词：如公司企业、专业术语、缩写词等，如“阿里巴巴”“NLP”等。

10.2 常见中文分词方法

中文分词大致分为基于规则和词表方法以及基于统计方法。

10.2.1 基于规则和词表方法

基于规则和词表方法的基本思想是基于词典匹配，将待分词的中文文本根据一定规则进行切分，与词典中的词语进行匹配，按照词典中的词语进行分词。代表方法有“正向最大匹配法”“逆向最大匹配法”等。

(1) 正向最大匹配法(Forward Maximum Matching，FMM)。

根据词典中的最长词条所含汉字个数Len，取出语料中当前位置起始Len个汉字作为查找字符串，搜索分词词典是否存在匹配词条。如果成功匹配，完成搜索；反之，就取消查找字符串中最后一个汉字，减少长度，继续搜索，直到搜索成功完成这轮匹配任务。重复如上步骤，直到切分出所有的词。

正向最大匹配分词具有错误切分率较高，不能处理交叉歧义和组合歧义等缺点。

【例10-1】 正向最大匹配方法。

“研究生命起源”
词典：研究、研究生、生命、起源

词典中最长词是“研究生”，其长度是3，从左到右开始取3个字符，步骤如下。

第一步：“研究生”属于词典，因此将“研究生”取出。

第二步：“命起源”不在词典中，长度减1。

第三步：“命起”也不在词典中，长度再减1。

第四步：“命”为单字，因此单独取出。

第五步：剩下的“起源”，在词典中。

因此，分词结果为“研究生”“命”和“起源”。

(2) 逆向最大匹配法(Backward Maximum Matching，BMM)。

逆向最大匹配分词过程与正向最大匹配分词方法相同，只是从句子(或者文章)的末尾开始处理。逆向最大匹配法具有错误切分率，易于处理交叉歧义，但不能处理组合歧义。

10.2.2 基于统计方法

词是稳定的字的组合，因此在上下文中相连的字在不同的文本中出现的次数越多，就证明这些相连的字很可能是一个词，这种利用字与字相邻共现的概率确定词的方法是基于统计的分词方法，一般具有基于隐马尔可夫模型。

1. 基于隐马尔可夫模型

基于隐马尔可夫模型的基本思想是通过文本作为观测序列去确定隐藏序列的过程。该方法采用 Viterbi 算法对新词识别,但具有生成式模型的缺点。

2. 基于最大熵模型

基于最大熵模型的基本思想是学习概率模型时,在可能的概率分布模型中,采用最大熵进行切分。该方法可以避免生成模型的不足,但是存在偏移量的问题。

3. 基于条件随机场模型

基于条件随机场模型的基本思想主要来源于最大熵马尔可夫模型,主要关注的字根与上下文标记位置有关,进而通过解码找到词边界,需要大量训练语料。

4. 基于词网格

基于词网格的基本思想是利用词典匹配,列举输入句子中所有可能的切分词语,并以词网格的形式保存。词网格是一个有向无环图,蕴含输入句子中所有可能的切分,其中的每条路径代表一种切分。根据图搜索算法找出图中权值最优的路径,路径对应的就是最优的分词结果。

10.2.3 基于理解方法

基于理解的分词方法是通过让计算机模拟人对句子的理解,达到识别词的效果,其基本思想就是在分词的同时进行句法、语义分析,利用句法信息和语义信息来处理歧义现象。通常包括如下三个部分:分词子系统、句法语义子系统、总控部分。在总控部分的协调下,分词子系统可以获得有关词、句子等的句法和语义信息来对分词歧义进行判断。基于理解的分词方法需要使用大量的语言知识和信息。由于汉语语言知识的笼统、复杂性,难以将各种语言信息组织成机器可直接读取的形式,目前基于理解的分词系统还处在实验阶段。

10.3 中文分词困惑

采用 Sklearn 库 CountVectorizer 函数可以进行英文文章的词频统计。若文本内容为中文,效果会如何?

【例 10-2】 中文分词。

```
from sklearn.feature_extraction.text import CountVectorizer
cv =CountVectorizer()
data =cv.fit_transform(["我来到北京清华大学"])
print('单词数: {}'.format(len(cv.vocabulary_)))
print('分词: {}'.format(cv.vocabulary_))
print(cv.get_feature_names())
print(data.toarray())
```

程序运行结果如下。

```
单词数: 1
分词: {'我来到北京清华大学': 0}
['我来到北京清华大学']
[[1]]
```

程序将整个句子当成了一个词,无法对中文进行分词。英文语句中词与词之间有空格作为天然分隔符,进行分词。而中文却没有。可以将"我来到北京清华大学"通过添加空格进行分隔,变成"我 来到 北京 清华大学"。

```
from sklearn.feature_extraction.text import CountVectorizer
cv =CountVectorizer()
data =cv.fit_transform(["我 来到 北京 清华大学"])
print('单词数: {}'.format(len(cv.vocabulary_)))
print('分词: {}'.format(cv.vocabulary_))
print(cv.get_feature_names())
print(data.toarray())
```

程序运行结果如下。

```
单词数: 3
分词: {'来到': 1, '北京': 0, '清华大学': 2}
['北京', '来到', '清华大学']
[[1 1 1]]
```

这种方法不实用,当文本内容很多时,不可能采用空格进行分词,可以采用 jieba 和 HanLp 等分词库实现。

10.4 jieba 分词库

10.4.1 认识 jieba

jieba 是百度工程师 Sun Junyi 开发的一个开源库,是最流行的中文分词库。网址为 https://github.com/fxsjy/jieba,如图 10-1 所示。

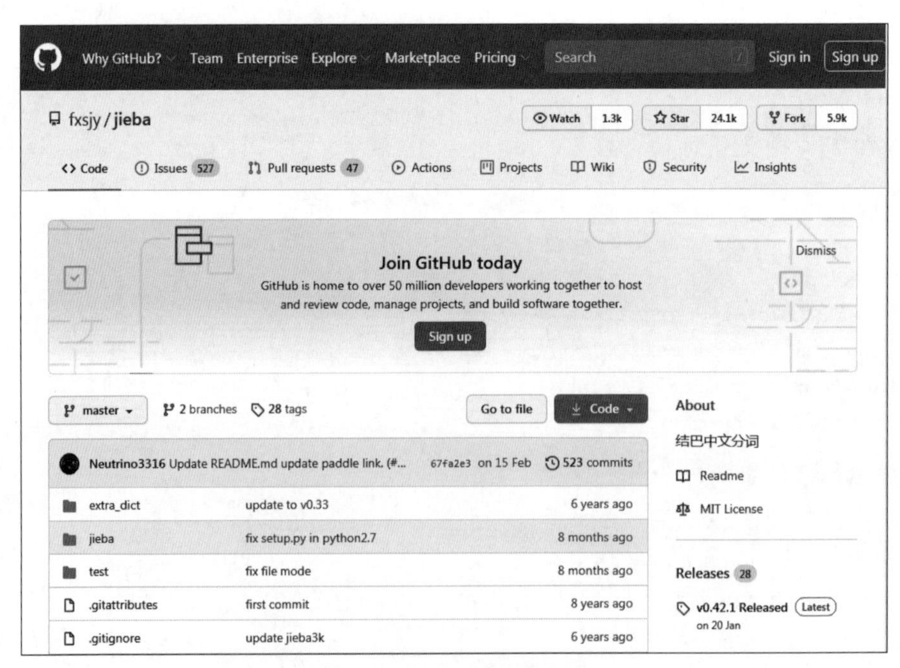

图 10-1 jieba 官网网址

安装 jieba，在命令提示符下输入如下命令。

```
pip install jieba
```

10.4.2　三种模式

jieba 库支持如下三种分词模式。

(1) 全模式(Full Mode)：把句子中所有可以成词的词语都扫描出来，速度非常快，但是不能解决歧义。

(2) 精确模式(Default Mode)：试图将句子最精确地切开，适合文本分析。

(3) 搜索引擎模式(cut_for_search Mode)：在精确模式的基础上，对长词再次切分，提高召回率，适合用于搜索引擎分词。

1. 全模式

```
jieba.cut(str,cut_all=True)
```

【例 10-3】 全模式。

程序代码如下。

```
import jieba
seg_list=jieba.cut("我来到北京清华大学",cut_all=True)
print("Full mode:"+"/".join(seg_list))
```

程序运行结果如下。

```
Full mode:我/来到/北京/清华/清华大学/华大/大学
```

2. 精确模式

```
jieba.cut(str,cut_all=False)
```

【例 10-4】 精确模式。

程序代码如下。

```
import jieba
seg_list=jieba.cut("我来到北京清华大学",cut_all=False)
print("Default mode:"+"/".join(seg_list))
```

程序运行结果如下。

```
Default mode: 我/来到/北京/清华大学
```

3. 搜索引擎模式

```
jieba.cut_for_search(str)
```

【例 10-5】 搜索引擎模式。

程序代码如下。

```
import jieba
seg_list=jieba.cut_for_search("我来到北京清华大学")
print("/".join(seg_list))
```

程序运行结果如下。

```
我/来到/北京/清华/华大/大学/清华大学
```

10.4.3 自定义词典

当基于jieba词库的分词结果不符合需求时,可以通过自定义的词典实现。自定义具有如下两种方式。

方式1:词典文件。

通过添加词典文件定义分词最小单位,文件需要有特定格式,并且为UTF-8编码。

```
jieba.load_userdict(file_name)                    #file_name 为自定义词典
```

【例10-6】 jieba.load_userdict举例。

```
import jieba
seg_list=jieba.cut("周元哲老师是 Python 技术讲师",cut_all=True)
print("/".join(seg_list))
```

程序运行结果如下。

```
周/元/哲/老师/是/Python/技术/讲师
```

周/元/哲/被分隔为"周""元"和"哲",不符合开发者的预期。添加自定义词典,在d:\下创建userdict.txt文件,内容遵守如下规则:一个词占一行;每一行分为三部分:词语、词频(可省略)、词性(可省略),用空格隔开,顺序不可颠倒。本例的userdict.txt文件内容为:周元哲 3 n。

修改代码,再次运行如下。

```
import jieba
jieba.load_userdict("d:/userdict.txt")        #加载自定义词典
seg_list=jieba.cut("周元哲老师是 Python 技术讲师",cut_all=True)
print("/".join(seg_list))
```

程序运行结果如下。

```
周元哲/老师/是/Python/技术/讲师
```

方式2:动态修改词频。

调节单个词语的词频,使其能(或者不能)被划分出来。语法如下。

```
jieba.suggest_freq(segment, tune=True)
```

【例10-7】 jieba.suggest_freq举例。

```
import jieba
jieba.suggest_freq("周元哲", tune=True)
seg_list=jieba.cut("周元哲老师是 Python 技术讲师",cut_all=True)
print("/".join(seg_list))
```

程序运行结果如下。

```
周元哲/老师/是/Python/技术/讲师
```

10.4.4 词性标注

词性标注指为分词结果中的每个词标注正确的词性，即确定每个词是名词、动词、形容词或其他词性的过程。例如，“周元哲”是名词，“是”是动词，“老师”是名词等。

词性标注有多个重要作用。

第一，消除歧义。一些词在不同语境或不同用法时表示不同的意思。例如，在“这只狗的名字叫开心”和“我很开心”这两个句子中，“开心”代表了不同的含义，可以通过词性标注进行区分。

第二，强化基于单词的特征。如果不进行词性标注，两个“开心”会被认为是同义词，在后续分析中引入误差。

jieba 用于词性标注的命令如下。

```
jieba.posseg.cut()
```

【例 10-8】 词性标注。

```
import jieba.posseg as pseg
words =pseg.cut("周元哲老师是 Python 技术讲师")
for word ,flag in words:
    print("%s%s"%(word,flag))
```

程序运行结果如下。

```
周元哲 n
老师 n
是 v
Pythoneng
技术 n
讲师 n
```

常见词性如表 10-1 所示。

表 10-1 常见词性表

词性	描　述	词性	描　述	词性	描　述	词性	描　述
Ag	形语素	G	语素	ns	地名	z	状态词
a	形容词	H	前接成分	nt	机构团体	W	标点符号
ad	副形词	I	成语	nz	其他专名	v	动词
an	名形词	J	简称略语	o	拟声词	y	语气词
b	区别词	K	后接成分	p	介词	Vn	名动词
c	连词	L	习用语	q	量词	vg	动语素
dg	副语素	M	数词	r	代词	x	非语素字
d	副词	Ng	名语素	s	处所词	Vd	副动词
e	叹词	N	名词	tg	时语素	u	助词
f	方位词	Nr	人名	t	时间词		

10.4.5 断词位置

断词位置用于返回每个分词的起始和终止位置，语法如下。

```
jieba.Tokenizer( )
```

【例 10-9】 断词位置。

```
import jieba
result =jieba.tokenize('周元哲老师是 Python 技术讲师')      #返回词语在原文的起止位置
print("默认模式为: ")
for tk in result:
  print("word %s\t\t start: %d \t\t end:%d" %(tk[0],tk[1],tk[2]))
```

程序运行结果如下。

```
默认模式为:
word 周元哲          start: 0          end: 3
word 老师            start: 3          end: 5
word 是              start: 5          end: 6
word Python          start: 6          end: 12
word 技术            start: 12         end: 14
word 讲师            start: 14         end: 16
```

10.4.6 关键词抽取

基于 TF-IDF 算法计算文本中词语的权重，进行关键字提取，语法如下。

```
Jieba. analyse.extract_tags(lines, topK=20, withWeight=False, allowPOS=()))
```

参数如下。

- lines：待提取的文本。
- topK：返回 TF/IDF 权重最大的关键词的个数，默认值为 20。
- withWeight：是否一并返回关键词权重值，默认值为 False。
- allowPOS：词性过滤，默认值为空，表示不过滤。

【例 10-10】 基于 TF-IDF 算法的关键词抽取。

```
import jieba.analyse as analyse
lines ="周元哲老师是 Python 技术讲师"
keywords=analyse.extract_tags(lines, topK=20, withWeight=True, allowPOS=())
for item in keywords:
    print("%s =%f "%(item[0],item[1]))
```

程序运行结果如下。

```
周元哲 =2.390959
Python =2.390959
讲师 =1.727597
老师 =1.279689
```

```
技术 =0.993891
```

jieba 给每一个分词标出 IDF 分数比重，可以通过设定 IDF 分数高或低。突出或降低某关键字的权重。jieba 的 IDF 分数一般为 9～12，自定 IDF 分数为 2～5。

创建自定比重分数文件，在 d:\下创建 idf.txt 文件，内容遵守如下规则：一个词占一行；每一行分为两部分：词语、权重，用空格隔开，顺序不可颠倒，文件为 UTF-8 编码格式。本例 idf.txt 文件内容如下。

```
周元哲 5
讲师 9
```

【例 10-11】 自定比重分数。

```
import jieba
import jieba.analyse as analyse
lines ="周元哲老师是 Python 技术讲师"
print('default idf'+'-' * 90)
keywords=analyse.extract_tags(lines, topK=10, withWeight=True, allowPOS=())
for item in keywords:
    print("%s =%f "%(item[0],item[1]))

print('set_idf_path'+'-' * 90)
jieba.analyse.set_idf_path("d:/idf.txt")
keywords=analyse.extract_tags(lines, topK=10, withWeight=True, allowPOS=())
#print("topK =TF/IDF,TF =%d"%len(keywords))
for item in keywords:
    #print("%s =%f "%(item[0],item[1]))
    print("%s TF =%f,IDF =%f topK=%f
    "%(item[0],item[1],len(keywords) * item[1],item[1] * len(keywords) * item[1]))
```

程序运行结果如下。

```
default idf------------------------------------------
周元哲 =  2.390959
Python =  2.390959
讲师 =  1.727597
老师 =  1.279689
技术 =  0.993891
set_idf_path------------------------------------------
周元哲 TF =1.000000,IDF =5.000000 topK=5.000000
老师 TF =1.000000,IDF =5.000000 topK=5.000000
Python TF =1.000000,IDF =5.000000 topK=5.000000
技术 TF =1.000000,IDF =5.000000 topK=5.000000
讲师 TF =0.800000,IDF =10.000000 topK=3.200000
```

将每个分词当成 key，将其在文中出现的次数作为 value，最后进行降序排列，即可排列出最常出现的分词。

【例 10-12】 排列最常出现的分词。

```
import jieba
text ="周元哲老师是 Python 技术讲师,周元哲老师是软件测试技术讲师"
dic={}
for ele in jieba.cut(text):
    if ele not in dic:
        dic[ele] =1
    else:
        dic[ele]=dic[ele]+1
for w in sorted(dic,key=dic.get,reverse=True):
    print("%s %i"%(w,dic[w]))
```

程序运行结果如下。

```
周元哲 2
老师 2
是 2
技术 2
讲师 2
Python 1
, 1
软件测试 1
```

10.4.7 停止词表

停止词是一些完全没有用或者没有意义的词,大致可分为如下两类。

(1) 使用十分广泛,甚至是过于频繁的一些单词。例如英文的"i""is""what",中文的"我""就"之类的词几乎在每个文档中均会出现。

(2) 文本中出现频率很高,但实际意义又不大的词。这一类主要包括起连接作用的连词、虚词、介词、语气词等无意义的词,以及通常自身并无明确意义,只有将其放入一个完整的句子中才有一定作用,如常见的"的""在""和"之类。

常见的停止词如表 10-2 所示。

表 10-2 停止词表

词 表 名	词 表 文 件
中文停止词表	cn_stopwords.txt
哈工大停止词表	hit_stopwords.txt
百度停止词表	baidu_stopwords.txt

本书中的停止词表从网上下载(https://github.com/goto956/stopwords),文件命名为 StopWords.txt。

【例 10-13】 jieba 实例。

使用 jieba 分析刘慈欣小说《三体》中出现次数最多的词语,《三体》文章保存在 d:\\

santi.txt 中,文件为 utf-8 编码。

程序代码如下。

```
import jieba
txt =open("d:\\santi.txt", encoding="utf-8").read()
words=jieba.lcut(txt)
counts ={}
for word in words:
    counts[word] =counts.get(word,0) +1
items =list(counts.items())
items.sort(key=lambda x:x[1], reverse=True)
for i in range(30):
    word, count =items[i]
    print ("{0:<10}{1:>5}".format(word, count))
```

程序运行结果如下。

```
,         97372
的        36286
          23998

          23997
。        19999
了        10201
“         8789
”         8682
在         8383
是         7016
他         9212
中         3688
我         3359
和         3220
一个       3065
都         2973
上         2799
她         2757
说         2798
这         2726
你         2719
?         2708
:         2705
也         2670
但         2615
有         2505
着         2280
就         2232
```

```
不        2210
没有      2136
```

【例 10-14】 停止词。

```
import jieba
txt =open("santi.txt", encoding="utf-8").read()
#加载停止词表
stopwords =[line.strip() for line in open("StopWords.txt",encoding="utf-8").
readlines()]
words =jieba.lcut(txt)
counts ={}
for word in words:
    #不在停止词表中
    if word not in stopwords:
        #不统计字数为 1 的词
        if len(word) ==1:
            continue
        else:
            counts[word] =counts.get(word,0) +1
items =list(counts.items())
items.sort(key=lambda x:x[1], reverse=True)
for i in range(30):
    word, count =items[i]
    print ("{:<10}{:>7}".format(word, count))
```

修改程序运行结果如下。

```
程心      1329
世界      1299
逻辑      1200
地球      969
人类      938
太空      935
三体      909
宇宙      892
太阳      779
舰队      651
飞船      695
时间      627
汪淼      611
两个      580
文明      567
东西      521
发现      502
这是      990
信息      978
```

```
感觉	969
计划	961
智子	959
叶文洁	998
一种	995
看着	935
太阳系	927
很快	922
面壁	906
真的	902
空间	381
```

【例 10-15】 引入 jieba 和停止词,进行中文特征提取。

```
from sklearn.feature_extraction.text import CountVectorizer
import jieba
text ='今天天气真好,我要去西安大雁塔玩,玩完之后,游览兵马俑'
#进行 jieba 分词,精确模式
text_list =jieba.cut(text, cut_all=False)
text_list =",".join(text_list)
context =[]
context.append(text_list)
print(context)

con_vec =CountVectorizer(min_df=1, stop_words=['之后', '玩完'])
X =con_vec.fit_transform(context)
feature__name =con_vec.get_feature_names()
print(feature__name)
print(X.toarray())
```

程序运行结果如下。

```
['今天天气,真,好,,,我要,去,西安,大雁塔,玩,,,玩完,之后,,,游览,兵马俑']
['今天天气', '兵马俑', '大雁塔', '我要', '游览', '西安']
[[1 1 1 1 1 1]]
```

10.5 HanLP 分词

10.5.1 认识 HanLP

HanLP 是 Java 实现中文的分词库,具备功能完善、性能高效、架构清晰、可自定义的特点。由于 HanLP 基于 Java,必须安装 JDK 方可运行。

HanLP 提供下列功能。

1. 中文分词

①最短路分词;②*N*-最短路分词;③CRF 分词;④索引分词;⑤极速词典分词;⑥用

户自定义词典；⑦标准分词。

2. 命名实体识别

①实体机构名识别；②中国人名识别；③音译人名识别；④日本人名识别；⑤地名识别。

3. 篇章理解

①关键词提取；②自动摘要；③短语提取。

4. 简繁拼音转换

①拼音转换；②简繁转换。

10.5.2 pyhanlp

pyhanlp 是 HanLP 的 Python 接口，使得 Python 可以访问操作 HanLP。在 Anaconda Prompt 下的命令提示符下输入 pip install pyhanlp 进行安装，如图 10-2 所示。

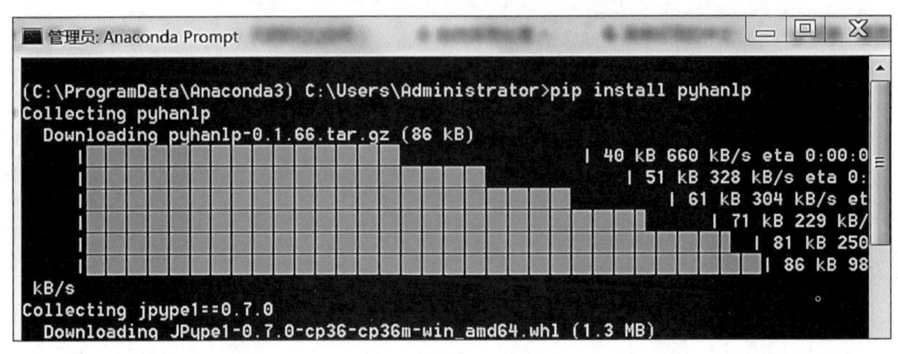

图 10-2 HanLP 下载

安装 pyhanlp 后，需要下载字典和模型数据包。可采用第三方工具下载数据放至 pyhanlp 安装目录下，本书中为 C:\ProgramData\Anaconda3\Lib\site-packages\pyhanlp\static，解压后的 static 目录下的文件结构如图 10-3 所示。

相关 pyhanlp 的资料如下。

pyhanlp 的 GitHub：https://github.com/hankcs/pyhanlp。

pyhanlp 官方文档：https://pypi.org/project/pyhanlp/。

HanLP 主文档目录：https://github.com/hankcs/HanLP/blob/1.x/README.md。

pyhanlp 案例：https://github.com/hankcs/pyhanlp/tree/master/tests/demos。

10.5.3 中文分词

HanLP 提供 segment()方法给出每句文本的分词。

【例 10-16】 中文分词。

```
#coding=utf-8
from pyhanlp import *
print(HanLP.segment('你好,欢迎在 Python 中调用 HanLP 的 API'))
```

```
C:/programdata/anaconda3/lib/site-packages/pyhanlp
├─static
│  ├─data
│  │  ├─dictionary
│  │  │  ├─custom
│  │  │  ├─organization
│  │  │  ├─other
│  │  │  ├─person
│  │  │  ├─pinyin
│  │  │  ├─place
│  │  │  ├─synonym
│  │  │  └─tc
│  │  └─model
│  │      ├─crf
│  │      │  └─pku199801
│  │      ├─dependency
│  │      └─perceptron
│  │          ├─ctb
│  │          ├─large
│  │          ├─pku1998
│  │          └─pku199801
│  └─__pycache__
└─__pycache__
```

图 10-3　pyhanlp\static 目录结构

程序运行结果如下。

```
[你好/vl, ,/w, 欢迎/v, 在/p, Python/nx, 中/f, 调用/v, /w, HanLP/nx, 的/ude1, API/nx]
```

可见，pyhanlp 分词结果是带有词性的。

10.5.4　依存分析使用

HanLP 提供 parseDependency()方法进行每句文本中词语之间的相互依存关系。

【例 10-17】　依存分析使用。

```
from pyhanlp import *
print(HanLP.parseDependency("今天开心了吗?"))
```

程序运行结果如下。

```
1   今天   今天   nt   t   _   2   状中结构     _   _
2   开心   开心   a    a   _   0   核心关系     _   _
3   了     了     e    y   _   2   右附加关系   _   _
4   吗     吗     e    y   _   2   右附加关系   _   _
5   ?      ?      wp   w   _   2   标点符号     _   _
```

pyhanlp 提供了友好的展示交付界面，使用命令 hanlp serve 启动一个 Web 服务，如图 10-4 所示。

登录 http://localhost:8765 出现如图 10-5 所示的可视化界面，直观显示分词结果和依存关系，并给出安装说明、源码链接、文档链接、常见的问题(FAQ)等信息。

在图 10-5 中输入“今天开心了吗?”，出现如图 10-6 所示效果。

图 10-4 启动 pyhanlp 服务器

图 10-5 pyhanlp 的展示交付界面

10.5.5 关键词提取

HanLP 提供 extractKeyword()方法进行关键词提取。

【例 10-18】 关键词提取。

```
from pyhanlp import *
content = (
    "程序员(英文 Programmer)是从事程序开发、维护的专业人员。"
    "一般将程序员分为程序设计人员和程序编码人员,"
    "但两者的界限并不非常清楚,特别是在中国。"
    "软件从业人员分为初级程序员、高级程序员、系统"
    "分析员和项目经理四大类。")
TextRankKeyword = JClass("com.hankcs.hanlp.summary.TextRankKeyword")
```

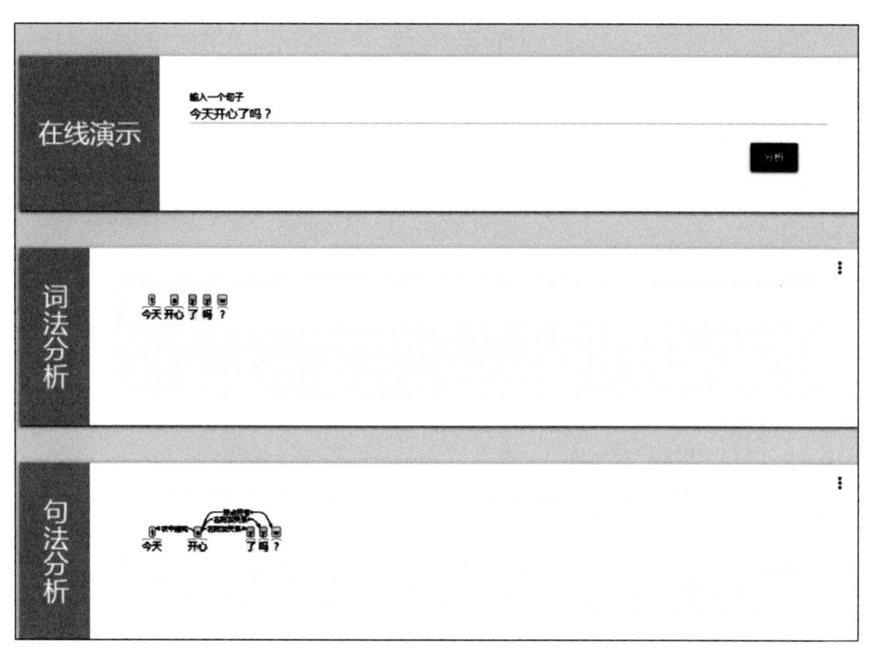

图 10-6　依存分析可视化

```
keyword_list =HanLP.extractKeyword(content, 5)
print(keyword_list)
#print(help(HanLP))
```

程序运行结果如下。

```
[程序员, 程序, 分为, 人员, 软件]
```

10.5.6　命名实体识别

HanLP 提供 enableNameRecognize()方法进行命名实体识别。

【例 10-19】　人名识别。

```
from pyhanlp import *
NER=HanLP.newSegment().enableNameRecognize(True)
p_name=NER.seg('马云、雷军、汪洋、张朝阳的搜狗、韩寒的书、马化腾的腾讯')
print(p_name)
```

程序运行结果如下。

```
[马云/nr, 、/w, 雷军/nr, 、/w, 汪洋/n, 、/w, 张朝阳/nr, 的/ude1, 搜狗/gi, 、/w, 韩寒/nr,
的/ude1, 书/n, 、/w, 马化腾/nr, 的/ude1, 腾讯/ntc]
```

10.5.7　自定义词典

HanLP 提供 CustomDictionary 进行自定义词典。

【例 10-20】　自定义词典。

```
from pyhanlp import *
content ="铁甲网是中国最大的工程机械交易平台"
print(HanLP.segment(content))
CustomDictionary.add("铁甲网")
CustomDictionary.insert("工程机械", "nz 1024")
CustomDictionary.add("交易平台", "nz 1024 n 1")
print(HanLP.segment(content))
```

程序运行结果如下。

```
[铁甲/n, 网/n, 是/vshi, 中国/ns, 最大/gm, 的/ude1, 工程机械/nz, 交易平台/nz]
[铁甲网/nz, 是/vshi, 中国/ns, 最大/gm, 的/ude1, 工程机械/nz, 交易平台/nz]
```

10.5.8 简体繁体转换

HanLP 提供 convertToSimplifiedChinese()和 convertToTraditionalChinese()方法进行简体繁体转换。

【例 10-21】 简体繁体转换。

```
from pyhanlp import *

Jianti =HanLP.convertToSimplifiedChinese("我爱自然語言處理技術!")
Fanti =HanLP.convertToTraditionalChinese("我爱自然语言处理技术!")
print(Jianti)
print(Fanti)
```

程序运行结果如下。

```
我爱自然语言处理技术!
我愛自然語言處理技術!
```

10.5.9 摘要提取

HanLP 提供 extractSummary()方法进行摘要提取。

【例 10-22】 摘要提取。

```
from pyhanlp import *
document ='''自然语言处理是计算机科学领域与人工智能领域中的一个重要方向。它研究能实现人与计算机之间用自然语言进行有效通信的各种理论和方法。自然语言处理是一门融语言学、计算机科学、数学于一体的科学。因此,这一领域的研究将涉及自然语言,即人们日常使用的语言,所以它与语言学的研究有着密切的联系,但又有重要的区别。自然语言处理并不是一般地研究自然语言,而在于研制能有效地实现自然语言通信的计算机系统,特别是其中的软件系统。因而它是计算机科学的一部分。'''
TextRankSentence =JClass("com.hankcs.hanlp.summary.TextRankSentence")
sentence_list =HanLP.extractSummary(document, 3)
print(sentence_list)
sentence_list =HanLP.extractSummary(document, 2)
print(sentence_list)
```

```
sentence_list =HanLP.extractSummary(document, 1)
print(sentence_list)
sentence_list =HanLP.getSummary(document, 50)
print(sentence_list)
sentence_list =HanLP.getSummary(document, 30)
print(sentence_list)

sentence_list =HanLP.getSummary(document, 20)
print(sentence_list)
```

程序运行结果如下。

```
[自然语言处理并不是一般地研究自然语言，自然语言处理是计算机科学领域与人工智能领域中的一个重要方向，它研究能实现人与计算机之间用自然语言进行有效通信的各种理论和方法]
[自然语言处理并不是一般地研究自然语言，自然语言处理是计算机科学领域与人工智能领域中的一个重要方向]
[自然语言处理并不是一般地研究自然语言]
```

自然语言处理是计算机科学领域与人工智能领域中的一个重要方向。自然语言处理并不是一般地研究自然语言。

自然语言处理是计算机科学领域与人工智能领域中的一个重要方向。

自然语言处理并不是一般地研究自然语言。

第 11 章 文本分类

文本分类

本章首先回顾了文本分类的历史。其次重点介绍了朴素贝叶斯和支持向量机两种机器学习方法。关于朴素贝叶斯,介绍了贝叶斯定理、三种贝叶斯分类方法,使用朴素贝叶斯进行新闻分类。关于支持向量机,介绍支持向量机的原理,了解三种核函数——线性核函数、多项式核函数和高斯核函数。使用支持向量机对鸢尾花的分类。最后介绍了垃圾邮件的文本分类的两种实现方式。

11.1 历史回顾

文本分类是指根据文本内容自动确定文本类别的过程。文本分类的研究可以追溯到20世纪60年代,早期的文本分类主要是基于知识工程(Knowledge Engineering),通过手工定义规则对文本进行分类,这种方法费时费力,而且必须对某一领域有足够的了解,才能写出合适的规则。

到了20世纪90年代,机器学习应用到文本分类中。1971年,Rocchio通过用户反馈修正类权重向量,构成简单的线性分类器。1979年,van Rijsbergen将准确率、召回率等相关概念引入文本分类。1992年,Lewis在其论文 *Representation and Learning in Information Retrieval* 中系统地介绍了文本分类系统实现的各个细节,并且在自己建立的数据集Reuters21578上进行了测试,这篇博士论文成为文本分类的经典之作。其后,Yiming Yang对各种特征选择的方法,如信息增益、互信息、统计量等,进行比较研究。1995年,Vipnik基于统计理论提出了支持向量机(Support Vector Machine,SVM)方法。Thorsten Joachims第一次将线性核函数的支持向量机用于文本分类,取得显著效果。

11.2 文本分类方法

下面介绍朴素贝叶斯和支持向量机两种传统的机器学习方法。

11.2.1 朴素贝叶斯

朴素贝叶斯模型或朴素贝叶斯分类器(Naive Bayes Classifier、NBC)发源于古典数学理论,是基于贝叶斯理论与特征条件独立假设的分类方法、通过单独考量每一特征被分类的条件概率,做出分类预测。

贝叶斯算法具有如下优点。

(1) 对待预测样本进行预测，简单高效。

(2) 对于多分类问题同样有效。

(3) 在分布独立假设成立的情况下，所需样本量较少，效果好于逻辑回归。

(4) 对于类别变量，效果非常好。

贝叶斯算法具有如下缺点。

(1) 朴素贝叶斯有分布独立的假设前提，而现实生活中很难是完全独立。

(2) 对输入数据的数据类型较为敏感。

11.2.2 支持向量机

支持向量机(Support Vector Machine，SVM)的基本思想是在 N 维数据中找到 $N-1$ 维超平面作为分类的决策边界。确定超平面的规则是找到离超平面最近的那些点，使它们离分隔超平面的距离尽可能远。离超平面最近的实心圆和空心圆称为支持向量，超平面的距离之和称为“间隔距离”。“间隔距离”越大，分类的准确率越高，如图 11-1 所示。

任意超平面可以用如下的线性方程来描述。

$$wx+b=0$$

参数：w 是超平面的法向量，垂直于超平面的方向；b 是位移量，用于平移超平面。

超平面的效果如图 11-2 所示，两侧的数据好比是两条河，SVM 就是将离河岸最远点的集合绘制成线，行走的地方越宽越好，这样掉入河里的概率就低。

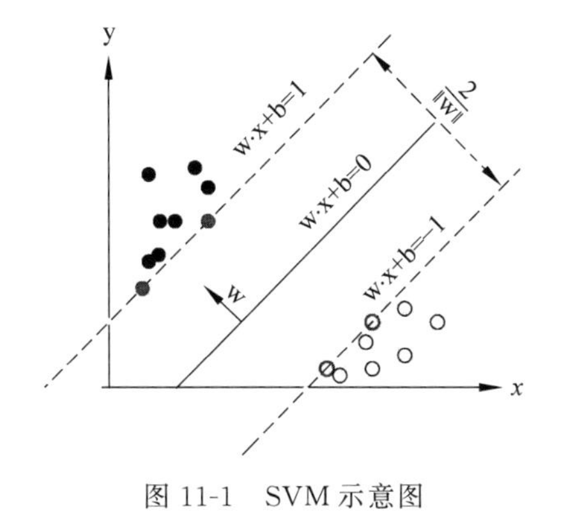

图 11-1　SVM 示意图

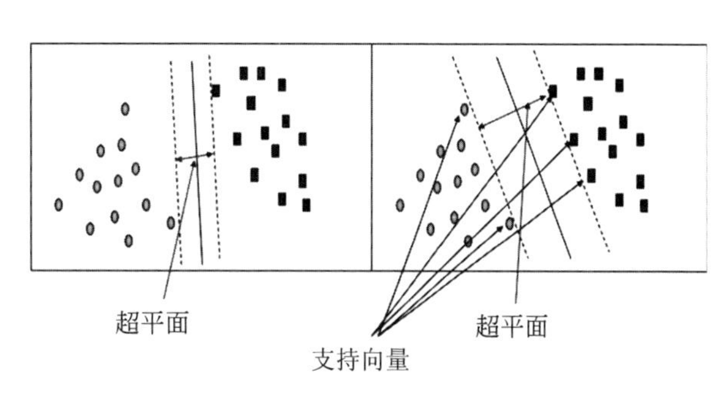

图 11-2　SVM 说明图

11.3 贝叶斯定理

条件概率又称后验概率。$P(A|B)$是指事件 A 在另一个事件 B 已经发生时的发生概率，读作“在 B 条件下 A 的概率”，条件概率公式如下。

$$P(A \mid B)=\frac{P(A \cap B)}{P(B)}$$

其中，$P(A \cap B)$为事件 A 和 B 的联合概率，表示两个事件共同发生的概率。A 与 B 的联合概率也可以表示为 $P(A,B)$。$P(B)$为事件 B 发生的概率。

$$P(A \cap B)=P(A \mid B)P(B)$$
$$P(A \cap B)=P(B \mid A)P(A)$$
$$P(A \cap B)P(B)=P(B \mid A)P(A)$$

贝叶斯公式如下：

$$P(A \mid B)=\frac{P(A \mid B)P(A)}{P(B)}$$

【例 11-1】 贝叶斯公式。

现有 x、y 两个容器，容器 x 中有 7 个红球和 3 个白球，容器 y 中有 1 个红球和 9 个白球。现从两个容器里任取一个红球，问红球来自容器 x 的概率是多少？

假设抽出红球为事件 B，选中容器 A 为事件 A，则有：

$$P(B)=\frac{8}{20},\quad P(A)=\frac{1}{2},\quad P(B \mid A)=\frac{P(A \cap B)}{P(A)}=\frac{(1/2)\times(7/10)}{1/2}=\frac{7}{10}$$

按照贝叶斯公式，则有：

$$P(A \mid B)=\frac{P(B \mid A)\cdot P(A)}{P(B)}=\frac{\frac{7}{10}\times\frac{1}{2}}{\frac{8}{20}}=0.875$$

11.4 朴素贝叶斯

朴素贝叶斯在 Sklearn 库中使用 sklearn.naive_bayes 模块实现，具有高斯分布、多项式分布和伯努利分布 3 种贝叶斯分类方法，分别使用 GaussianNB、MultinomialNB 和 BernoulliNB 函数实现。

11.4.1 GaussianNB 方法

高斯分布朴素贝叶斯，适合样本特征分布是连续值的特点，GaussianNB 语法如下所示。

```
GaussianNB(priors=True)
```

GaussianNB 类的主要参数仅有一个，即先验概率 priors。

【例 11-2】 GaussianNB 举例。

```
import numpy as np
from sklearn.datasets import make_blobs
from sklearn.naive_bayes import GaussianNB
import matplotlib.pyplot as plt
from sklearn.model_selection import train_test_split
X, y =make_blobs(n_samples=500, centers=5,random_state=8)
X_train,X_test,y_train,y_test=train_test_split(X,y,random_state=8)
gnb =GaussianNB()
gnb.fit(X_train, y_train)
print('模型得分: {:.3f}'.format(gnb.score(X_test, y_test)))
```

```
x_min, x_max =X[:,0].min()-0.5, X[:,0].max()+0.5
y_min, y_max =X[:,1].min()-0.5, X[:,1].max()+0.5
xx,yy =np.meshgrid(np.arange(x_min, x_max,.02),np.arange(y_min, y_max, .02))
z =gnb.predict(np.c_[(xx.ravel(),yy.ravel())]).reshape(xx.shape)
plt.pcolormesh(xx,yy,z,cmap=plt.cm.Pastel1)
plt.scatter(X_train[:,0],X_train[:,1],c=y_train,cmap=plt.cm.cool,edgecolor='k')
plt.scatter(X_test[:,0],X_test[:,1],c=y_test,cmap=plt.cm.cool,marker=' * ',
edgecolor='k')
plt.xlim(xx.min(),xx.max())
plt.ylim(yy.min(),yy.max())
plt.title('Classifier: GaussianNB')
plt.show()
```

程序运行结果如下。

```
模型得分: 0.968
```

程序运行结果如图 11-3 所示。

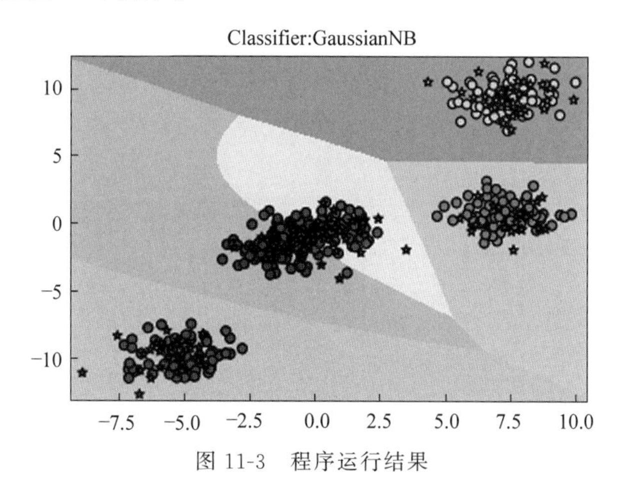

图 11-3　程序运行结果

11.4.2　MultinomialNB 方法

多项式分布朴素贝叶斯适合非负离散数值特征的分类情况,用于描述特征次数或者特征次数比例的问题。MultinomialNB 语法如下所示。

```
MultinomialNB(alpha=1.0, fit_prior=True, class_prior=None)
```

MultinomialNB 参数比 GaussianNB 多,3 个参数含义如下。

- alpha:先验平滑因子,默认等于 1,当等于 1 时表示拉普拉斯平滑。
- fit_prior:是否去学习类的先验概率,默认是 True。
- class_prior:各个类别的先验概率。

【例 11-3】 MultinomialNB 举例。

```
import numpy as np
```

```
import matplotlib.pyplot as plt
from sklearn import datasets,naive_bayes
from sklearn.model_selection import train_test_split

def load_data():
    digits=datasets.load_digits()          #加载 SKlearn 的 digits 数据集
    return train_test_split(digits.data,digits.target,test_size=0.25,random_state
    =0,stratify=digits.target)
#多项式贝叶斯分类器 MultinomialNB 模型
def test_MultinomialNB(*data):
    X_train,X_test,y_train,y_test=data
    cls=naive_bayes.MultinomialNB()
    cls.fit(X_train,y_train)
    print('Training Score: %.2f' %cls.score(X_train,y_train))
    print('Testing Score: %.2f' %cls.score(X_test, y_test))

#产生用于分类问题的数据集
X_train,X_test,y_train,y_test=load_data()
#调用 test_GaussianNB()
test_MultinomialNB(X_train,X_test,y_train,y_test)

#测试 MultinomialNB 的预测性能随 alpha 参数的影响
def test_MultinomialNB_alpha(*data):
    X_train,X_test,y_train,y_test=data
    alphas=np.logspace(-2,5,num=200)
    train_scores=[]
    test_scores=[]
    for alpha in alphas:
        cls=naive_bayes.MultinomialNB(alpha=alpha)
        cls.fit(X_train,y_train)
        train_scores.append(cls.score(X_train,y_train))
        test_scores.append(cls.score(X_test, y_test))
    #绘图
    fig=plt.figure()
    ax=fig.add_subplot(1,1,1)
    ax.plot(alphas,train_scores,label="Training Score")
    ax.plot(alphas,test_scores,label="Testing Score")
    ax.set_xlabel(r"$\alpha$")
    ax.set_ylabel("score")
    ax.set_ylim(0,1.0)
    ax.set_title("MultinomialNB")
    ax.set_xscale("log")
    plt.show()
```

```
#调用 test_MultinomialNB_alpha()
test_MultinomialNB_alpha(X_train,X_test,y_train,y_test)
```

程序运行结果如下。

```
Training Score: 0.91
Testing Score: 0.90
```

程序运行结果如图 11-4 所示。

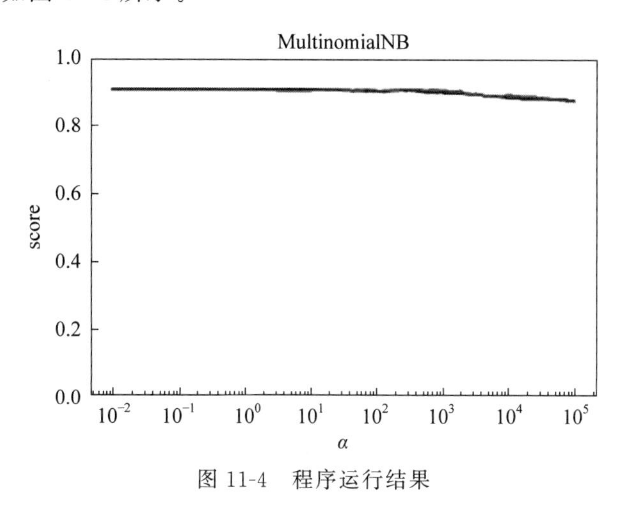

图 11-4　程序运行结果

11.4.3　BernoulliNB 方法

伯努利分布朴素贝叶斯又名“两点分布”“二项分布”或“0－1 分布”，适合二元离散值或者很稀疏的多元离散值情况。BernoulliNB 语法如下所示。

```
BernoulliNB(alpha=1.0, binarize=0.0, fit_prior=True, class_prior=None)
```

参数如下。

- alpha：平滑因子，与多项式中的 alpha 一致。
- fit_prior：是否去学习类的先验概率，默认是 True。
- class_prior：各个类别的先验概率，与多项式中的 class_prior 一致。
- binarize：样本特征二值化的阈值，默认是 0。如果不输入，模型认为所有特征都已经二值化；如果输入具体的值，模型把大于该值的归为一类，小于的归为另一类。

【例 11-4】　BernoulliNB 举例。

```
import numpy as np
from sklearn.naive_bayes import BernoulliNB
from sklearn.datasets import make_blobs
from sklearn.model_selection import train_test_split
X, y =make_blobs(n_samples=500, centers=5,random_state=8)
X_train,X_test,y_train,y_test=train_test_split(X,y,random_state=8)
nb =BernoulliNB()
nb.fit(X_train,y_train)
```

```
print('模型得分: {:.3f}'.format(nb.score(X_test, y_test)))
import matplotlib.pyplot as plt
x_min, x_max =X[:,0].min()-0.5, X[:,0].max()+0.5
y_min, y_max =X[:,1].min()-0.5, X[:,1].max()+0.5
xx,yy =np.meshgrid(np.arange(x_min, x_max,.02),np.arange(y_min, y_max, .02))

z =nb.predict(np.c_[(xx.ravel(),yy.ravel())]).reshape(xx.shape)
plt.pcolormesh(xx,yy,z,cmap=plt.cm.Pastel1)
plt.scatter(X_train[:,0],X_train[:,1],c=y_train,cmap=plt.cm.cool,edgecolor='k')
plt.scatter(X_test[:,0],X_test[:,1],c=y_test,cmap=plt.cm.cool,marker='*',
edgecolor='k')
plt.xlim(xx.min(),xx.max())
plt.ylim(yy.min(),yy.max())
plt.title('Classifier: BernoulliNB')
plt.show()
```

程序运行结果如下。

```
模型得分: 0.544
```

程序运行结果如图 11-5 所示。

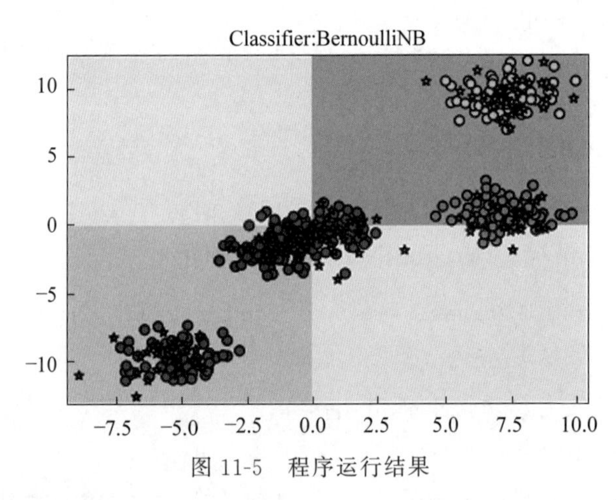

图 11-5 程序运行结果

11.5 朴素贝叶斯进行新闻分类

新闻分类数据来源于 Sklearn 的 20newsgroups 数据集,属于非负离散数值,适合于用多项式分布朴素贝叶斯进行分类。

【例 11-5】 MultinomialNB 应用于 20newsgroups 数据集。

```
from sklearn.datasets import fetch_20newsgroups
from sklearn.model_selection import train_test_split
from sklearn.feature_extraction.text import CountVectorizer
from sklearn.naive_bayes import MultinomialNB        #多项式朴素贝叶斯模型
```

```
from sklearn.metrics import classification_report
#步骤 1.数据获取
news =fetch_20newsgroups(subset='all')
print('输出数据的条数:',len(news.data))     #输出数据的条数: 18846
#步骤 2.数据预处理
#分割训练集和测试集,随机采样 25%的数据样本作为测试集
X_train,X_test,y_train,y_test=train_test_split(news.data,news.target,test_
size=0.25,random_state=33)
#文本特征向量化
vec =CountVectorizer()
X_train =vec.fit_transform(X_train)
X_test =vec.transform(X_test)
#步骤 3.使用多项式朴素贝叶斯进行训练
mnb =MultinomialNB()
mnb.fit(X_train,y_train)                    #利用训练数据对模型参数进行估计
y_predict =mnb.predict(X_test)              #对参数进行预测
#步骤 4.获取结果报告
print('准确率:', mnb.score(X_test,y_test))
print(classification_report(y_test, y_predict, target_names = news.target_
names))
```

程序运行结果如下。

```
输出数据的条数: 18846
准确率: 0.8397707979626485
                          precision   recall   f1-score   support
             alt.atheism     0.86      0.86      0.86       201
           comp.graphics     0.59      0.86      0.70       250
 comp.os.ms-windows.misc     0.89      0.10      0.17       248
comp.sys.ibm.pc.hardware     0.60      0.88      0.72       240
   comp.sys.mac.hardware     0.93      0.78      0.85       242
          comp.windows.x     0.82      0.84      0.83       263
            misc.forsale     0.91      0.70      0.79       257
               rec.autos     0.89      0.89      0.89       238
         rec.motorcycles     0.98      0.92      0.95       276
      rec.sport.baseball     0.98      0.91      0.95       251
        rec.sport.hockey     0.93      0.99      0.96       233
               sci.crypt     0.86      0.98      0.91       238
         sci.electronics     0.85      0.88      0.86       249
                 sci.med     0.92      0.94      0.93       245
               sci.space     0.89      0.96      0.92       221
  soc.religion.christian     0.78      0.96      0.86       232
      talk.politics.guns     0.88      0.96      0.92       251
   talk.politics.mideast     0.90      0.98      0.94       231
      talk.politics.misc     0.79      0.89      0.84       188
      talk.religion.misc     0.93      0.44      0.60       158
```

```
      accuracy                          0.84      4712
     macro avg       0.86      0.84      0.82      4712
  weighted avg       0.86      0.84      0.82      4712
```

多项式朴素贝叶斯分类器对4712条新闻文本进行分类,准确性约为83.977%,平均精确率、召回率以及F1指标分别为0.86,0.84和0.82。

11.6 支持向量机

SVC具体语法如下。

```
SVC(kernel=' RBF' )
```

参数如下。

核函数kernel有RBF(高斯核函数)、Linear(线性核函数)、Poly(多项式核函数)。

11.6.1 线性核函数

线性核函数是指不通过核函数进行维度提升,仅在原始维度空间中寻求线性分类边界。kernel取值为linear,语法如下。

```
SVC(kernel ='linear', C )
```

参数如下。

C:惩罚系数,用来控制损失函数的惩罚系数。C越大,相当于惩罚松弛变量,松弛变量接近0,即对误分类的惩罚增大,趋向于对训练集全分对的情况,这样会出现训练集测试时准确率很高,但泛化能力弱,容易导致过拟合。C值小,对误分类的惩罚减小,容错能力增强,泛化能力较强,但也可能导致欠拟合。

【例11-6】 线性核函数。

```
import numpy as np
import matplotlib.pyplot as plt
from sklearn import svm
from sklearn.datasets import make_blobs
#先创建50个数据点,让它们分为两类
X, y =make_blobs(n_samples=50, centers=2, random_state=6)
#创建一个线性内核的支持向量机模型
clf =svm.SVC(kernel='linear', C=1000)
clf.fit(X, y)
#把数据点画出来
plt.scatter(X[:, 0], X[:, 1], c=y, s=30, cmap=plt.cm.Paired)
#建立图像坐标
ax =plt.gca()
xlim =ax.get_xlim()
ylim =ax.get_ylim()
xx =np.linspace(xlim[0], xlim[1], 30)
```

```
yy =np.linspace(ylim[0], ylim[1], 30)
YY, XX =np.meshgrid(yy, xx)
xy =np.vstack([XX.ravel(), YY.ravel()]).T
Z =clf.decision_function(xy).reshape(XX.shape)
#把分类的决定边界画出来
ax.contour(XX, YY, Z, colors='k', levels=[-1, 0, 1], alpha=0.5, linestyles=['--
', '-', '--'])
ax.scatter(clf.support_vectors_[:, 0], clf.support_vectors_[:, 1], s=100,
           linewidth=1, facecolors='none')
plt.show()
```

程序运行结果如图 11-6 所示。

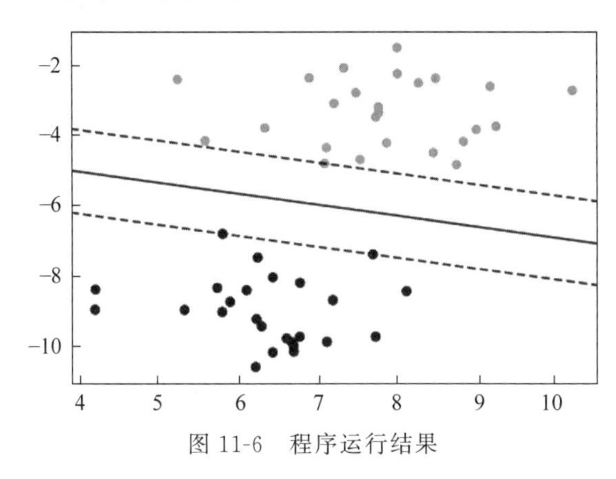

图 11-6　程序运行结果

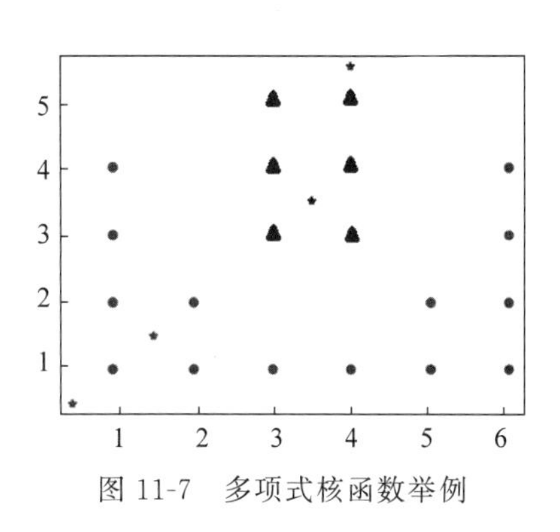

图 11-7　多项式核函数举例

11.6.2　多项式核函数

多项式核函数是指通过多项式函数增加原始样本特征的高次方幂,把样本特征进行乘方投射到高维空间。kernel 参数取值为 ploy,语法如下。

```
SVC(kernel ='ploy',degree=3)
```

参数如下。

degree: 表示多项式的最高次数,默认为三次多项式。

【例 11-7】 区分颜色点。

圆点是正类,三角是负类,五星是预测样本点,如图 11-7 所示。

```
#-*-coding:utf-8 -*-
from sklearn.svm import SVC
import numpy as np
X=np.array([[1,1],[1,2],[1,3],[1,4],[2,1],[2,2],[3,1],[4,1],[5,1],[5,2],[6,1],[6,
2],[6,3],[6,4],[3,3],[3,4],[3,5],[4,3],[4,4],[4,5]])
Y=np.array([1] * 14+[-1] * 6)
T=np.array([[0.5,0.5],[1.5,1.5],[3.5,3.5],[4,5.5]])

#X 为训练样本,Y 为训练样本标签(1 和-1),T 为测试样本
```

```
svc=SVC(kernel='poly',degree=2,gamma=1,coef0=0)
svc.fit(X,Y)
pre=svc.predict(T)
print("预测结果\n",pre)                                          #输出预测结果
print("正类和负类支持向量总个数\n",svc.n_support_)              #输出正类和负类支持向量总个数
print("正类和负类支持向量索引\n",svc.support_)                  #输出正类和负类支持向量索引
print("正类和负类支持向量\n",svc.support_vectors_)              #输出正类和负类支持向量
```

程序运行结果如下。

```
[ 1 1 -1 -1]
正类和负类支持向量总个数
[2 3]
正类和负类支持向量索引
[14 17 3 5 13]
正类和负类支持向量
[[3. 3.]
 [4. 3.]
 [1. 4.]
 [2. 2.]
 [6. 4.]]
```

4个预测点分类为前两个为1,后两个为−1。负类(蓝色)支持向量有两个,在样本集中索引为14,17,分别为(3,3)、(4,3)。正类(红色)支持向量有三个,在样本集中索引为3,5,13,分别为(1,4)、(2,2)、(6,4)。结果解释如图11-8所示。

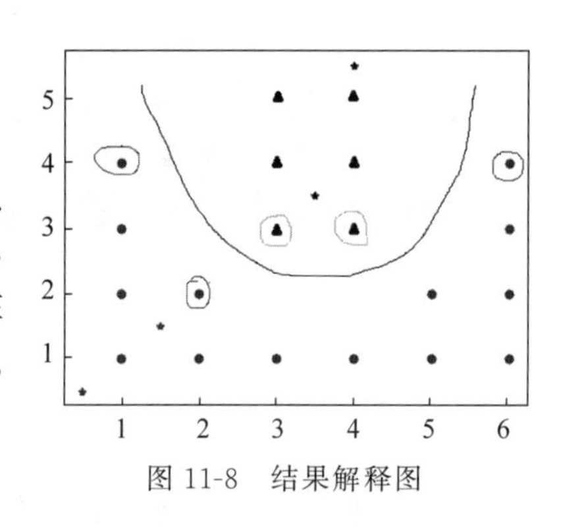

图11-8 结果解释图

11.6.3 高斯核函数

高斯核函数也叫作径向基函数,是通过高斯分布函数衡量样本和样本之间的"相似度",进而线性可分。kernel参数取值为rbf,语法如下。

```
SVC(kernel='rbf', C)
```

【例11-8】 高斯核函数。

```
import numpy as np
import matplotlib.pyplot as plt
from sklearn import svm
from sklearn.datasets import make_blobs

#先创建50个数据点,让它们分为两类
X, y =make_blobs(n_samples=50, centers=2, random_state=6)

#创建一个RBF内核的支持向量机模型
clf_rbf =svm.SVC(kernel='rbf', C=1000)
```

```
clf_rbf.fit(X, y)
#把数据点画出来
plt.scatter(X[:, 0], X[:, 1], c=y, s=30, cmap=plt.cm.Paired)

#建立图像坐标
ax =plt.gca()
xlim =ax.get_xlim()
ylim =ax.get_ylim()

xx =np.linspace(xlim[0], xlim[1], 30)
yy =np.linspace(ylim[0], ylim[1], 30)
YY, XX =np.meshgrid(yy, xx)
xy =np.vstack([XX.ravel(), YY.ravel()]).T
Z =clf_rbf.decision_function(xy).reshape(XX.shape)

#把分类的决定边界画出来
ax.contour(XX, YY, Z, colors='k', levels=[-1, 0, 1], alpha=0.5,linestyles=['--',
'-', '--'])
ax.scatter(clf_rbf.support_vectors_[:, 0], clf_rbf.support_vectors_[:, 1],
               s=100,linewidth=1, facecolors='none')
plt.show()
```

程序运行结果如图 11-9 所示。

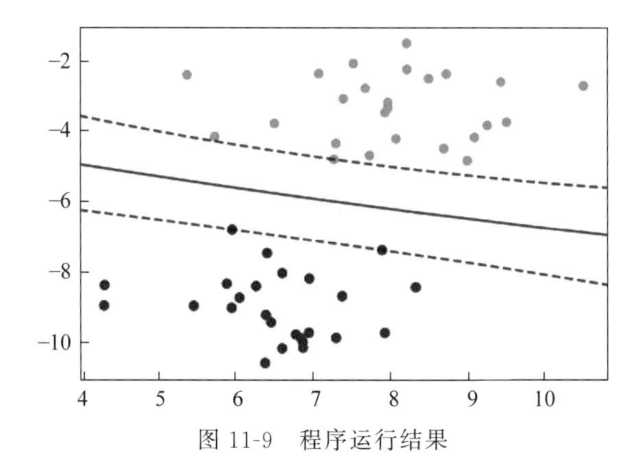

图 11-9　程序运行结果

11.7 支持向量机对鸢尾花分类

【例 11-9】 支持向量机对鸢尾花分类。

```
from sklearn import datasets
import sklearn.model_selection as ms
import sklearn.svm as svm
import matplotlib.pyplot as plt
```

```
from sklearn.metrics import classification_report

iris =datasets.load_iris()
x =iris.data[:,:2]
y =iris.target

#数据集分为训练集和测试集
train_x, test_x, train_y, test_y =ms.train_test_split(x, y, test_size=0.25,
random_state=5)
#基于线性核函数
model =svm.SVC(kernel='linear')
model.fit(train_x, train_y)

#基于多项式核函数,三阶多项式核函数
#model =svm.SVC(kernel='poly', degree=3)
#model.fit(train_x, train_y)
#基于径向基(高斯)核函数
#model =svm.SVC(kernel='rbf', C=600)
#model.fit(train_x, train_y)
#预测
pred_test_y =model.predict(test_x)
#计算模型精度
bg =classification_report(test_y, pred_test_y)
print('基于线性核函数的分类报告: ', bg, sep='\n')
#print('基于多项式核函数的分类报告: ', bg, sep='\n')
#print('基于径向基(高斯)核函数的分类报告: ', bg, sep='\n')
#绘制分类边界线
l, r =x[:, 0].min() -1, x[:, 0].max() +1
b, t =x[:, 1].min() -1, x[:, 1].max() +1
n =500
grid_x, grid_y =np.meshgrid(np.linspace(l, r, n), np.linspace(b, t, n))
bg_x =np.column_stack((grid_x.ravel(), grid_y.ravel()))
bg_y =model.predict(bg_x)
grid_z =bg_y.reshape(grid_x.shape)
#画图显示样本数据
plt.title('kernel=linear ', fontsize=16)
#plt.title('kernel=poly ', fontsize=16)
#plt.title('kernel=rbf', fontsize=16)

plt.xlabel('X', fontsize=14)
plt.ylabel('Y', fontsize=14)
plt.tick_params(labelsize=10)
plt.pcolormesh(grid_x, grid_y, grid_z, cmap='gray')
```

```
plt.scatter(test_x[:, 0], test_x[:, 1], s=80, c=test_y, cmap='jet', label='
Samples')

plt.legend()
plt.show()
```

程序运行结果如下。

```
基于线性核函数的分类报告:
              precision    recall  f1-score   support
           0       1.00      1.00      1.00        12
           1       0.75      0.86      0.80        14
           2       0.80      0.67      0.73        12
    accuracy                           0.84        38
   macro avg       0.85      0.84      0.84        38
weighted avg       0.84      0.84      0.84        38
```

程序运行结果如图 11-10 所示。

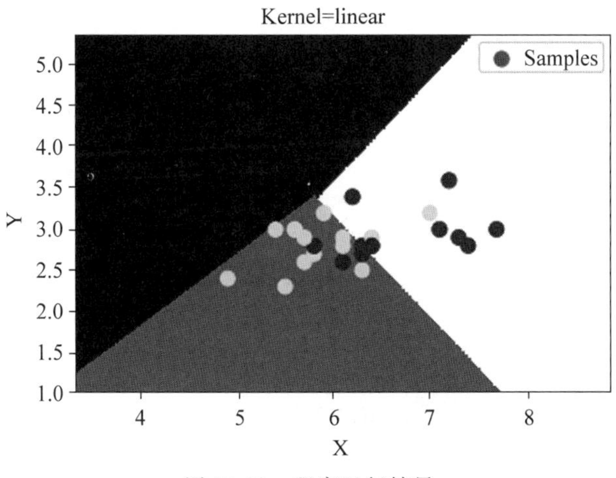

图 11-10 程序运行结果

```
基于多项式核函数的分类报告:

              precision    recall  f1-score   support
           0       1.00      1.00      1.00        12
           1       0.75      0.86      0.80        14
           2       0.80      0.67      0.73        12
    accuracy                           0.84        38
   macro avg       0.85      0.84      0.84        38
weighted avg       0.84      0.84      0.84        38
```

程序运行结果如图 11-11 所示。

基于径向基(高斯)核函数的分类报告:

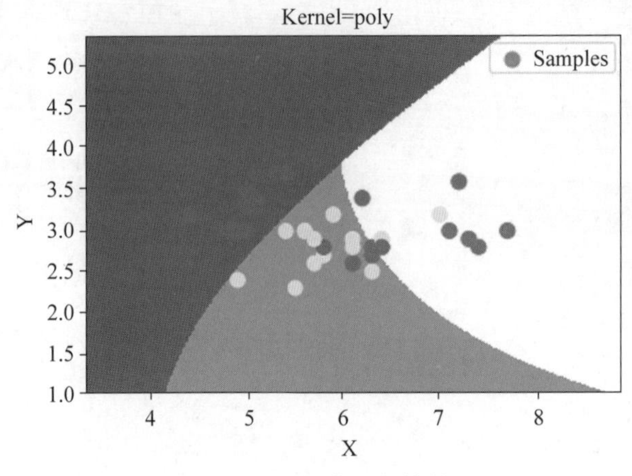

图 11-11　程序运行结果

```
              precision    recall  f1-score   support
           0       1.00      1.00      1.00        12
           1       0.86      0.86      0.86        14
           2       0.83      0.83      0.83        12
    accuracy                           0.89        38
   macro avg       0.90      0.90      0.90        38
weighted avg       0.89      0.89      0.89        38
```

程序运行结果如图 11-12 所示。

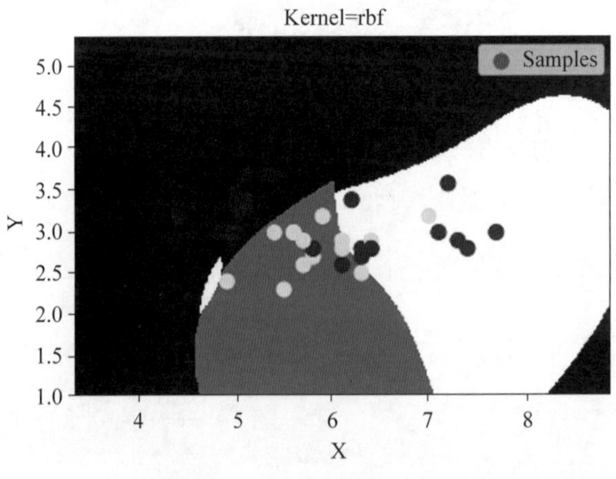

图 11-12　程序运行结果

11.8　垃圾邮件分类

朴素贝叶斯算法在垃圾邮件过滤中,应用极其广泛,下面采用朴素贝叶斯定理和 Sklearn 的函数两种方法实现。

11.8.1　朴素贝叶斯定理实现

【例 11-10】　朴素贝叶斯实现垃圾邮件分类。

语料 testSet.txt 的内容如图 11-13 所示。

```
testSet.txt - 记事本
文件(F) 编辑(E) 格式(O) 查看(V) 帮助(H)
0 i want you
1 fuck you
0 i want to go shopping
1 you are sillyb
0 i eat a lot of food
0 my university is UPC and ECNU
0 my professor is gaoming
0 i am learning data mining and machine
0 i think i need to buy some pen
1 you are shit fucking
0 haha haha haha
0 will you merry me:
1 fuck u dog sillyb
1 you are stupid
1 fuck stupid dog
1 fuck mother
1 fuck father dick
1 shit fuck bitch penis dick
0 welcome
```

图 11-13　文本内容

```
#coding=UTF-8
from numpy import *
import matplotlib.pyplot as plt
import time
import math
import re

def loadTrainDataSet():                                    #读取训练集
    fileIn =open('d:\\testSet.txt')
    postingList=[]                                         #邮件表,二维数组
    classVec=[]
    i=0
    for line in fileIn.readlines():
          lineArr =line.strip().split()
          temp=[]
          for i in range(len(lineArr)):
              if i==0:
                  classVec.append(int(lineArr[i]))
              else:
                  temp.append(lineArr[i])
          postingList.append(temp)
          i=i+1
```

```
    return postingList,classVec

def createVocabList(dataSet):                            #创建词典
    vocabSet = set([])                                   #定义 list 型的集合
    for document in dataSet:
        vocabSet = vocabSet | set(document)
    return list(vocabSet)

def setOfWords2Vec(vocabList,inputSet):                  #每一个训练样本的特征向量
    returnVec=[0] * len(vocabList)
    for word in inputSet:
        if word in vocabList:
            returnVec[vocabList.index(word)] =1
        else:
            pass
            #print("\'%s\' 不存在于词典中"%word)
    return returnVec

def createTrainMatrix(vocabList,postingList):            #生成训练矩阵
    trainMatrix=[]
    for i in range(len(postingList)):
        curVec= setOfWords2Vec(vocabList,postingList[i])
        trainMatrix.append(curVec)
    return trainMatrix

def trainNB0(trainMatrix,trainCategory):
    numTrainDocs = len(trainMatrix)                      #样本数量
    numWords = len(trainMatrix[0])                       #样本特征数
    pAbusive = sum(trainCategory)/float(numTrainDocs)#p(y=1)
    #分子赋值为 1,分母赋值为 2(拉普拉斯平滑)
    p0Num=ones(numWords);                 #初始化向量,代表所有 0 类样本中词 j 出现次数
    p1Num=ones(numWords);                 #初始化向量,代表所有 1 类样本中词 j 出现次数
    p0Denom=p1Denom=2.0                                  #代表 0 类 1 类样本的总词数
    for i in range(numTrainDocs):
        if trainCategory[i] ==1:
            p1Num+=trainMatrix[i]
            p1Denom+=sum(trainMatrix[i])
        else:
            p0Num+=trainMatrix[i]
            p0Denom+=sum(trainMatrix[i])
    p1Vect =p1Num/p1Denom     #概率向量(p(x0=1|y=1),p(x1=1|y=1),...p(xn=1|y=1))
    p0Vect =p0Num/p0Denom     #概率向量(p(x0=1|y=0),p(x1=1|y=0),...p(xn=1|y=0))
    #取对数,之后的乘法就可以改为加法,防止数值下溢损失精度
    p1Vect=log(p1Vect)
    p0Vect=log(p0Vect)
    return p0Vect,p1Vect,pAbusive
```

```
def classifyNB(vocabList,testEntry,p0Vec,p1Vec,pClass1):     #朴素贝叶斯分类
    #先将输入文本处理成特征向量
    regEx =re.compile('\\W * ')          #正则匹配分隔,以字母数字的任何字符为分隔符
    testArr=regEx.split(testEntry)
    testVec=array(setOfWords2Vec(vocabList,testArr))

    #此处的乘法并非矩阵乘法,而是矩阵相同位置的两个数分别相乘
    #矩阵乘法应当 dot(A,B) 或者 A.dot(B)
    #原式子取对数,因此原本的连乘变为连加
    p1=sum(testVec * p1Vec)+log(pClass1)
    p0=sum(testVec * p0Vec)+log(1.0-pClass1)
    #比较大小
    if p1>p0:
        return 1
    else:
        return 0

#测试方法
def testingNB():
    postingList,classVec=loadTrainDataSet()
    vocabList=createVocabList(postingList)
    trainMatrix=createTrainMatrix(vocabList,postingList)
    p0V,p1V,pAb=trainNB0(trainMatrix,classVec)
    #输入测试文本,单词必须用空格分开
    testEntry=input()
    print('测试文本为: '+testEntry)
    if classifyNB(vocabList,testEntry,p0V,p1V,pAb):
        print("--------侮辱性邮件--------")
    else:
        print("--------正常邮件--------")

testingNB()
```

程序运行结果如下。

```
fuck
测试文本为: fuck
--------侮辱性邮件--------
welcome to my home
测试文本为: welcome to my home
--------正常邮件--------
```

11.8.2　Sklearn 朴素贝叶斯实现

【例 11-11】 Sklearn 朴素贝叶斯实现垃圾邮件分类。

语料垃圾邮件数据 spam.csv 百度链接:

```
https://pan.baidu.com/s/1ncgjQe_FQMiRgL5aSu00Uw
提取码: k9po
```

下载后,保存到 D:\spam.csv。

代码如下。

```
from sklearn.feature_extraction.text import CountVectorizer
from sklearn.model_selection import train_test_split
import pandas as pd

#步骤 1. 读取数据
spam_file =r"d:\\spam.csv"
to_drop=['Unnamed: 2','Unnamed: 3','Unnamed: 4']
df =pd.read_csv(spam_file, engine='python')
df.drop(columns=to_drop,inplace=True)
df['encoded_label']=df.v1.map({'spam':0,'ham':1})
print(df.head())
#步骤 2. 语料数据划分训练集和测试集
train_data, test_data, train_label, test_label =train_test_split(
    df.v2,df.encoded_label,test_size=0.7,random_state=0)
    #df.v2是邮件内容,df.v1是邮件标签(ham 和 spam)

#步骤 3. 进行无量纲化,使用 CountVectorizer 将句子转换为向量
c_v =CountVectorizer(decode_error='ignore')
train_data =c_v.fit_transform(train_data)
test_data =c_v.transform(test_data)

#plt.matshow(train_data.toarray())
#plt.show()

#步骤 4. 采用朴素贝叶斯算法训练预测
from sklearn import naive_bayes as nb
from sklearn. metrics import accuracy _ score, classification _ report, confusion
_matrix

clf=nb.MultinomialNB()
model=clf.fit(train_data, train_label)

#步骤 5. 模型评估
predicted_label=model.predict(test_data)
print("train score:", clf.score(train_data, train_label))
print("test score:", clf.score(test_data, test_label))
print("Classifier Accuracy:",accuracy_score(test_label, predicted_label))
print ( "Classifier Report: \n", classification _ report (test _ label, predicted _
label))
print("Confusion Matrix:\n",confusion_matrix(test_label, predicted_label))
```

程序运行结果如下。

```
   v1   v2                                                    encoded_label
0  ham  Go until jurong point, crazy.. Available only ...             1
1  ham                      Ok lar... Joking wif u oni...             1
2  spam Free entry in 2 a wkly comp to win FA Cup fina...             0
3  ham  U dun say so early hor... U c already then say...             1
4  ham  Nah I don't think he goes to usf, he lives aro...             1
train score: 0.9934171154997008
test score: 0.9792360933094079
Classifier Accuracy: 0.9792360933094079
Classifier Report:
              precision    recall  f1-score   support
           0       0.97      0.87      0.92       532
           1       0.98      1.00      0.99      3369
    accuracy                           0.98      3901
   macro avg       0.98      0.93      0.95      3901
weighted avg       0.98      0.98      0.98      3901

Confusion Matrix:
[[ 463   69]
 [  12 3357]]
```

第12章

文本聚类

本章首先介绍了文本聚类的相关概念，给出了基于 K-Means 机器学习算法的文本聚类步骤，重点介绍了 K-Means 聚类算法的原理和步骤，主成分分析方法用于数据降维，并介绍了 K-Means 的 ARI 和轮廓系数两个评估指标。最后给出英文文本和中文文本的聚类实例。

12.1 概述

12.1.1 算法原理

文本聚类是指将相似度较大的文档分成一类，通过将自然语言文字信息转换成数学信息，以高维空间点的形式展现出来，通过计算点的距离远近进行聚类，簇内点的距离尽量近，但簇与簇之间的点要尽量远。如图 12-1 所示，以 K、M、N 三个点为聚类的簇心，将结果聚为三类，使得簇内点的距离尽量近，但簇与簇之间的点尽量远。

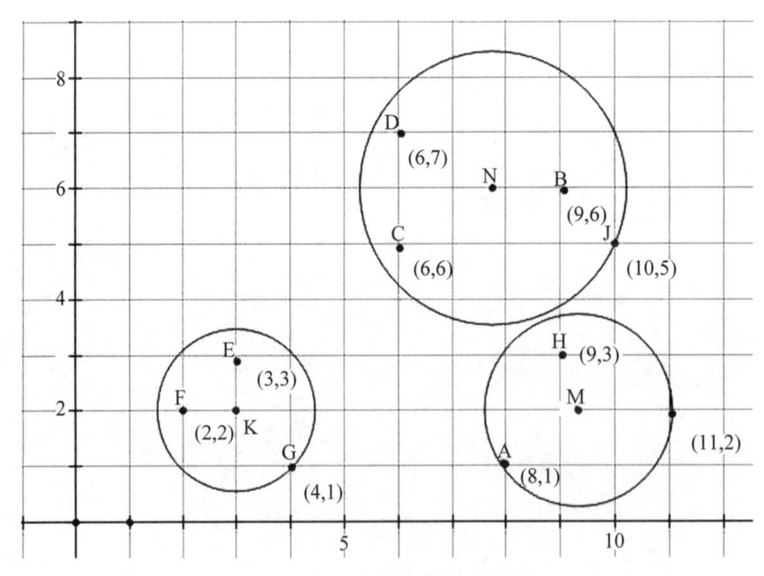

图 12-1 文本聚类示意图

文本聚类的整个过程具有分词处理、词频统计、停止词过滤、特征项选取、聚类算法、聚类评估等步骤，如图 12-2 所示。

12.1.2　流程

文本聚类的过程主要有如下步骤。

步骤 1：语料清洗。通过 Pandas 等进行数据处理，采用 Matplotlib 进行数据可视化。

步骤 2：特征工程。由于文本是非结构化数据，需要将向量空间模型转化成结构化形式，进行独热编码。

步骤 3：分词处理。采用 jieba 等分词库对文本进行分词，采用停止词过滤无用信息。

步骤 4：聚类算法。采用 K-Means 算法进行聚类，由于数据高维聚类效果较差，因此需采用主成分分析进行降维处理。

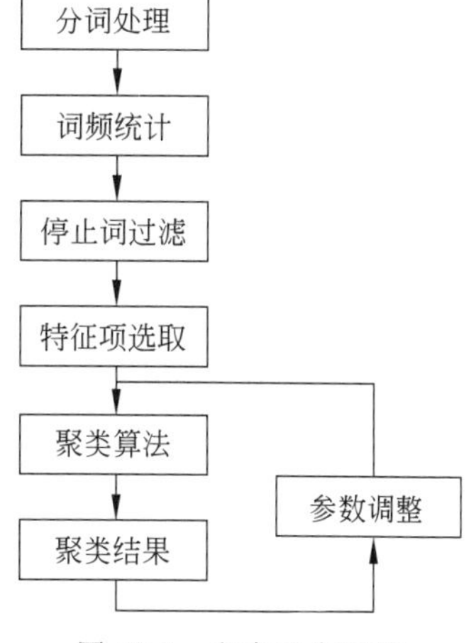

图 12-2　文本聚类过程

步骤 5：聚类评估。通过计算 ARI、轮廓系数等，进行聚类效果的评估。

12.2　K-Means 算法

12.2.1　算法原理

K 均值聚类算法（K-Means）由 Stuart Lloyd 于 1957 年提出，是一种迭代求解的聚类分析算法。K-Means 通过样本之间的距离的均值，把相似度高的样本聚成一簇，形成不同的类别。该算法最大的特点是简单，便于理解，运算速度快，但是只能应用于连续型数据，并且必须在聚类前指定分类数。

实现 K-Means 聚类算法的步骤如下。

步骤 1：确定最终聚类数，给出 K 值。

步骤 2：随机选定 K 个值，计算每一个样本到 K 个值的距离，将样本点归到最相似的类中，分成 K 个簇，产生"质心"——簇中所有数据的均值。

步骤 3：反复计算 K 个簇的质心，直到质心不再改变，最终确定每个样本所属的类别以及每个类的质心。

12.2.2　数学理论实现

K-Means 算法运行过程如图 12-3 所示。

k-means 算法运行步骤如下所示。

步骤 1：初始数据集如图 12-3(a)所示，确定 k=2。

步骤 2：随机选择两个点作为质心——圆点和叉号，如图 12-3(b)所示。

步骤 3：计算样本与圆点质心和叉号质心的距离，标记每个样本的类别，如图 12-3(c)所示。

步骤 4：反复迭代，标记圆点和叉号各自新的质心，如图 12-3(d)所示。

步骤 5：直到质心不再改变，最终得到两个类别，如图 12-3(e)所示。

算法流程如图 12-4 所示。

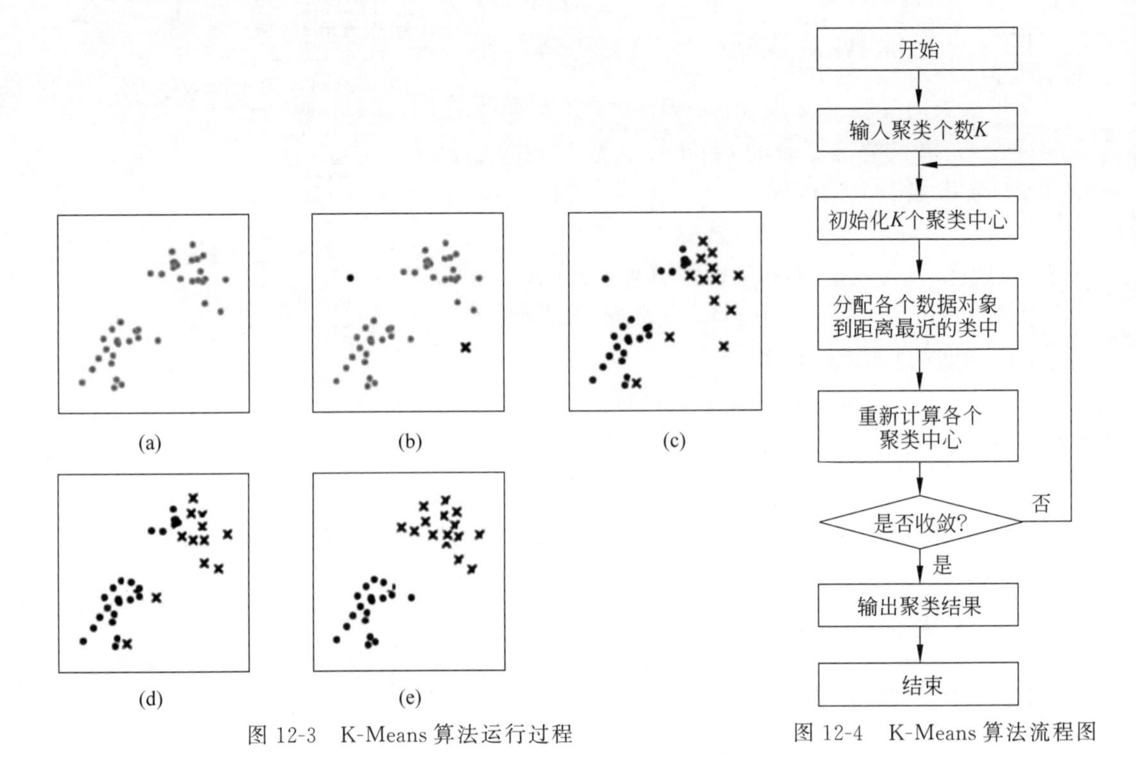

图 12-3 K-Means 算法运行过程

图 12-4 K-Means 算法流程图

【例 12-1】 K-Means 实现过程。

平面上分别有 O1、O2、O3、O4、O5 5 个点。其坐标点 x 值与 y 值如表 12-1 所示。

表 12-1 平面上 5 个坐标点

坐标点	x	y
O1	0	2
O2	0	0
O3	1.5	0
O4	5	0
O5	5	2

设定聚类 $K=2$，即类别分别为 C1 和 C2，其计算步骤如下。

步骤 1：随意选择两个点为簇中心，不妨选择 O1(0,2)和 O2(0,0)为中心，M1＝O1，M2＝O2。

步骤 2：计算每个点与簇中心的距离，将其赋给最近的簇。

对于 O3：

$$\begin{cases} d(\text{M1},\text{O3}) = \sqrt{(0-1.5)^2 + (2-0)^2} = 2.5 \\ d(\text{M1},\text{O3}) = \sqrt{(0-1.5)^2 + (0-0)^2} = 1.5 \end{cases}$$

$d(\text{M2},\text{O3}) \leqslant d(\text{M1},\text{O3})$，故将 O3 分配给 C2。

对于 O4：

$$\begin{cases} d(\text{M1},\text{O4}) = \sqrt{(0-5)^2 + (2-0)^2} = \sqrt{29} \\ d(\text{M2},\text{O4}) = \sqrt{(0-5)^2 + (0-0)^2} = 5 \end{cases}$$

$d(\text{M2},\text{O4}) \leqslant d(\text{M1},\text{O4})$，故将 O4 分配给 C2。

对于 O5：

$$\begin{cases} d(\text{M1},\text{O5}) = \sqrt{(0-5)^2 + (2-2)^2} = 5 \\ d(\text{M2},\text{O5}) = \sqrt{(0-5)^2 + (0-2)^2} = \sqrt{29} \end{cases}$$

$d(\text{M1},\text{O5}) \leqslant d(\text{M2},\text{O5})$，故将 O5 分配给 C1。

得到新簇 C1={O1,O5}和 C2={O2,O3,O4}。

步骤 3：计算新的簇中心。

$$\text{M1} = ((0+5)/2,\quad (2+2)/2) = (2.5, 2)$$

$$\text{M2} = ((0+1.5+5)/3,\quad (0+0+0)/3) = (2.17\ , 0)$$

计算每个点与新簇中心的距离，将其赋给最近的簇，重复步骤 2 和步骤 3。

对于 O3：

$$\begin{cases} d(\text{M1},\text{O3}) = \sqrt{(2.5-1.5)^2 + (2-0)^2} = \sqrt{5} \\ d(\text{M2},\text{O3}) = \sqrt{(2.17-1.5)^2 + (0-0)^2} = \sqrt{0.4489} \end{cases}$$

$d(\text{M2},\text{O3}) \leqslant d(\text{M1},\text{O3})$，故将 O3 分配给 C2。

以此类推……

由于迭代的簇中心不变，聚类为 C1={O1,O5}和 C2={O2,O3,O4}。

12.2.3 Python 实现

【例 12-2】 Python 实现 K-Means 算法举例。

```
import numpy as np
import matplotlib.pyplot as plt
import random
def get_distance(p1, p2):
    diff =[x-y for x, y in zip(p1, p2)]
    distance =np.sqrt(sum(map(lambda x: x* *2, diff)))
    return distance
#计算多个点的中心
#cluster =[[1,2,3], [-2,1,2], [9, 0 ,4], [2,10,4]]
def calc_center_point(cluster):
    N =len(cluster)
    m =np.matrix(cluster).transpose().tolist()
```

```
    center_point =[sum(x)/N for x in m]
    return center_point
#检查两个点是否有差别
def check_center_diff(center, new_center):
    n =len(center)
    for c, nc in zip(center, new_center):
        if c !=nc:
            return False
    return True

#K-Means 算法的实现
def K_means(points, center_points):
    N =len(points)                                    #样本个数
    n =len(points[0])                                 #单个样本的维度
    k =len(center_points)                             #k 值大小
    tot =0
    while True:                                       #迭代
        temp_center_points =[]                        #记录中心点
        clusters =[]                                  #记录聚类的结果
        for c in range(0, k):
            clusters.append([])                       #初始化
        #针对每个点,寻找距离其最近的中心点(寻找组织)
        for i, data in enumerate(points):
            distances =[]
            for center_point in center_points:
                distances.append(get_distance(data, center_point))
            index = distances.index(min(distances))   #找到最小距离的那个中心点的索引
            clusters[index].append(data)             #中心点代表的簇,里面增加一个样本
        tot +=1
        print(tot, '次迭代   ', clusters)
        k =len(clusters)
        colors =['r.', 'g.', 'b.', 'k.', 'y.']        #颜色和点的样式
        for i, cluster in enumerate(clusters):
            data =np.array(cluster)
            data_x =[x[0] for x in data]
            data_y =[x[1] for x in data]
            plt.subplot(2, 3, tot)
            plt.plot(data_x, data_y, colors[i])
            plt.axis([0, 1000, 0, 1000])
        #重新计算中心点
        for cluster in clusters:
            temp_center_points.append(calc_center_point(cluster))
        #在计算中心点的时候,需要将原来的中心点算进去
```

```
        for j in range(0, k):
            if len(clusters[j]) ==0:
                temp_center_points[j] =center_points[j]
        #判断中心点是否发生变化
        for c, nc in zip(center_points, temp_center_points):
            if not check_center_diff(c, nc):
                center_points =temp_center_points[:]  #复制一份
                break
        else:                                              #如果没有变化,退出迭代,聚类结束
            break
    plt.show()
    return clusters                                        #返回聚类的结果
#随机获取一个样本集,用于测试 K-Means 算法
def get_test_data():
      N =1000
      #产生点的区域
      area_1 =[0, N / 4, N / 4, N / 2]
      area_2 =[N / 2, 3 * N / 4, 0, N / 4]
      area_3 =[N / 4, N / 2, N / 2, 3 * N / 4]
      area_4 =[3 * N / 4, N, 3 * N / 4, N]
      area_5 =[3 * N / 4, N, N / 4, N / 2]
      areas =[area_1, area_2, area_3, area_4, area_5]
      k =len(areas)
      #在各个区域内随机产生一些点
      points =[]
      for area in areas:
          rnd_num_of_points =random.randint(50, 200)
          for r in range(0, rnd_num_of_points):
              rnd_add =random.randint(0, 100)
              rnd_x =random.randint(area[0] +rnd_add, area[1] -rnd_add)
              rnd_y =random.randint(area[2], area[3] -rnd_add)
              points.append([rnd_x, rnd_y])
      #自定义中心点,目标聚类个数为 5,因此选定 5 个中心点
      center_points =[[0, 250], [500, 500], [500, 250], [500, 250], [500, 750]]
      return points, center_points
if __name__ =='__main__':
      points, center_points =get_test_data()
      clusters =K_means(points, center_points)
    #print('#######最终结果##########')
    #for i, cluster in enumerate(clusters):
        #print('cluster ', i, ' ', cluster)
```

运行结果如图 12-5 所示。

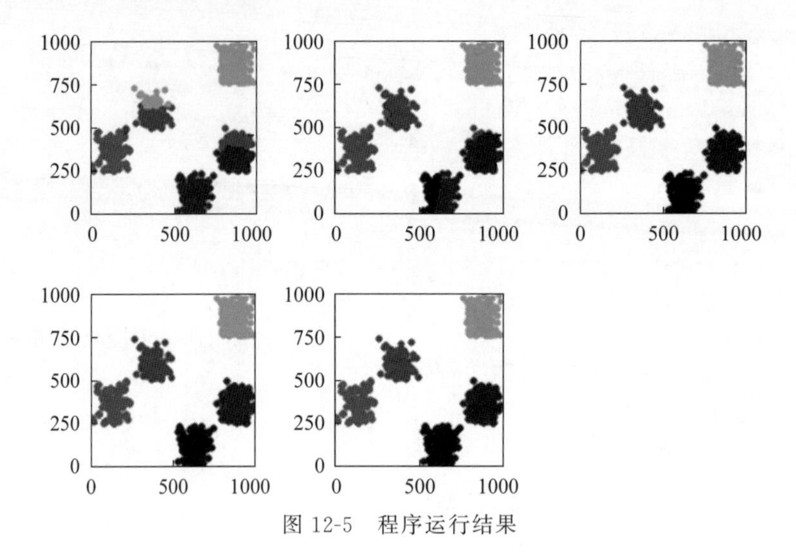

图 12-5 程序运行结果

12.3 主成分分析

12.3.1 算法原理

在多变量的问题中,变量之间往往存在信息重叠,通过正交变换将相关性转换为线性不相关,转换后的变量称为主成分。主成分分析(Principal Component Analysis,PCA)是找出数据中最主要的特征代替原有数据,保持原有数据的方差信息,通常用于高维数据的降维、数据压缩和预处理。

PCA 具有如下优点。

(1) 仅以方差衡量信息量。

(2) 各主成分之间正交,可消除原始数据成分间相互影响的因素。

(3) 计算方法简单,主要运算是特征值分解,易于实现。

PCA 算法的主要缺点如下。

(1) 主成分各个特征维度的含义具有一定的模糊性。

(2) 非主成分也可能含有对样本差异的重要信息。

12.3.2 components 参数

Sklearn 提供 decomposition.PCA 用于主成分分析,具体语法如下。

```
PCA(n_components=n)
```

参数如下。

n_components 参数取值有小数和整数之分。小数表示保留百分之多少的信息。整数表示减少到多少特征。

【例 12-3】 n_components 举例。

```
import numpy as np
```

```
import matplotlib.pyplot as plt
from mpl_toolkits.mplot3d import Axes3D
from sklearn.datasets.samples_generator import make_blobs
        #make_blobs：多类单标签数据集,为每个类分配一个或多个正态分布的点集
        #X为样本特征,y为样本簇类别,共1000个样本,每个样本3个特征,共4个簇
    X, y =make_blobs(n_samples=10000, n_features=3, centers=[[3,3,3],[0,0,0],
[1,1,1], [2,2,2]], cluster_std=[0.2, 0.1, 0.2, 0.2], random_state =9)
fig =plt.figure()
ax =Axes3D(fig, rect=[0, 0, 1, 1], elev=30, azim=20)
plt.scatter(X[:, 0], X[:, 1], X[:, 2],marker='o')
```

程序运行结果如下。

```
scale =np.sqrt(self._sizes) * dpi / 72.0 * self._factor
```

程序运行结果如图12-6所示。

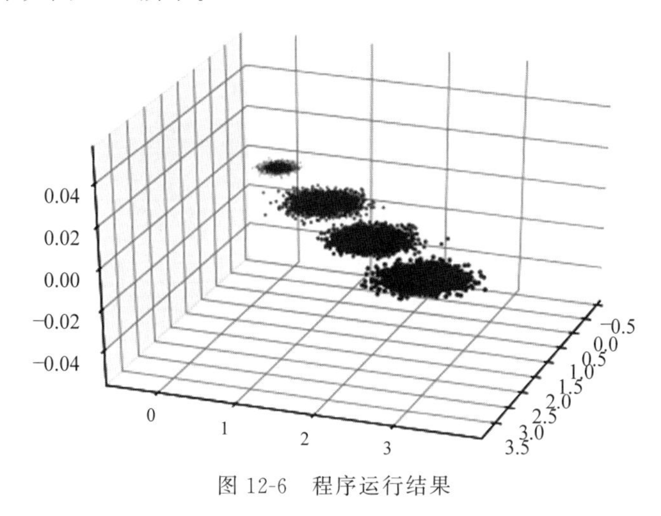

图12-6　程序运行结果

```
from sklearn.decomposition import PCA
pca =PCA(n_components=3)
pca.fit(X)
print(pca.explained_variance_ratio_)
print(pca.explained_variance_)
```

程序运行结果如下。

```
[0.98318212  0.00850037  0.00831751]
[3.78521638  0.03272613  0.03202212]
```

投影后三个特征维度的方差为98.3%,0.85%,0.83%,第一个特征占了绝大多数比例。下面采用主成分分析进行特征降维,对n_components取值分为如下两种情况。

情况一：n_components取整数。

#从三维降到二维,选择前两个特征,而抛弃第三个特征。

```
from sklearn.decomposition import PCA
```

```
pca =PCA(n_components=2)                                    #减少到两个特征
pca.fit(X)
print(pca.explained_variance_ratio_)
print(pca.explained_variance_)
X_new =pca.transform(X)
plt.scatter(X_new[:, 0], X_new[:, 1],marker='o')            #将转换后的数据分布可视化
plt.show()
```

程序运行结果如下。

```
[0.98318212    0.00850037]
[3.78521638    0.03272613]
```

程序运行结果如图 12-7 所示。

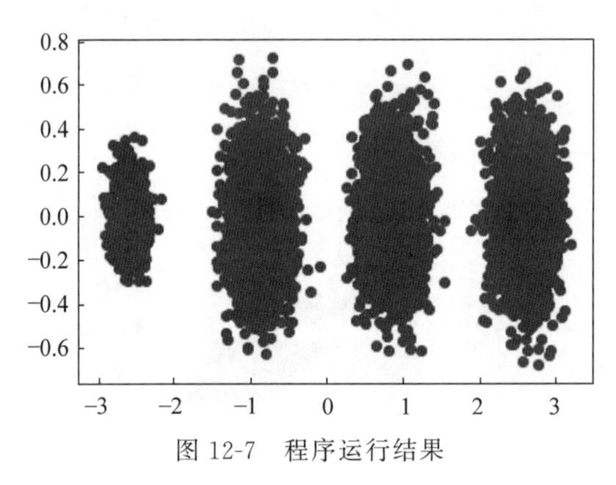

图 12-7 程序运行结果

情况二：n_components 取小数。
#保存 95%的信息。

```
pca =PCA(n_components=0.95)                                 #保留 95%的信息
pca.fit(X)
print(pca.explained_variance_ratio_)
print(pca.explained_variance_)
print(pca.n_components_)
```

当指定了主成分至少占 95%时，程序运行结果如下。

```
[0.98318212]
[3.78521638]
1
```

只有第一个投影特征被保留。这是由于第一个主成分占投影特征的方差比例高达 98%，只选择这一个特征维度便可以满足 95%的阈值。

12.3.3 对鸢尾花数据降维

【例 12-4】 使用 Sklearn 实现对鸢尾花数据降维，将原先四维特征数据降维为二维。

```
import matplotlib.pyplot as plt
```

```
from sklearn.decomposition import PCA
from sklearn import datasets
iris =datasets.load_iris()
x =iris.data
y =iris.target
print(x)

#加载 PCA 算法,设置降维后主成分数目为 2
pca =PCA(n_components=2)
reduced_x=pca.fit_transform(x)
print(reduced_x)

red_x,red_y=[],[]
blue_x,blue_y =[],[]
green_x,green_y=[],[]
for i in range(len(reduced_x)):
    if y[i] ==0:
        red_x.append(reduced_x[i][0])
        red_y.append(reduced_x[i][1])
    elif y[i] ==1:
        blue_x.append(reduced_x[i][0])
        blue_y.append(reduced_x[i][1])
    else:
        green_x.append(reduced_x[i][0])
        green_y.append(reduced_x[i][1])
plt.scatter(red_x,red_y,c='r',marker ='x')
plt.scatter(blue_x,blue_y,c='b',marker ='D')
plt.scatter(green_x,green_y,c='g',marker ='.')
plt.show()
```

程序运行结果如下。

```
[[5.1 3.5 1.4 0.2]
 [4.9 3.  1.4 0.2]
 [4.7 3.2 1.3 0.2]
 [4.6 3.1 1.5 0.2]
 [5.  3.6 1.4 0.2]
 [5.4 3.9 1.7 0.4]
 [4.6 3.4 1.4 0.3]
[[-2.68412563 0.31939725]
 [-2.71414169 -0.17700123]
 [-2.88899057 -0.14494943]
 [-2.74534286 -0.31829898]
 [-2.72871654  0.32675451]
 [-2.28085963  0.74133045]
 [-2.82053775 -0.08946138]
```

程序运行结果如图 12-8 所示。

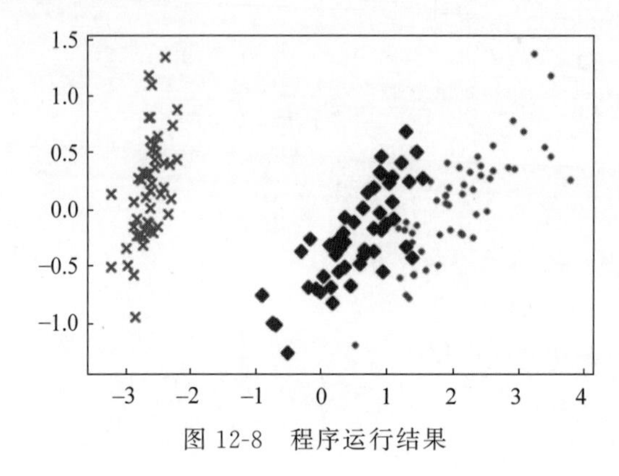

图 12-8 程序运行结果

12.4 K-Means 评估指标

Sklearn 提供调整兰德系数和轮廓系数用于评价 K-Means 的性能，确定最佳 K 值。

12.4.1 调整兰德系数

当数据具有所属类别，采用调整兰德系数（Adjusted Rand Index，ARI）指标来评价 K-Means 的性能。ARI 取值范围为[－1,1]，值越大意味着聚类结果与真实情况越吻合。

Sklearn 提供了 adjusted_rand_score()函数计算 ARI。

```
adjusted_rand_score (y_test,y_pred)
```

参数如下。

- y_true：真实值。
- y_pred：预测值。

【例 12-5】 ARI 举例。

```
from sklearn.metrics import adjusted_rand_score
y_true =[3, -0.5, 2, 7]
y_pred =[2.5, 0.0, 2, 8]
print(adjusted_rand_score (y_true, y_pred))
```

程序运行结果如下。

```
1.0
```

12.4.2 轮廓系数

当数据没有所属类别时，使用轮廓系数(Silhouette Coefficient)度量聚类效果。轮廓系数兼顾聚类的凝聚度和分离度，取值范围为[－1,1]，数值越大，聚类效果越好。

对于任意点 i 的轮廓系数，数学公式如下。

$$S(i)=\frac{b(i)-a(i)}{\max\{a(i),b(i)\}}$$

参数如下。

$a(i)$是指点 i 到所有簇内其他点的距离的平均值。

$b(i)$是指点 i 到与相邻最近的一簇内的所有点的平均距离的最小值。

计算轮廓系数的具体步骤如下。

步骤 1：对于已聚类数据中的第 i 个样本 $X(i)$，计算 $X(i)$与其同一个类簇中的所有其他样本距离的平均值，记作 $a(i)$，用于量化簇内的凝聚度。

步骤 2：选取 $X(i)$外的一个簇 b，计算 $X(i)$与簇 b 中所有样本的平均距离，遍历所有其他簇，找到最近平均距离的那个簇，记作 $b(i)$，用于量化簇间的分离度。

步骤 3：对于样本 $X(i)$，计算轮廓系数 $S(i)$。

由轮廓系数 $S(i)$的计算公式可知，如果 $S(i)$小于 0，说明 $X(i)$与其簇内元素的平均距离大于最近的其他簇，表示簇类效果不好；如果 $a(i)$趋于 0，或者 $b(i)$足够大，那么 $S(i)$趋近 1，说明聚类效果比较好。

Sklearn 提供了 silhouette_score()计算所有点的平均轮廓系数，函数如下。

```
silhouette_score(X, labels)
```

参数如下。

- X：特征值。
- labels：被聚类标记的目标值。

【例 12-6】 轮廓系数。

```
#生成数据模块
from sklearn.datasets import make_blobs
#K-Means 模块
from sklearn.cluster import KMeans
#评估指标——轮廓系数,前者为所有点的平均轮廓系数,后者返回每个点的轮廓系数
from sklearn.metrics import silhouette_score, silhouette_samples
import numpy as np
import matplotlib.pyplot as plt
#生成数据
x_true, y_true =make_blobs(n_samples=600 , n_features=2, centers=4, random_state
=1)

#绘制出所生成的数据
plt.figure(figsize=(6, 6))
plt.scatter(x_true[:, 0], x_true[:, 1], c=y_true, s=10)
plt.title("Origin data")
plt.show()

#根据不同的 n_centers 进行聚类
n_clusters =[x for x in range(3, 6)]
for i in range(len(n_clusters)):
```

```
#实例化 K-Means 分类器
clf =KMeans(n_clusters=n_clusters[i])
y_predict =clf.fit_predict(x_true)

#绘制分类结果
plt.figure(figsize=(6, 6))
plt.scatter(x_true[:, 0], x_true[:, 1], c=y_predict, s=10)
plt.title("n_clusters={}".format(n_clusters[i]))
ex =0.5
step =0.01
xx, yy =np.meshgrid(np.arange(x_true[:, 0].min() -ex, x_true[:, 0].max() +ex, step),
           np.arange(x_true[:, 1].min() -ex, x_true[:, 1].max() +ex, step))
zz =clf.predict(np.c_[xx.ravel(), yy.ravel()])
zz.shape =xx.shape

plt.contourf(xx, yy, zz, alpha=0.1)
plt.show()

#打印平均轮廓系数
s =silhouette_score(x_true, y_predict)
print("当聚类数是{}\n 轮廓系数是 {}".format(n_clusters[i], s))

#silhouette_samples()返回每个点的轮廓系数,计算轮廓系数为正的点的个数
n_s_bigger_than_zero =(silhouette_samples(x_true, y_predict) >0).sum()
print("{}/{}\n".format(n_s_bigger_than_zero, x_true.shape[0]))
```

运行结果如图 12-9～图 12-12 所示。

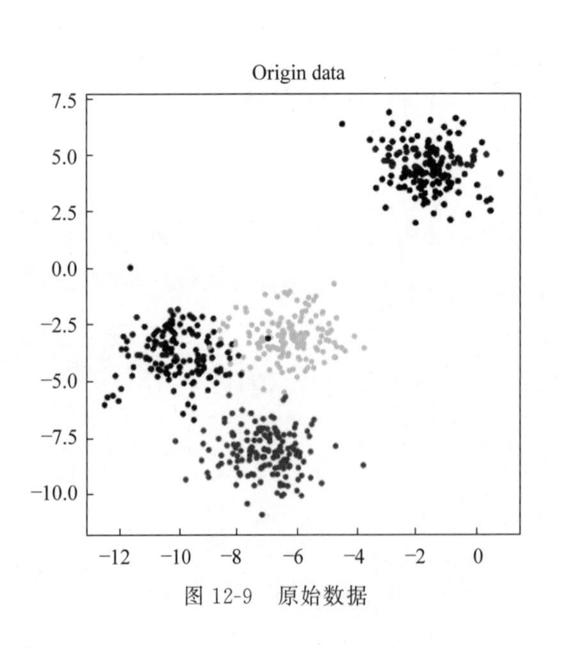

图 12-9　原始数据

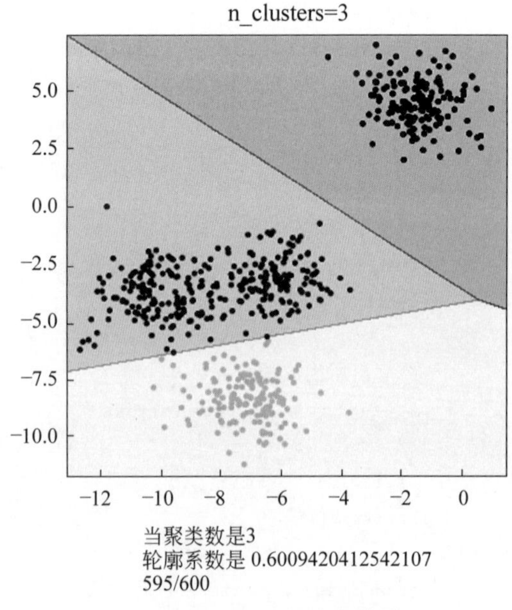

图 12-10　$K=3$ 的聚类效果

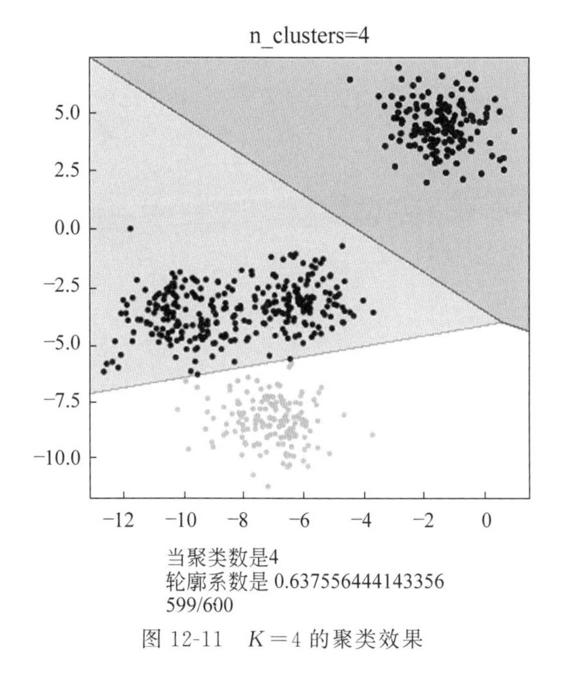

图 12-11　$K=4$ 的聚类效果

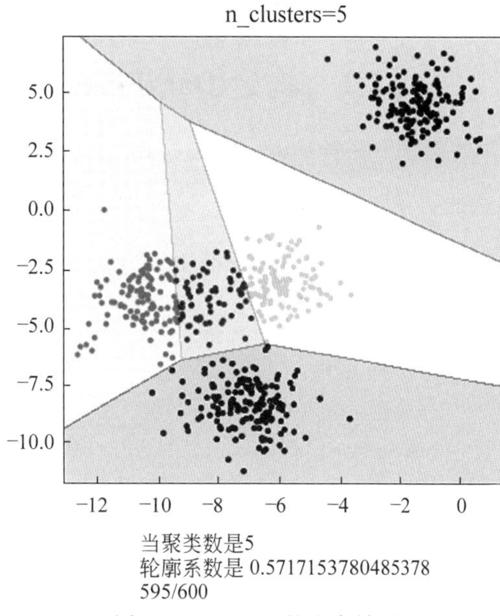

图 12-12　$K=5$ 的聚类效果

12.5　K-Means 英文文本聚类

【例 12-7】　K-Means 英文文本聚类。

采用 K-Means 进行英文文本聚类步骤如下。

第一步：使用 Pandas 的 DataFrame 进行数据格式化。

第二步：使用 NLTK 的语料库对英文文本进行分词和去除停止词。

第三步：使用 np.vectorizer 进行向量化处理。

第四步：使用 Tfidfvectorizer 构造词袋模型。

第五步：使用 cosine_similarity 计算余弦相似度，构造相关性矩阵。

第六步：使用 K-Means 算法进行聚类操作。

代码如下。

```
import pandas as pd
import numpy as np
import re                                                    #正则表达式
import nltk
corpus =['The sky is blue and beautiful.',
        'Love this blue and beautiful sky!',
          'The quick brown fox jumps over the lazy dog.',
          'The brown fox is quick and the blue dog is lazy!',
          'The sky is very blue and the sky is very beautiful today',
          'The dog is lazy but the brown fox is quick!'
]
```

```
labels =['weather', 'weather', 'animals', 'animals', 'weather', 'animals']
```

12.5.1 构建 DataFrame 数据

```
corpus =np.array(corpus)
corpus_df =pd.DataFrame({'Document': corpus, 'categoray': labels})
```

12.5.2 进行分词和停止词去除

```
#载入英文的停止词表
stopwords =nltk.corpus.stopwords.words('english')
#建立词分隔模型
cut_model =nltk.WordPunctTokenizer()
#定义分词和停用词去除的函数
def Normalize_corpus(doc):
    #去除字符串中结尾的标点符号
    doc =re.sub(r'[^a-zA-Z0-9\s]', '', string=doc)
    #字符串变小写格式
    doc =doc.lower()
    #去除字符串两边的空格
    doc =doc.strip()
    #进行分词操作
    tokens =cut_model.tokenize(doc)
    #使用停止用词表去除停止词
    doc =[token for token in tokens if token not in stopwords]
    #将去除停止词后的字符串使用' '连接,为接下来的词袋模型做准备
    doc =' '.join(doc)
    return doc
```

12.5.3 向量化

```
Normalize_corpus =np.vectorize(Normalize_corpus)
#调用函数进行分词和去除停止词
corpus_norm =Normalize_corpus(corpus)
```

12.5.4 TF-IDF 模型

```
from sklearn.feature_extraction.text import TfidfVectorizer
Tf =TfidfVectorizer(use_idf=True)
Tf.fit(corpus_norm)
vocs =Tf.get_feature_names()
corpus_array =Tf.transform(corpus_norm).toarray()
corpus_norm_df =pd.DataFrame(corpus_array, columns=vocs)
#print(corpus_norm_df)
```

12.5.5　计算余弦相似度

```
#使用 cosine_similarity()计算余弦相似度,构造相关性矩阵
from sklearn.metrics.pairwise import cosine_similarity
similarity_matrix =cosine_similarity(corpus_array)
similarity_matrix_df =pd.DataFrame(similarity_matrix)
```

12.5.6　K-Means 聚类

```
from sklearn.cluster import KMeans
model =KMeans(n_clusters=2)                              #聚类为 2
model.fit(np.array(similarity_matrix))
print(model.labels_)
corpus_norm_df['k_labels'] =np.array(model.labels_)
print(corpus_norm_df)
```

程序运行结果如下。

```
[1 1 0 0 1 0]
   beautiful     blue     brown       dog       fox     jumps      lazy   \
0   0.604749  0.518224  0.000000  0.000000  0.000000  0.000000  0.000000
1   0.455454  0.390289  0.000000  0.000000  0.000000  0.000000  0.000000
2   0.000000  0.000000  0.375653  0.375653  0.375653  0.542607  0.375653
3   0.000000  0.357850  0.417599  0.417599  0.417599  0.000000  0.417599
4   0.357583  0.306421  0.000000  0.000000  0.000000  0.000000  0.000000
5   0.000000  0.000000  0.447214  0.447214  0.447214  0.000000  0.447214

        love     quick       sky     today   k_labels
 0   0.000000  0.000000  0.604749  0.000000       1
 1   0.657873  0.000000  0.455454  0.000000       1
 2   0.000000  0.375653  0.000000  0.000000       0
 3   0.000000  0.417599  0.000000  0.000000       0
 4   0.000000  0.000000  0.715166  0.516505       1
 5   0.000000  0.447214  0.000000  0.000000       0
```

12.6　K-Means 中文文本聚类

12.6.1　程序流程

【例 12-8】“搜狗新闻语料库”具有 15 个类别,本例只取出语料库中前两类 4000 条数据作为聚类样本,保存在 sohu_train.txt 数据集中,聚成两类。采用 K-Means 进行中文文本聚类步骤如下。

步骤 1:语料加载。

步骤 2:进行分词、去停止词。

步骤 3:采用 TF-IDF 抽取词向量特征。

步骤 4：采用奇异值分解(SVD)进行降维。

步骤 5：进行 K-Means 聚类。

12.6.2 程序文件

本例包括 clustering.py、cutWords_list.txt、sohu_train.txt、stopwords.txt 文件，保存在 D:\kmeans 目录下，如图 12-13 所示。

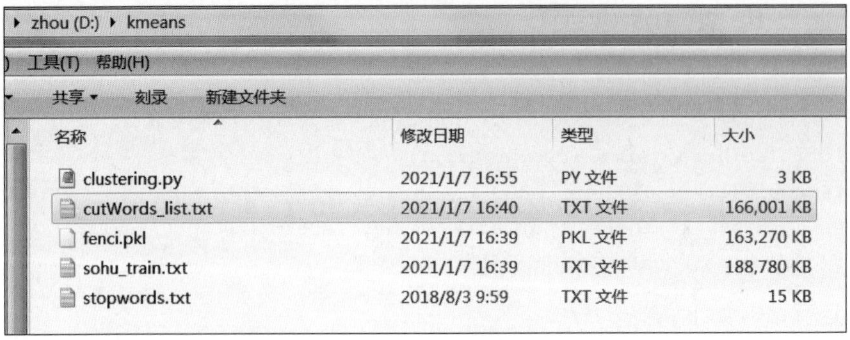

▸ zhou (D:) ▸ kmeans

工具(T) 帮助(H)

共享 ▾ 刻录 新建文件夹

名称	修改日期	类型	大小
clustering.py	2021/1/7 16:55	PY 文件	3 KB
cutWords_list.txt	2021/1/7 16:40	TXT 文件	166,001 KB
fenci.pkl	2021/1/7 16:39	PKL 文件	163,270 KB
sohu_train.txt	2021/1/7 16:39	TXT 文件	188,780 KB
stopwords.txt	2018/8/3 9:59	TXT 文件	15 KB

图 12-13 文件情况

每个文件说明如下：

sohu_train.txt：聚类原语料库。

cutWords_list.txt：分词后的数据文档。

stopwords.txt：停止词表。

clustering.py：聚类程序。

12.6.3 执行代码

执行 clustering.py 代码内容如下。

```
'''
1.先对语料库进行分词
2.读取语料库分词结果
3.TF-IDF向量化,SVD降维
4.K-Means聚类
'''
#数据加载,加载语料库、停止词、语料库已分词文本
import pandas as pd
import numpy as np
print("读取数据集")
train_df =pd.read_csv('d:\kmeans\sohu_train.txt', sep='\t', header=None)
train_df=train_df[:4000]                    #选取语料库中12类文本中前两类作为聚类语料库
#分词
print('开始分词')
import jieba
import time
```

```
train_df.columns =['label', '文章']
stopword_list =[k.strip() for k in open(' d:\kmeans\stopwords.txt', encoding='
utf8').readlines() if k.strip() !='']
cutWords_list =[]
i =0
startTime =time.time()

for article in train_df['文章']:
    cutWords =[k for k in jieba.cut(article) if k not in stopword_list]
    i +=1
    if i %1000 ==0:
        print('前%d篇文章分词共花费%.2f秒' %(i, time.time()-startTime))
    cutWords_list.append(cutWords)

#读取分词结果
print('读取分词结果')
with open(' d:\kmeans\cutWords_list.txt', encoding='utf8') as file:
    cutWords_list =[k.split() for k in file.readlines()]
with open(' d:\kmeans\stopwords.txt', encoding='utf8') as file:
    stopWord_list =[k.strip() for k in file.readlines()]
#处理分词格式
print('处理分词格式')
out =''
i=0
cutwords_list =[]
for cutWords in cutWords_list[:4000]:  #选取语料库中12类文本中前两类作为聚类语料库
    out =''
    for word in cutWords:
        if word not in stopWord_list:
            out +=word
            out +=" "
    cutwords_list.append(out)
    i =i +1

cutWords_list=cutwords_list

a=cutWords_list
#对分词文本进行TF-IDF向量化
print('对分词文本进行TF-IDF向量化')
from sklearn.feature_extraction.text import TfidfVectorizer
tfidf =TfidfVectorizer(stop_words=stopWord_list, min_df=40, max_df=0.3)
tfidf_model =tfidf.fit(a)                                    #低级失误 train_df[1]
X =tfidf_model.transform(a)
print('词表大小:', len(tfidf.vocabulary_))
print(X.shape)
```

```
sentence_vec_sif=X

#对 TF-IDF 得到的向量矩阵进行压缩,降维(潜在语义分析)
print('对 TF-IDF 得到的向量矩阵进行压缩,降维(潜在语义分析)')
from sklearn.pipeline import Pipeline
from sklearn.preprocessing import Normalizer
from sklearn.decomposition import TruncatedSVD          #奇异值分解(SVD)用于降维
svd =TruncatedSVD(n_components=2000)                    #will extract 10 "topics"
normalizer =Normalizer()                       #will give each document a unit norm
lsa =Pipeline(steps=[('svd', svd), ('normalizer', normalizer)])#先降维,再正则化
lsa_sentences =lsa.fit_transform(sentence_vec_sif)
print(lsa_sentences.shape)
sentence_vec_sif=lsa_sentences

#碎石图用于查看降维为 2000 后信息量损失情况
import matplotlib.pyplot as plt
import numpy as np
plt.plot(np.cumsum(svd.explained_variance_ratio_))
plt.savefig("碎石图.png")

#将 DataFrame 转换为 list,后面打印每一类时用
train_data=np.array(train_df)                           #先将 DataFrame 转换为数组
train_data_list =train_data.tolist()                    #其次转换为列表

print('使用 K-Means 对已降维的文本向量进行聚类')

#使用 K-Means 对已降维的文本向量进行聚类
from sklearn.cluster import KMeans
kmean_model =KMeans(n_clusters=2,init='k-means++',n_init=10,random_state=10)
kmean_model.fit(sentence_vec_sif)
print('打印出每条数据分类后的 label: ',kmean_model.labels_)   #打印出每条数据分类后
                                                             #的 label


from collections import Counter
result =Counter(kmean_model.labels_)
print('统计 label 每一类的个数: ',result)                #统计 label 每一类的个数
```

程序运行结果如下。

```
读取数据集
开始分词
前 1000 篇文章分词共花费 91.40 秒
前 2000 篇文章分词共花费 183.49 秒
前 3000 篇文章分词共花费 381.00 秒
前 4000 篇文章分词共花费 566.69 秒
读取分词结果
```

```
处理分词格式
对分词文本进行 TF-IDF 向量化
C:\ProgramData\Anaconda3\lib\site-packages\sklearn\feature_extraction\text.
py:386: UserWarning: Your stop_words may be inconsistent with your preprocessing.
Tokenizing the stop words generated tokens ['123456789abcedfghijklmnopqrstuvwxyz-
abcdefghijklmnopqrstuvwxyz', 'nbsp'] not in stop_words.
  'stop_words.' % sorted(inconsistent))
词表大小: 7831
(4000, 7831)
对 TF-IDF 得到的向量矩阵进行压缩,降维(潜在语义分析)
(4000, 2000)
使用 K-Means 对已降维的文本向量进行聚类
打印出每条数据分类后的 label: [1 1 1 ... 0 0 0]
统计 label 每一类的个数: Counter({1: 2080, 0: 1920})
```

程序分析如下：

数据有 4000 个样本，使用 K-Means 算法聚为两类。其中，2080 个为一类，另一类有 1920 个样本。数据最初有 7831 个特征，降维后是 2000 个特征。如图 12-14 所示，碎石图显示出维度数量与误差性关系的图表，当特征为 2000 维时，信息保留为 98%左右，符合降维要求。

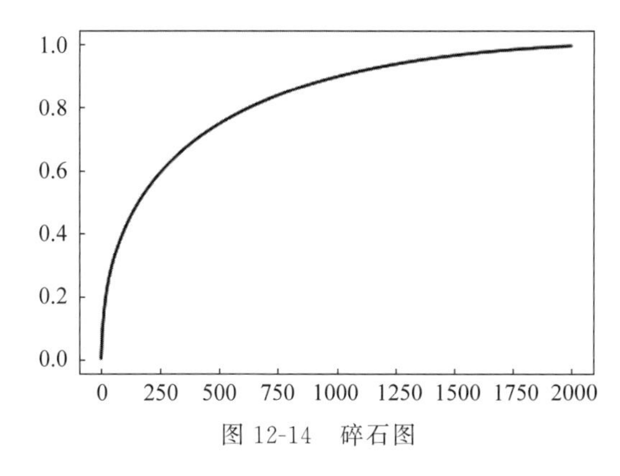

图 12-14 碎石图

第 13 章

评 价 指 标

指标评价

信息分类的评价指标一般有以下几个：混淆矩阵、准确率、精准率、召回率、F1 Score 值、ROC 曲线、AUC 面积和分类评估报告。本章重点介绍了 Sklearn 的分类评价指标的函数和方法。讲解了中文分词的指标以及未登录词和登录词召回率。

13.1 Sklearn 中的评价指标

评价模型的合理性、有效性，不同的机器学习任务有不同的评价指标，同一任务有时也会因为侧重点的不同具有不同的评价指标。sklearn.metrics 模型评价指标有混淆矩阵、准确率、召回率、F1 Score、ROC 曲线和 AUC 面积等，如表 13-1 所示。

表 13-1 分类问题的评价指标

术　语	Sklearn 函数	术　语	Sklearn 函数
混淆矩阵	confusion_matrix	ROC 曲线	roc_curve
准确率	accuracy_score	AUC 面积	roc_auc_score
召回率	recall_score	分类评估报告	classification_report
F1 Score	f1_score		

13.2 混淆矩阵

13.2.1 认识混淆矩阵

混淆矩阵又称为可能性表格、错误矩阵或分类矩阵，用于评估模型的预测精度，检查模型是否在预测时出现明显的错误，是衡量分类型模型准确度中最基本、最简单的方法。混淆矩阵由 n 行 n 列组成，列代表预测值，行代表真实值。每列总数表示预测为该类别的数据数目，每行总数表示该类别数据的真实数目。混淆矩阵如表 13-2 所示。

混淆矩阵的所有正确的预测结果都在对角线上，对角线之外的数据是预测错误结果。混淆矩阵具有如下特性。

表 13-2 混淆矩阵

混淆矩阵		预测值	
		正例(Positive)	反例(Negative)
真实值	正例(True)	真阳性(TP)	真阴性(TN)
	反例(False)	假阳性(FP)	假阴性(FN)

(1) 样本全集=TP∪FP∪FN∪TN。

(2) 一个样本属于且只属于 $N \times N$ 集合中的一个。

【例 13-1】 混淆矩阵。

如表 13-3 所示,现有 27 只动物,其中有 8 只猫、6 条狗和 13 只兔子,对猫、狗、兔子进行分类的混淆矩阵中,8 只猫中 3 只预测为狗;6 条狗中 1 条预测为兔子,2 条预测为猫;13 只兔子中 2 条预测为狗。

表 13-3 混淆矩阵举例

		预测值		
		猫	狗	兔子
真实值	猫	5	3	0
	狗	2	3	1
	兔子	0	2	11

13.2.2 Pandas 计算混淆矩阵

混淆矩阵本质上就是列联表,Pandas 提供 crosstab()函数求得列联表,语法如下。

```
pd.crosstab(index, columns, values=None)
```

参数如下。

- index:指定了要分组的列,最终作为行。
- columns:指定了要分组的列,最终作为列。
- values:指定了要聚合的值(由行列共同影响)。

【例 13-2】 Pandas 的 crosstab()函数。

```
import pandas as pd
results =pd.DataFrame()
results['True'] =[1,2,2,2,2]
results['Pred'] =[2,2,1,2,1]
  #pd.crosstab 得到混淆矩阵
print(pd.crosstab(results['True'], results['Pred']))
```

程序运行结果如下。

```
Pred  1  2
True
1     0  1
2     2  2
```

True 值有不重复的值 1 和 2,Pred 值有 1 和 2。交叉后组成了新的数据,具体的值为对应行列上的组合在原数据中的数量。

13.2.3 Sklearn 计算混淆矩阵

sklearn.metrics 模块提供 confusion_matrix()函数用于混淆矩阵,语法形式如下。

```
sklearn.metrics.confusion_matrix(y_true, y_pred, labels)
```

参数如下。

- y_true:真实目标值。
- y_pred:估计器预测目标值。
- labels:指定类别对应的数字。

【例 13-3】 Sklearn 的 confusion_matrix()函数。

```
from sklearn.metrics import confusion_matrix
y_true =[2, 0, 2, 2, 0, 1]
y_pred =[0, 0, 2, 2, 0, 2]
print("confusion_matrix\n",confusion_matrix(y_true, y_pred))

y_true =["cat", "ant", "cat", "cat","ant", "bird"]
y_pred =["ant", "ant", "cat", "cat","ant", "cat"]
print("confusion_matrix\n",confusion_matrix(y_true, y_pred, labels=["ant", "
bird","cat"]))
```

程序运行结果如下。

```
confusion_matrix
[[2 0 0]
 [0 0 1]
 [1 0 2]]
confusion_matrix
[[2 0 0]
[0 0 1]
[1 0 2]]
```

13.3 准确率

13.3.1 认识准确率

准确率(Accuracy,ACC)是最常用的分类性能指标。准确率=预测正确样本数/总样本数,公式如下。

$$\mathrm{ACC}=\frac{\mathrm{TP}+\mathrm{TN}}{\mathrm{P}+\mathrm{N}}$$

13.3.2 Sklearn 计算准确率

sklearn.metrics 模块提供 accuracy_score()函数计算准确率,语法形式如下。

```
sklearn.metrics.accuracy_score(y_true, y_pred, normalize)
```

参数如下。

- y_true:真实目标值。
- y_pred:估计器预测目标值。
- normalize:默认值为 True,返回正确分类的比例;False 返回正确分类的样本数。

【例 13-4】 accuracy_score()举例。

```
import numpy as np
from sklearn.metrics import accuracy_score
y_pred =[0, 2, 1, 3]
y_true =[0, 1, 2, 3]
print(accuracy_score(y_true, y_pred))
print(accuracy_score(y_true, y_pred, normalize=False))
```

程序运行结果如下。

```
0.5
2
```

13.4 精确率

13.4.1 认识精确率

精确率(Precision)又称为查准率,容易和准确率混淆。精确率只是针对预测正确的正样本而不是所有预测正确的样本,是正确预测的正例数/预测正例总数,公式如下。

$$\mathrm{Precision}=\frac{\mathrm{TP}}{\mathrm{TP}+\mathrm{FP}}$$

13.4.2 Sklearn 计算精确率

sklearn.metrics 模块提供 precision_score()函数计算精确率,语法形式如下。

```
sklearn.metrics.precision_score(y_true, y_pred)
```

参数如下。

- y_true:真实目标值。
- y_pred:估计器预测目标值。

【例 13-5】 Sklearn 计算精确率。

```
from sklearn.metrics import precision_score
import numpy as np
y_true =np.array([1, 0, 1, 1])
y_pred =np.array([0, 1, 1, 0])                #预测正例 1
p =precision_score(y_true, y_pred)            #输出结果 0.5
print(p)
```

程序运行结果如下。

```
0.5
```

13.5 召回率

13.5.1 认识召回率

召回率(Recall)是覆盖面的度量,是正确预测的正例数/实际正例总数,公式如下。

$$\text{Recall}=\frac{\text{TP}}{\text{TP}+\text{FN}}$$

召回率又名查全率,与精确率是一对矛盾的度量。召回率和精确率计算公式的分子都是真阳的样本数。但是精确率的分母是预测阳性的数量;召回率的分母是真实阳性的数量。召回率体现模型对正样本的识别能力,而精确率体现了模型对负样本的区分能力。因此,当精确率高时,召回率往往偏低;而召回率高时,精确率往往偏低。

13.5.2 Sklearn 计算召回率

sklearn.metrics 模块提供 recall_score()函数计算召回率,形式如下。

```
sklearn.metrics.recall_score(y_true, y_pred,average)
```

参数如下。

- y_true:真实目标值。
- y_pred:估计器预测目标值。
- average:可取值有 micro、macro、weighted。

【例 13-6】 Sklearn 计算召回率。

```
from sklearn.metrics import recall_score
y_true =[0, 1, 2, 0, 1, 2]
y_pred =[0, 2, 1, 0, 0, 1]
print(recall_score(y_true, y_pred, average='macro'))
print(recall_score(y_true, y_pred, average='micro'))
print(recall_score(y_true, y_pred, average='weighted'))
print(recall_score(y_true, y_pred, average=None))
```

程序运行结果如下。

```
0.3333333333333333
```

```
0.3333333333333333
0.3333333333333333
[1. 0. 0.]
```

13.6 F1 Score

13.6.1 认识 F1 Score

当精确率和召回率都高时，F1 的值也会高。在两者都要求高的情况下，可以用 F1 来衡量。F1 Score 用于衡量二分类模型精确度，是精确率和召回率的调和值，变化范围为 0～1。F1 Score 计算公式如下。

$$F1=\frac{2TP}{2TP+FN+FP}=\frac{2\cdot \text{Precision}\cdot \text{Recall}}{\text{Precision}+\text{Reccall}}$$

13.6.2 Sklearn 计算 F1 Score

sklearn.metrics 模块提供 f1_score()函数，形式如下所示。

```
sklearn.metrics.f1_score(y_true, y_pred, average="micro")
```

参数如下。

- y_true：真实目标值。
- y_pred：估计器预测目标值。

【例 13-7】 Sklearn 计算 F1 值。

```
from sklearn import metrics
y_true =[0, 0, 0, 0, 0, 0, 1, 1, 1, 1, 1, 1, 1, 1, 1, 1, 2, 2, 2, 2, 2, 2, 2, 2 ]
y_pred =[1, 1,0, 2, 2, 0, 1, 1, 1, 1, 2, 1, 1, 2, 2, 1, 2, 2, 2, 2, 2, 2, 1, 1]
F1 =metrics.f1_score(y_true, y_pred, average="micro")
print("F1 :", F1)
```

程序运行结果如下。

```
F1: 0.625
```

13.7 综合实例

准确率、精确率、召回率和 F1 Score 汇总如表 13-4 所示。

表 13-4 准确率、召回率等评价指标

	公　式	意　义
准确率（ACC）	$ACC=\frac{TP+TN}{P+N}$	分类模型所有判断正确的结果占总观测值的比重
精确率（P 值）	$\text{Precision}=\frac{TP}{TP+FP}$	预测值是正值的所有结果中模型预测正确的比重

续表

	公　式	意　义
召回率 (R 值)	$\text{Recall}=\frac{TP}{TP+FN}$	真实值是正值的所有结果中模型预测正确的比重
F1 Score (F1-Score)	$F1=\frac{2TP}{2TP+FN+FP}=\frac{2\cdot \text{Precision}\cdot \text{Recall}}{\text{Precision}+\text{Reccall}}$	F1 Score 指标综合了精确率与召回率的产出结果

13.7.1 数学计算评价指标

【例 13-8】 已知猫、猪、狗的混淆矩阵如表 13-5 所示，现计算准确率、精确率、召回率、F1 Score。

表 13-5 混淆矩阵举例

		预　测　值		
		猫	狗	猪
真实值	猫	10	3	5
	狗	1	15	6
	猪	2	4	20

1. 准确率

在总共 66 个动物中，预测对 10＋15＋20＝45 个样本，所以准确率为 45/66＝68.2%。现只讨论猫，将表 13-5 合并为二分问题，转变为如表 13-6 所示。

表 13-6 猫的混淆矩阵

混 淆 矩 阵		预　测　值	
		猫	不 是 猫
真实值	猫	10	8
	不是猫	3	45

2. 精确率

预测 13 只猫中，只有 10 只预测正确，3 只不是猫。

$$\text{Precision}(猫)=10/13=76.9\%$$

3. 召回率

18 只猫中，只有 10 只是猫，8 只不是猫。

$$\text{Recall}(猫)=10/18=55.6\%$$

4. F1 Score

$$F1-\text{Score}=(2\times 0.769\times 0.556)/(0.769+0.556)=64.54\%$$

13.7.2 Python 计算评价指标

load_digits 数据集是 sklearn.datasets 中内置的手写数字图片数据集，用于图像分类算法，可参考第7章相关内容。本例计算 load_digits 数据集的分类的混淆矩阵、准确度、召回率等指标。

【例 13-9】 计算评价指标。

```
import numpy as np
import pandas as pd
from sklearn import datasets
d=datasets.load_digits()
x=d.data
y=d.target.copy()                                    #防止原来数据改变
print(len(y))
y[d.target==9]=1
y[d.target!=9]=0
print(y)
#统计各个数据出现的个数
print(pd.value_counts(y))

#划分数据集为训练数据和测试数据
from sklearn.model_selection import train_test_split
x_train,x_test,y_train,y_test=train_test_split(x,y,random_state=666)

#使用计算学习算法——逻辑回归算法进行数据分类
from sklearn.linear_model import LogisticRegression
log_reg=LogisticRegression(solver="newton-cg")
log_reg.fit(x_train,y_train)
print(log_reg.score(x_test,y_test))
y_pre=log_reg.predict(x_test)

#计算 TN、FP、FN 和 TP
def TN(y_true,y_pre):
    return np.sum((y_true==0) & (y_pre==0))
def FP(y_true,y_pre):
    return np.sum((y_true==0) & (y_pre==1))
def FN(y_true,y_pre):
    return np.sum((y_true==1) & (y_pre==0))
def TP(y_true,y_pre):
    return np.sum((y_true==1) & (y_pre==1))
print(TN(y_test,y_pre))
print(FP(y_test,y_pre))
print(FN(y_test,y_pre))
print(TP(y_test,y_pre))
#混淆矩阵的定义
def confusion_matrix(y_true,y_pre):
    return np.array([
        [TN(y_true,y_pre),FP(y_true,y_pre)],
```

```
        [FN(y_true,y_pre),TP(y_true,y_pre)]
    ])
print(confusion_matrix(y_test,y_pre))
#精准率
def precision(y_true,y_pre):
    try:
        return TP(y_true,y_pre)/(FP(y_true,y_pre)+TP(y_true,y_pre))
    except:
        return 0.0
print(precision(y_test,y_pre))
#召回率
def recall(y_true,y_pre):
    try:
        return TP(y_true,y_pre)/(FN(y_true,y_pre)+TP(y_true,y_pre))
    except:
        return 0.0
print(recall(y_test,y_pre))
```

程序运行结果如下。

```
1797
[0 0 0 ... 0 1 0]
0    1617
1     180
dtype: int64
0.9844444444444445
404
1
6
39
[[404   1]
 [  6  39]]
0.975
0.8666666666666667
```

13.8 ROC 曲线

13.8.1 认识 ROC 曲线

通过阈值进行类别区分,通常将大于阈值的样本认为是正类,小于阈值的样本认为是负类。如果减小阀值,正类的样本会增多,也会使得原先的负类被错误识别为正类。为了直观表示这一现象,引入 ROC。ROC 即 Receiver Operating Characteristic,翻译为"受试者工作特征"曲线,在机器学习领域用来评判分类效果。

ROC 曲线用于描述混淆矩阵中 FPR-TPR 两个量之间的相对变化情况,横轴是 FPR (False Positive Rate,伪阳率),纵轴是 TPR(True Positive Rate,真阳率),公式如下。

$$FPR=\frac{FP}{FP+TN} \quad TPR=\frac{TP}{TP+FN}$$

ROC 曲线用于描述样本的真实类别和预测概率，如图 13-1 所示。

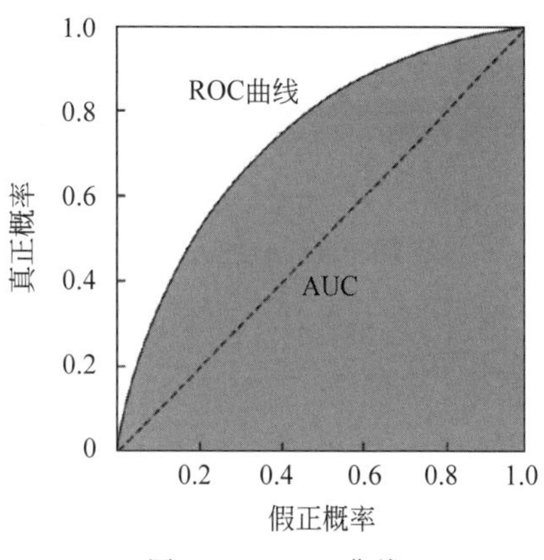

图 13-1 ROC 曲线

ROC 曲线中的四个点和一条线如下。

点(0,1)：即 FPR=0，TPR=1，意味着 FN=0 且 FP=0，将所有样本都正确分类。

点(1,0)：即 FPR=1，TPR=0，最差分类器，避开了所有正确答案。

点(0,0)：即 FPR=TPR=0，意味着 FP=TP=0，将所有样本都预测为负类。

点(1,1)：即 FPR=TPR=1，分类器把所有样本都预测为正类。

13.8.2 Sklearn 计算 ROC 曲线

sklearn.metrics 模块提供 roc_curve()函数计算 ROC 曲线，形式如下。

```
sklearn.metrics.roc_curve(y_true,y_score)
```

参数如下。

- y_true：每个样本的真实类别，0 为反例，1 为正例。
- y_score：预测得分，可以是正类的估计概率。

【例 13-10】 roc_curve()举例。

```
import numpy as np
import matplotlib.pyplot as plt
from sklearn import metrics
from sklearn.metrics import roc_auc_score

#y_true =np.array([0, 0, 1, 1])
#y_scores =np.array([0.1, 0.4, 0.35, 0.8])

y_true =np.array([1, 1, 2, 2])
y_scores =np.array([0.1, 0.4, 0.35, 0.8])
#计算 AUC
auc_test=roc_auc_score(y_true, y_scores)

#计算 ROC
fpr, tpr, thresholds =metrics.roc_curve(y_true, y_scores, pos_label=2)
print("fpr: ",fpr)
print("tpr: ",tpr)
print(thresholds)

plt.plot(fpr,tpr,color='red')
```

```
plt.plot([0,1],[0,1],color='yellow',linestyle='--')
plt.xlim([0.0,1.0])
plt.ylim([0.0,1.08])
plt.xlabel('FPR')
plt.ylabel('TPR')
plt.annotate(xy=(.4,.2),xytext=(.5,.2),s='ROC curve(area =%0.2f)' %auc_test)

from sklearn.metrics import auc
print("auc ",metrics.auc(fpr, tpr))
```

程序运行结果如下。

```
fpr: [0.  0.  0.5 0.5 1. ]
tpr: [0.  0.5 0.5 1.  1. ]
[1.8 0.8 0.4 0.35 0.1 ]
auc 0.75
```

运行结果如图 13-2 所示。

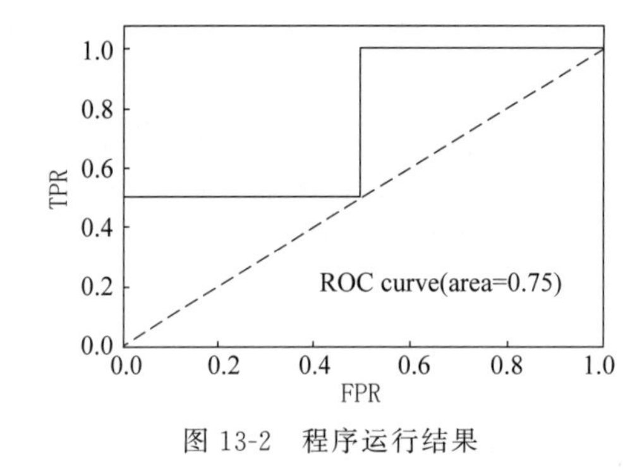

图 13-2 程序运行结果

13.9 AUC 面积

13.9.1 认识 AUC 面积

AUC(Area Under Curve)是指 ROC 曲线下的面积，由于 ROC 曲线一般都处于 $y=x$ 直线上方，所以 AUC 的取值为 0.5～1。AUC 越接近 1，检测方法真实性越高，当 AUC 等于 0.5 时，则真实性最低，无应用价值。

13.9.2 Sklearn 计算 AUC 面积

sklearn.metrics 模块提供 roc_auc_score()函数，形式如下。

```
sklearn.metrics.roc_auc_score(y_true, y_score)
```

参数如下。

- y_true：每个样本的真实类别，必须为 0(反例)或 1(正例)标记。
- y_score：预测得分，可以是正类的估计概率。

【例 13-11】 roc_auc_score()举例。

```
import numpy as np
from sklearn.metrics import roc_auc_score
y_true =np.array([0, 0, 1, 1])
y_scores =np.array([0.1, 0.4, 0.35, 0.8])
print(roc_auc_score(y_true, y_scores))
```

程序运行结果如下。

```
0.75
```

13.10 分类评估报告

13.10.1 认识分类评估报告

分类评估报告显示每个类的精确度、召回率、F1 Score 等信息。

13.10.2 Sklearn 计算分类评估报告

Sklearn 中的 classification_report()函数形式如下。

```
sklearn.metrics.classification_report(y_true, y_pred, labels, target_names)
```

参数如下。

- y_true：真实目标值。
- y_pred：估计器预测目标值。
- labels：指定类别对应的数字。
- target_names：目标类别名称。

【例 13-12】 classification_report()举例。

```
from sklearn.metrics import classification_report
y_true =[0, 1, 2, 2, 2]
y_pred =[0, 0, 2, 2, 1]
target_names =['class 0', 'class 1', 'class 2']
print(classification_report(y_true, y_pred, target_names=target_names))
```

程序运行结果如下。

```
              precision    recall  f1-score   support
     class 0       0.50      1.00      0.67         1
     class 1       0.00      0.00      0.00         1
     class 2       1.00      0.67      0.80         3
    accuracy                           0.60         5
   macro avg       0.50      0.56      0.49         5
weighted avg       0.70      0.60      0.61         5
```

13.11 NLP评价指标

13.11.1 中文分词精确率和召回率

中文序列的每个词语可以按照文中的起止位置记作区间[i,j],将标准答案分词的所有区间构成集合为A、分词结果所有词语构成的区间集合为B。中文分词指标的精确率(Precision)和召回率(Recall)计算公式如下。

$$\text{Precision}=\frac{|A\cap B|}{|B|}\quad \text{Recall}=\frac{|A\cap B|}{|A|}$$

【例 13-13】 文本“武汉市长江大桥”进行中文分词的标准答案为['武汉市','长江大桥'],现有两种分词结果,如表 13-7 所示。

表 13-7 两种分词结果

	分词结果	分词区间	
标准答案	['武汉市','长江大桥']	[1,2,3],[4,5,6,7]	A
分词结果 1	['武汉','市长','江大桥']	[1,2],[3,4],[5,6,7]	B'
重合部分	无	0	$A\cap B$
分词结果 2	['武汉市','长江大桥']	[1,2,3],[4,5,6,7]	B′
重合部分	['武汉市','长江大桥']	[1,2,3],[4,5,6,7]	$A\cap B'$

分词结果与标准答案的交集为重合部分。对于分词结果 1,由于没有重合部分,根据计算公式得到精确率和召回率均为 0,分词结果 1 错误;对于分词结果 2,重合部分为标准答案,精确率和召回率均为 1,分词结果 2 正确。

【例 13-14】 中文文本“结婚的和尚未结婚的”进行中文分词的标准答案为['结婚',' 的',' 和',' 尚未',' 结婚 ','的'],分词结果如表 13-8 所示。

表 13-8 分词结果

	分词结果	分词区间	
标准答案	['结婚',' 的',' 和',' 尚未',' 结婚 ','的']	[1,2],[3,3],[4,4],[5,6],[7,8],[9,9]	A
分词结果	['结婚',' 的','和尚','未结婚 ','的']	[1,2],[3,3],[4,5],[6,7,8],[9,9]	B
重合部分	['结婚',' 的','的']	[1,2],[3,3], [9,9]	$A\cap B$

根据精确率和召回率计算公式如下。

精确率为:3/5 =0.6

召回率为:3/6=0.5

13.11.2 未登录词和登录词召回率

IV 是“登录词”(In Vocabulary),也就是已经存在于字典中的词。IV Recall 是 IV 的召回率,计算公式如下。

$$\text{IV Recall}=\frac{\text{重复词区间在词典中出现的词}}{\text{标准分词中在词典中出现的词}}$$

OOV 是“未登录词”(Out Of Vocabulary),也就是新词,是在已知词典中不存在的词。OOV Recall 是 OOV 的召回率,计算公式如下。

$$\text{OOV Recall}=\frac{\text{重复词区间未在词典中出现的词}}{\text{标准分词中未在词典中出现的词}}$$

【例 13-15】 未登录词和登录词召回率。

已知字符串为“结婚的和尚未结婚的都应该好好考虑一下人生大事”,词典为['结婚', '尚未', '的', '和', '青年', '都', '应该', '好好考虑', '自己', '人生', '大事']。

1. 标准答案 *A*

分词结果:

```
['结婚','的','和','尚未','结婚 ','的','都','应该','好好','考虑','一下','人生','大事']
```

分词区间:

```
[1,2],[3,3],[4,4],[5,6],[7,8],[9,9],[10,10],[11,12],[13,14],[15,16],[17,18],[19,20],[21,22]
```

2. 分词结果 *B*

分词结果:

```
['结婚','的','和尚','未结婚 ','的 ','都','应该','好好考虑','一下','人生大事']
```

分词区间:

```
[1,2],[3,3],[4,5],[6,7,8],[9,9],[10,10],[11,12],[13,14,15,16],[17,18],[19,20,21,22]
```

3. 重复词语 $A \cap B$

分词结果:['结婚','的','的','都','应该','一下']

分词区间:[1,2], [3,3], [9,9],[10,10],[11,12],[17,18]

根据如下公式:

$$\text{Precision}=\frac{|A \cap B|}{|B|} \quad \text{Recall}=\frac{|A \cap B|}{|A|}$$

$$\text{F1}=\frac{2\text{TP}}{2\text{TP}+\text{FN}+\text{FP}}=\frac{2 \cdot \text{Precision} \cdot \text{Recall}}{\text{Precision}+\text{Reccall}}$$

代入求得:

$$\text{Recall}=\frac{6}{10}=0.6 \quad \text{Precision}=\frac{6}{13}=0.4615 \quad \text{F1}=\frac{2\times0.6\times0.4615}{0.6+0.4615}=0.5217$$

重复词区间在词典中出现的词= ['结婚','的','的','都','应该'],个数为 5;标准分词在词典中出现的词= ['结婚','的','和','尚未','结婚 ','的','都','应该','人生','大事'],个数为 10。因此,IV 的召回率计算如下。

$$\text{IV Recall}=\frac{\text{重复词区间在词典中出现的词}}{\text{标准分词中在词典中出现的词}}=\frac{5}{10}=0.5$$

重复词区间未在词典中出现的词=['一下'],个数为1;标准分词未在词典中出现的词=['好好','考虑','一下'],个数为3。因此,OOV的召回率计算如下所示。

$$\text{OOV Recall}=\frac{\text{重复词区间未在词典中出现的词}}{\text{标准分词中未在词典中出现的词}}=\frac{1}{3}=0.3333$$

代码如下。

```
import re
def to_region(segmentation: str) ->list:
    #将分词结果转换为区间
    region =[]
    start =0
    for word in re.compile("\\s+").split(segmentation.strip()):
        end =start +len(word)
        region.append((start, end))
        start =end
    return region

def prf(gold: str, pred: str, dic) ->tuple:
    #计算 OOV_R, IV_R
    A_size, B_size, A_cap_B_size, OOV, IV, OOV_R, IV_R =0, 0, 0, 0, 0, 0, 0
    A, B =set(to_region(gold)), set(to_region(pred))
    A_size +=len(A)
    B_size +=len(B)
    A_cap_B_size +=len(A & B)
    text =re.sub("\\s+", "", gold)

    for (start, end) in A:
        word =text[start: end]
        if word in dic:
            IV +=1
        else:
            OOV +=1
    for (start, end) in A & B:
        word =text[start: end]
        if word in dic:
            IV_R +=1
        else:
            OOV_R +=1
    p, r =A_cap_B_size / B_size * 100, A_cap_B_size / A_size * 100
    return p, r, 2 * p * r / (p +r), OOV_R / OOV * 100, IV_R / IV * 100

if __name__ =='__main__':
    #dic 为词典
    dic =['结婚', '尚未', '的', '和', '青年', '都', '应该', '好好考虑', '自己', '人生',
    '大事']
```

```
#gold为标准答案
gold ='结婚 的 和 尚未 结婚 的 都 应该 好好 考虑 一下 人生 大事'
#pred为分词结果
pred ='结婚 的 和尚 未结婚 的 都 应该 好好考虑 一下 人生大事'
print("Precision:%.2f\n Recall:%.2f\n F1:%.2f\n OOV-R:%.2f\n IV-R:%.2f\n"
%prf(gold, pred, dic))
```

程序运行结果如下。

```
Precision:60.00
 Recall:46.15
 F1:52.17
 OOV-R:33.33
 IV-R:50.00
```

第14章 信息提取

信息提取

本章首先介绍了信息提取的相关概念，如信息、信息熵、互信息等。其次介绍了正则表达式的基本语法和 re 模块。最后讲解了命名实体的相关信息，对隐马尔可夫模型的特点和使用场合进行了说明。

14.1 概述

信息抽取(Information Extraction，IE)是从自然语言文本中抽取特定信息，分为实体抽取(命名实体识别)、关系抽取等。命名实体对应真实世界的实体，一般表现为词语或短语，如周元哲、阿里巴巴、西安邮电大学等。关系是指画两个或多个命名实体的关联，如周元哲是《Python 与自然语言处理》的作者，那么周元哲与《Python 与自然语言处理》是“创作”关系。

信息抽取一般经历文本切分、句子切分、词性标注、命名实体识别和关系识别等步骤，在知识图谱、信息检索、问答系统、情感分析、文本挖掘等方面应用广泛。

14.2 相关概念

14.2.1 信息

信息泛指人类社会传播的一切内容，如音讯、消息、通信系统传输和处理的对象。信息可以通过“信息熵”被量化。1942 年，香农(Shannon)在《通信的数学原理》论文中指出：“信息是用来消除随机不确定性的东西”。

14.2.2 信息熵

信息熵是系统中信息含量的量化指标，越不确定的事物，其信息熵越大。信息熵公式如下。

$$H(X)=-\sum_{x\in X}P(x)\log_2 P(x)$$

其中，$P(x)$表示事件 x 出现的概率。

当 $P=0$ 或者 1 时，$H(x)=0$，即随机变量是完全确定的。

当 $P=0.5$ 时，$H(x)=1$，即随机变量不确定性最大。

信息熵具有如下三条性质。

(1) 单调性：发生概率越高的事件,信息熵越低。例如,“太阳从东方升起”是确定事件,没有消除任何不确定性,所以不携带任何信息量。

(2) 非负性：信息熵不能为负。

(3) 累加性：多个事件发生总的信息熵等于各个事件的信息熵之和。

【例 14-1】 计算信息熵。

```
import numpy as np
#熵定义函数
def entropy_func(data):
    len_data =len(data)
    entropy =0
    for ix in set(data):
        p_value=data.count(ix)/len_data
        entropy -=p_value * np.log2(p_value)
    return entropy

#各自产生 20 个数据,一个具有 10 个分类,另一个具有 2 个分类
n_count=20
b10_list=[]
a2_list=[]
for ix in range(n_count):
    b10_list.append(np.random.randint(10))
    a2_list.append(np.random.randint(2))
#b10_list 代表 10 个类别
print("10 个类别:",b10_list)
#a2_list 代表 2 个类别
print("2 个类别:",a2_list)

#输出两组数据的信息熵
print("10 类数据的信息熵 ",entropy_func(b10_list))
print("2 类数据的信息熵 ",entropy_func(a2_list))
```

程序运行结果如下。

```
10 个类别:[6, 4, 7, 3, 5, 6, 3, 9, 6, 0, 2, 7, 2, 1, 8, 8, 1, 2, 6, 6]
2 个类别:[0, 0, 0, 1, 1, 0, 1, 0, 1, 1, 0, 1, 1, 1, 1, 0, 0, 1, 1, 0]
10 类数据的信息熵 3.103701696057348
2 类数据的信息熵 0.9927744539878083
```

14.2.3 信息熵与霍夫曼编码

【例 14-2】 赌马比赛。

已知 4 匹马分别是$\{a,b,c,d\}$,其获胜概率分别为$\{1/2,1/4,1/8,1/8\}$。通过如下 3 个二元问题确定哪一匹马(x)赢得比赛。

问题1：a 获胜了吗？

问题2：b 获胜了吗？

问题3：c 获胜了吗？

问答流程如下。

(1) 如果 $x=a$，需要提问1次(问题1)。

(2) 如果 $x=b$，需要提问2次(问题1，问题2)。

(3) 如果 $x=c$、需要提问3次(问题1，问题2，问题3)。

(4) 如果 $x=d$，需要提问3次(问题1，问题2，问题3)。

因此，确定 x 取值的二元问题数量为：

$$E(N)=\frac{1}{2}\times 1+\frac{1}{4}\times 2+\frac{1}{8}\times 3+\frac{1}{8}\times 3=\frac{7}{4}$$

根据信息熵公式：

$$H(X)=\frac{1}{2}\log(2)+\frac{1}{4}\log(4)+\frac{1}{8}\log(8)+\frac{1}{8}\log(8)=\frac{1}{2}+\frac{1}{2}+\frac{3}{8}+\frac{3}{8}=\frac{7}{4}$$

采用霍夫曼编码给 $\{a,b,c,d\}$ 编码为$\{0,10,110,111\}$，把最短的码0分配给发生概率最高的事件 a，以此类推，如图14-1所示。

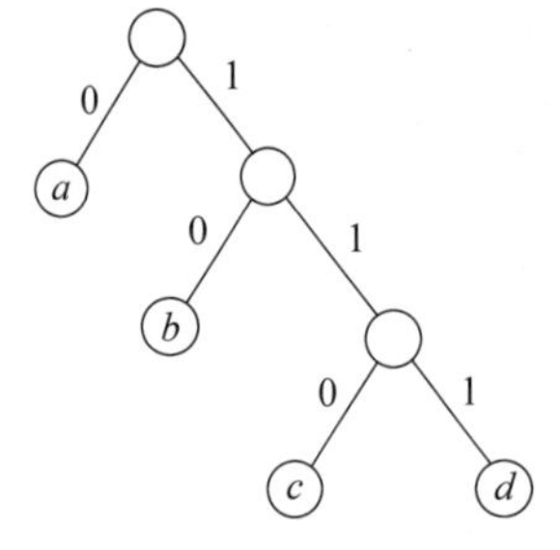

图14-1 赌马比赛示意图

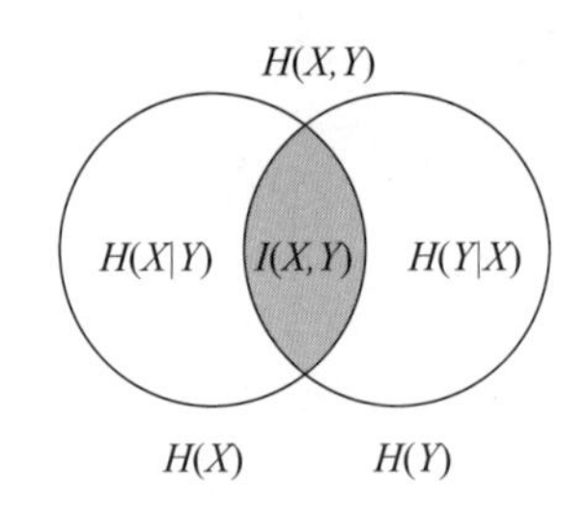

图14-2 互信息的韦恩图

14.2.4 互信息

互信息是对两个离散型随机变量 X 和 Y 相关程度的度量，韦恩图如图14-2所示。

左圆圈表示 X 的信息熵 $H(X)$，右圆圈表示 Y 的信息熵 $H(Y)$，并集是联合分布的信息熵 $H(X,Y)$，差集是条件熵 $H(X|Y)$或 $H(Y|X)$，交集为互信息 $I(X,Y)$。互信息越大，意味着两个随机变量的关联就越密切。

14.3 正则表达式

正则表达式，又称规则表达式、常规表示法(Regular Expression，RE)，在代码中常简写为regex、regexp。正则表达式是指通过事先定义好的特定字符("元字符")组成的"规则字符串"，对字符串进行过滤逻辑，凡是符合规则的字符串，认为"匹配"，否则认为不"匹配"。例如，要判断一个字符串是否包含合法的E-mail，就创建一个匹配E-mail的正则表达式，然后通过该正则表达式去判断过滤。

14.3.1 基本语法

正则表达式中的元字符如表 14-1 所示。

表 14-1　元字符

<table>
<tr><th>元字符</th><th>含　义</th><th>输　入</th><th>输　出</th></tr>
<tr><td>.</td><td>匹配任意字符</td><td>a.c</td><td>Abc</td></tr>
<tr><td>^</td><td>匹配开始位置</td><td>^abc</td><td>Abc</td></tr>
<tr><td>$</td><td>匹配结束位置</td><td>abc$</td><td>Abc</td></tr>
<tr><td>*</td><td>匹配前一个元字符 0 到多次</td><td>abc*</td><td>ab;abccc</td></tr>
<tr><td>+</td><td>匹配前一个元字符 1 到多次</td><td>abc+</td><td>abc;abccc</td></tr>
<tr><td>?</td><td>匹配前一个元字符 0 到 1 次</td><td>abc?</td><td>ab;abc</td></tr>
<tr><td>{}</td><td>{m,n}匹配前一个字符 m～n 次,若省略 n,则匹配 m 至无限次</td><td>ab{1,2}c</td><td>abc 或 abbc</td></tr>
<tr><td>[]</td><td>字符集中任意字符,可以逐个列出,也可以给出范围</td><td>a[bcd]e</td><td>abe 或 ace 或 ade</td></tr>
<tr><td>|</td><td>逻辑表达式"或"</td><td>abc|def</td><td>abc 或 def</td></tr>
<tr><td>()</td><td>匹配括号中任意表达式</td><td>a(123|456)c</td><td>a456c</td></tr>
<tr><td>\A</td><td>匹配字符串开始位置</td><td>\Aabc</td><td>Abc</td></tr>
<tr><td>\Z</td><td>只在字符串结尾进行匹配</td><td>abc\Z</td><td>Abc</td></tr>
<tr><td>\b</td><td>匹配位于单词开始或结束位置的空字符串</td><td>\babc\b</td><td>空格 abc 空格</td></tr>
<tr><td>\B</td><td>匹配不位于单词开始或结束位置的空字符串</td><td>a\Bbc</td><td>Abc</td></tr>
<tr><td>\d</td><td>匹配一个数字,相当于[0-9]</td><td>a\dc</td><td>a1c</td></tr>
<tr><td>\D</td><td>匹配非数字,相当于 [^0-9]</td><td>a\Dc</td><td>Abc</td></tr>
<tr><td>\w</td><td>匹配数字、字母、下画线中任意一个字符,相当于[a-z A-Z 0-9]</td><td>a\wc</td><td>Abc</td></tr>
<tr><td>\W</td><td>匹配非数字、字母、下画线中的任意字符,相当于[^a-z A-Z 0-9]</td><td>a\Wc</td><td>a c</td></tr>
</table>

14.3.2 re 模块

re 模块提供 compile()、findall()、search()、match()、split()、replace()、sub()等函数用于实现正则表达式相关功能,如表 14-2 所示。

表 14-2　re 模块的函数

函　数	描　述
compile( )	根据包含正则表达式的字符串创建模式对象
findall( )	搜索字符串,以列表类型返回全部能匹配的子串
search( )	在一个字符串中搜索匹配正则表达式的第一个位置,返回 match 对象

续表

函　数	描　　述
match( )	从一个字符串的开始位置起匹配正则表达式,返回 match 对象
split()	将一个字符串按照正则表达式匹配结果进行分隔,返回列表类型
replace()	用于执行查找并替换的操作,将正则表达式匹配到的子串,用字符串替换
sub()	在一个字符串中替换所有匹配正则表达式的子串,返回替换后的字符串

1. compile()函数

功能:编译一个正则表达式语句,并返回编译后的正则表达式对象。

compile()函数格式如下。

```
re.compile(string[,flags])
```

参数如下。

- string:要匹配的字符串。
- flags:标志位,用于控制正则表达式的匹配方式,如是否区分大小写等。

【例 14-3】 compile()举例。

```
>>>import re
>>>s ="this is a python test"
>>>p =re.compile('\w+')                    #编译正则表达式,获得其对象
>>>res =p.findall(s)                       #用正则表达式对象去匹配内容
>>>print(res)
['this', 'is', 'a', 'python', 'test']
```

2. findall()函数

功能:用于匹配所有符合规律的内容,返回包含结果的列表。

findall()函数格式如下。

```
re.findall(pattern, string[, flags])
```

参数如下。

pattern:匹配的正则表达式。

【例 14-4】 findall()举例。

```
>>>import re
>>>p =re.compile(r'\d+')
>>>print(p.findall('o1n2m3k4'))
['1', '2', '3', '4']
```

3. search()函数。

功能:用于匹配并提取第一个符合规则的内容,返回一个正则表达式对象。

search()函数格式如下。

```
re.search(pattern, string[, flags])
```

【例 14-5】 search()举例。

```
>>>import re
>>>a ="123abc456"
>>>print(re.search("([0-9]*)([a-z]*)([0-9]*)",a).group(0))
123abc456
>>>print(re.search("([0-9]*)([a-z]*)([0-9]*)",a).group(1))
123
>>>print(re.search("([0-9]*)([a-z]*)([0-9]*)",a).group(2))
abc
>>>print(re.search("([0-9]*)([a-z]*)([0-9]*)",a).group(3))
456
```

group()函数返回整体匹配的字符串,多个组号对应组号匹配的字符串。group(1) 列出第一个括号匹配部分,group(2) 列出第二个括号匹配部分,group(3) 列出第三个括号匹配部分。

4. match()函数

功能:从字符串的开头开始匹配一个模式,如果成功,返回成功的对象,否则返回None。

match()函数格式如下。

```
re.match(pattern, string[, flags])
```

【例 14-6】 match()举例。

```
>>>import re
>>>print(re.match('www', 'www.runoob.com').span())      #在起始位置匹配
(0,3)
>>>print(re.match('com', 'www.runoob.com'))             #不在起始位置匹配
None
```

5. replace()函数

功能:用于执行查找并替换的操作,将正则表达式匹配到的子串,用字符串替换。

replace()函数格式如下。

```
str.replace(regexp, replacement)
```

【例 14-7】 replace()举例。

```
>>>str ="javascript";
>>>str.replace('javascript','JavaScript');
                                        #将字符串 javascript 替换为 JavaScript
'JavaScript'
>>>str.replace('a', 'b');               #将所有的字母 a 替换为字母 b,返回 jbvbscript
Jbvbscript
```

6. split()函数

功能:用于分隔字符串,用给定的正则表达式进行分隔,分隔后返回结果列表。

split()函数格式如下。

```
re.split(pattern, string[, maxsplit, flags])
```

【例 14-8】 split()举例。

(1) 只传一个参数,默认分隔整个字符串。

```
>>>str ="a,b,c,d,e";
>>>str.split(',');
 ["a", "b", "c", "d", "e"]
```

(2) 传入两个参数,返回限定长度的字符串。

```
>>>str ="a,b,c,d,e";
>>>str.split(',',3);
["a", "b", "c"]
```

(3) 使用正则表达式匹配,返回分隔的字符串。

```
>>>str ="aa44bb55cc66dd";
>>>print(re.split('\d+',str) )
["aa","bb","cc","dd"]
```

7. sub()函数

功能:使用 re 替换字符串中每一个匹配的子串后返回替换后的字符串。

sub()函数格式如下。

```
re.sub(regexp, string)
```

【例 14-9】 sub()举例。

```
>>>import re
>>>s='123abcssfasdfas123'
>>>a=re.sub('123(.*?)123','1239123',s)
>>>print(a)
1239123
```

14.3.3 提取电影信息

【例 14-10】 爬取豆瓣电影的网址,提取"电影名"信息。

豆瓣电影上海热映的电影网址如下:url = https://movie.douban.com/cinema/nowplaying/shanghai/,如图 14-3 所示。

```
#用于获取豆瓣热映的电影信息
import requests                                              #爬虫库
import re                                                    #正则表达式

def getHTMLText(url):
    try:
        headers ={'User-Agent': 'Mozilla/5.0 (Windows NT 6.3; Win64; x64)
```

图 14-3　豆瓣电影上海热映的电影网页

```
AppleWebKit/537.36 (KHTML, like Gecko) Chrome/77.0.3865.120 Safari/537.36 chrome
-extension'}
        r = requests.get(url,headers=headers)
        r.raise_for_status()
        r.encoding = r.apparent_encoding
        return r.text
    except:
        print("Erro_get")

#用于提取所需要的电影信息
def parsePage(ilt,html):
    tlt = re.findall(r'data-title\=\".*?\"',html)
    for i in range(len(tlt)):
        plt = eval(tlt[i].split('=')[1])
        if plt in ilt:
            pass
        else:
            ilt.append(plt)

#用于输出电影列表
def printInfo(ilt):
```

```
    print("上  海  热  映")
    for i in ilt:
        print(i)

#主函数
def main():
    url ='https://movie.douban.com/cinema/nowplaying/shanghai/'
    list =[]
    html =getHTMLText(url)
    parsePage(list,html)
    printInfo(list)

main()
```

程序运行结果如下。

```
上  海  热  映
送你一朵小红花
心灵奇旅
温暖的抱抱
拆弹专家 2
沐浴之王
崖上的波妞
神奇女侠 1984
除暴
紧急救援
明天你是否依然爱我
疯狂原始人 2
许愿神龙
棒!少年
隐形人
```

14.4 命名实体识别

14.4.1 认识命名实体

命名实体识别(Named Entity Recognition,NER),又称作“专名识别”,是指在文档集合中识别出特定类型的事物名称或符号的过程,进行三大类(实体类、时间类和数字类)和七小类(人名、机构名、地名、时间、日期、货币和百分比)的实体识别,具体如下。

(1) 实体名(Entity Name),包括人名、地名、机构名。

(2) 时间表达式(Temporal Expressions),包括日期、时间和持续时间。

(3) 数字表达式(Number Expressions),包括钱、度量、百分比以及基数。

14.4.2 常见方法

早期的命名实体识别方法大都是基于规则,由于每个新领域的文本需要更新规则,代价往往非常大。自 20 世纪 90 年代后期以来，基于大规模语料库的统计方法逐渐成为自然语言处理的主流。命名实体识别常见方法分为如下几类。

1. 有监督的学习方法

目前常用的模型或方法包括隐马尔可夫模型、语言模型、最大熵模型、支持向量机、决策树和条件随机场等。其中，条件随机场(Conditional Random Field，CRF)是由 McCallum 等人在 2003 年发明，与基于字的汉语分词方法的原理一样，就是把命名实体识别过程看作一个序列标注问题，将给定文本首先进行分词处理，然后对人名、简单地名和简单的组织机构名进行识别，最后识别复合地名和复合组织机构名。简单地名是指地名中不嵌套包含其他地名，如“西安市”等，而“西安市长安区西长安街 618 号”则为复合地名。同样，简单的组织机构名中也不嵌套包括其他组织机构名，如“西安邮电大学”等，而“中华人民共和国国家卫生健康委员会”为复合组织机构名。基于 CRF 的命名实体识别方法属于有监督的学习方法，需要利用已标注的大规模语料对 CRF 模型的参数进行训练。

2. 半监督的学习方法

利用标注的小数据集(种子数据)自举学习。

3. 无监督的学习方法

利用词汇资源(如 WordNet)等进行上下文聚类。

4. 混合方法

几种模型相结合或利用统计方法和人工总结的知识库。

14.4.3　NLTK 命名实体识别

NLTK 和 Stanford NLP 中对命名实体识别的分类，如表 14-3 所示。其中，LOCATION 和 GPE 有重合。GPE 通常表示地理-政治条目，如城市、州、国家等。LOCATION 除了上述内容外，还能表示名山大川等。FACILITY 通常表示知名的纪念碑等。

表 14-3　NLTK 命名实体识别类别

命名实体识别类别	举　例	命名实体识别类别	举　例
PERSON	President Obama	MONEY	Twenty dollars
ORGANIZATION	WHO	PERCENT	25%
LOCATION	Germany	FACILITY	Washington
DATE	May，2020-05-03	GPE	Asia
TIME	10:15:00 AM		

基于 NLTK 进行命名实体识别分为如下步骤。

步骤 1：使用句子分隔器将文档分隔成句，采用 nltk.sent_tokenize(text)实现。

步骤 2：使用分词器将句子分隔成词，采用 nltk.word_tokenize(sent)实现。

步骤 3：标记词性，采用 nltk.pos_tag(sent)实现。

步骤 4：实体识别，得到一个树的列表。

步骤 5：关系识别，寻找实体之间的关系，得到一个元组列表。

【例 14-11】 NLTK 进行命名实体识别举例。

```
import re
import pandas as pd
import nltk
def parse_document(document):
    document = re.sub('\n', ' ', document)
    if isinstance(document, str):
        document = document
    else:
        raise ValueError('Document is not string!')
    document = document.strip()
    sentences = nltk.sent_tokenize(document)
    sentences = [sentence.strip() for sentence in sentences]
    return sentences

    #sample document
    text = """
    FIFA was founded in 1904 to oversee international competition among the
national associations of Belgium, Denmark, France, Germany, the Netherlands,
Spain, Sweden, and Switzerland. Headquartered in Zürich, its membership now
comprises 211 national associations. Member countries must each also be members of
one of the six regional confederations into which the world is divided: Africa,
Asia, Europe, North & Central America and the Caribbean, Oceania, and South
America."""
    #tokenize sentences
    sentences = parse_document(text)
    tokenized_sentences = [ nltk. word _ tokenize ( sentence ) for sentence in
sentences]
    #tag sentences and use nltk's Named Entity Chunker
    tagged_sentences = [ nltk. pos _ tag ( sentence ) for sentence in tokenized _
sentences]
    ne_chunked_sents = [nltk.ne_chunk(tagged) for tagged in tagged_sentences]
    #extract all named entities
    named_entities = []
    for ne_tagged_sentence in ne_chunked_sents:
        for tagged_tree in ne_tagged_sentence:
            #extract only chunks having NE labels
            if hasattr(tagged_tree, 'label'):
                entity_name = ' '.join(c[0] for c in tagged_tree.leaves()) #get NE name
                entity_type = tagged_tree.label()                    #get NE category
                named_entities.append((entity_name, entity_type))
                #get unique named entities
                named_entities = list(set(named_entities))

    #store named entities in a data frame
```

```
    entity_frame =pd.DataFrame(named_entities, columns=['Entity Name', 'Entity Type
'])
    #display results
    print(entity_frame)
```

程序运行结果如下。

```
        Entity Name     Entity Type
0              FIFA    ORGANIZATION
1       Switzerland             GPE
2   Central America    ORGANIZATION
3           Denmark             GPE
4     South America             GPE
5             North             GPE
6            Africa          PERSON
7             Spain             GPE
8              Asia             GPE
9       Netherlands             GPE
10          Belgium             GPE
11           France             GPE
12           Sweden             GPE
13           Europe             GPE
14          Oceania             GPE
15           Zürich             GPE
16        Caribbean        LOCATION
17          Germany             GPE
```

NLTK中的命名实体识别效果大致可以，能够识别FIFA为组织（ORGANIZATION），Belgium、Asia为GPE。但也有一些错误，如将Central America识别为ORGANIZATION，本来应该是GPE；将Africa识别为PERSON，实际上应该为GPE。

14.4.4 Stanford NLP命名实体识别

Stanford NLP基于Java。其英语命名实体识别的文件包的下载地址为https://nlp.stanford.edu/software/CRF-NER.shtml，本机下载stanford-ner-4.2.0.zip，如图14-4所示。

本机安装Java路径为C:\Program Files\Java\jdk1.8.0_151\bin\java.exe，下载Stanford NER的zip文件解压后路径为D:\stanford-ner-4.2.0\stanford-ner-2020-11-17，如图14-5所示。

在classifer文件夹中的文件，如图14-6所示。

文件含义如下。

```
3 class: Location, Person, Organization
4 class: Location, Person, Organization, Misc
7 class: Location, Person, Organization, Money, Percent, Date, Time
```

【例14-12】 Stanford NLP进行命名实体识别举例。

The Stanford Natural Language Processing Group

people publications research blog software teaching join local

Software > Stanford Named Entity Recognizer (NER)

About | Citation | Getting started | Questions | Mailing lists | Download | Extensions | Models | Online demo | Release history | FAQ

About

Stanford NER is a Java implementation of a Named Entity Recognizer. Named Entity Recognition (NER) labels sequences of words in a text which are the names of things, such as person and company names, or gene and protein names. It comes with well-engineered feature extractors for Named Entity Recognition, and many options for defining feature extractors. Included with the download are good named entity recognizers for English, particularly for the 3 classes (PERSON, ORGANIZATION, LOCATION), and we also make available on this page various other models for different languages and circumstances, including models trained on just the CoNLL 2003 English training data.

Stanford NER is also known as CRFClassifier. The software provides a general implementation of (arbitrary order) linear chain Conditional Random Field (CRF) sequence models. That is, by training your own models on labeled data, you can actually use this code to build sequence models for NER or any other task. (CRF models were pioneered by Lafferty, McCallum, and Pereira (2001); see Sutton and McCallum (2006) or Sutton and McCallum (2010) for more comprehensible introductions.)

图 14-4 Stanford NLP 下载英语 NER 的网页

名称	修改日期	类型	大小
classifiers	2020/11/17 19:06	文件夹	
lib	2020/11/17 19:04	文件夹	
build.xml	2020/11/17 19:05	XML 文档	6 KB
LICENSE.txt	2020/11/17 19:05	TXT 文件	18 KB
ner.bat	2020/11/17 19:05	Windows 批处理...	1 KB
ner.sh	2020/11/17 19:05	SH 文件	1 KB
NERDemo.java	2020/11/17 19:04	JAVA 文件	7 KB
ner-gui.bat	2020/11/17 19:05	Windows 批处理...	1 KB
ner-gui.command	2020/11/17 19:05	COMMAND 文件	1 KB
ner-gui.sh	2020/11/17 19:05	SH 文件	1 KB
README.txt	2020/11/17 19:05	TXT 文件	12 KB
sample.ner.txt	2020/11/17 19:06	TXT 文件	1 KB
sample.txt	2020/11/17 19:05	TXT 文件	1 KB
sample-conll-file.txt	2020/11/17 19:05	TXT 文件	1 KB
sample-w-time.txt	2020/11/17 19:05	TXT 文件	1 KB
stanford-ner.jar	2020/11/17 19:04	JAR 文件	4,553 KB
stanford-ner-4.2.0.jar	2020/11/17 19:04	JAR 文件	4,553 KB
stanford-ner-4.2.0-javadoc.jar	2020/11/17 19:05	JAR 文件	5,750 KB
stanford-ner-4.2.0-sources.jar	2020/11/17 19:04	JAR 文件	3,409 KB

图 14-5 Stanford NER 标注工具保存目录

english.all.3class.distsim.crf.ser.gz	2020/11/17 19:06	WinRAR 压缩文件	33,852 KB
english.all.3class.distsim.prop	2020/11/17 19:06	PROP 文件	2 KB
english.conll.4class.distsim.crf.ser.gz	2020/11/17 19:06	WinRAR 压缩文件	17,387 KB
english.conll.4class.distsim.prop	2020/11/17 19:06	PROP 文件	2 KB
english.muc.7class.distsim.crf.ser.gz	2020/11/17 19:06	WinRAR 压缩文件	17,442 KB
english.muc.7class.distsim.prop	2020/11/17 19:06	PROP 文件	2 KB
example.serialized.ncc.ncc.ser.gz	2020/11/17 19:06	WinRAR 压缩文件	68,669 KB
example.serialized.ncc.prop	2020/11/17 19:06	PROP 文件	1 KB

图 14-6 classifer 文件夹文件

```
import re
from nltk.tag import StanfordNERTagger
import os
import pandas as pd
import nltk
def parse_document(document):
    document =re.sub('\n', ' ', document)
    if isinstance(document, str):
        document =document
    else:
        raise ValueError('Document is not string! ')
    document =document.strip()
    sentences =nltk.sent_tokenize(document)
    sentences =[sentence.strip() for sentence in sentences]
    return sentences

#文本
text ="""
FIFA was founded in 1904 to oversee international competition among the national
associations of Belgium, Denmark, France, Germany, the Netherlands, Spain,
Sweden, and Switzerland. Headquartered in Zürich, its membership now comprises 211
national associations. Member countries must each also be members of one of the six
regional confederations into which the world is divided: Africa, Asia, Europe,
North & Central America and the Caribbean, Oceania, and South America."""
sentences =parse_document(text)
tokenized_sentences =[nltk.word_tokenize(sentence) for sentence in sentences]
#配置 Java 环境
java_path =r'C:\Program Files\Java\jdk1.8.0_151\bin\java.exe'
os.environ['JAVAHOME'] =java_path

#加载 stanford 命名实体识别
Sn== StanfordNERTagger ('D://stanford-ner-4.2.0/stanford-ner-2020-11-17/
classifiers/english.muc.7class.distsim.crf.ser.gz',path_to_jar='D://stanford
-ner-4.2.0/stanford-ner-2020-11-17/stanford-ner.jar')

#句子标签化
ne_annotated_sentences =[sn.tag(sent) for sent in tokenized_sentences]
#命名实体
named_entities =[]
for sentence in ne_annotated_sentences:
    temp_entity_name =''
    temp_named_entity =None
    for term, tag in sentence:
        #get terms with NE tags
        if tag ! ='O':
```

```
            temp_entity_name =' '.join([temp_entity_name, term]).strip()
                                                                    #get NE name
            temp_named_entity =(temp_entity_name, tag) #get NE and its category
        else:
            if temp_named_entity:
                named_entities.append(temp_named_entity)
                temp_entity_name =''
                temp_named_entity =None

#得到唯一的命名实体
named_entities =list(set(named_entities))
#保存命名实体
entity_frame =pd.DataFrame(named_entities, columns=['Entity Name', 'Entity Type
'])
#输出结果
print(entity_frame)
```

程序运行结果如下。

```
DeprecationWarning:
The StanfordTokenizer will be deprecated in version 3.2.5.
Please use nltk. tag. corenlp. CoreNLPPOSTagger or nltk. tag. corenlp.
CoreNLPNERTagger instead.
  super(StanfordNERTagger, self).__init__(*args, **kwargs)
                  Entity Name    Entity Type
0                       Spain       LOCATION
1   North & Central America   ORGANIZATION
2                      Europe       LOCATION
3                     Denmark       LOCATION
4                        1904           DATE
5                        FIFA   ORGANIZATION
6                      Zürich       LOCATION
7                        Asia       LOCATION
8                     Oceania       LOCATION
9               South America       LOCATION
10            the Netherlands       LOCATION
11                     France       LOCATION
12                     Africa       LOCATION
13                  Caribbean       LOCATION
14                    Belgium       LOCATION
15                Switzerland       LOCATION
16                     Sweden       LOCATION
17                    Germany       LOCATION
```

相对 NLTK 而言，Stanford NLP 的命名实体识别实现效果较好，将 Africa 识别为 LOCATION，将 1904 识别为时间。但对 North & Central America 识别有误，将其识别为 ORGANIZATION。

14.5　马尔可夫模型

14.5.1　认识马尔可夫

安德烈·马尔可夫，圣彼得堡科学院院士、彼得堡数学学派的代表人物，以数论和概率论方面的工作著称，主要著作有《概率演算》等。马尔可夫过程(Markov Process)是指一个系统的状态转换过程中第 n 次转换获得的状态常取决于前一次(第 $n-1$ 次)实验的结果。系统的一个状态转至另一个状态的过程中存在着转移概率，这种转移概率可以依据其紧接的前一种状态推算出来，与该系统的原始状态和此次转移前的马尔可夫过程无关。马尔可夫过程是一种无后效性的随机过程，是指未来只与现在有关，与过去无关。

14.5.2　隐马尔可夫模型

隐马尔可夫模型(Hidden Markov Model，HMM)是关于时序的概率模型，描述由一个不可观测的状态随机序列产生观测随机序列的过程。两个序列分别是观测序列和状态序列。其中，观测序列外界可见，而状态序列外界不可见。例如，观测序列为单词，状态序列为词性，根据单词序列猜测它们的词性，词性就是“隐”的待求的因变量，单词就是观测的“显”状态。

隐马尔可夫模型具有以下两个基本假设。

(1) 齐次马尔可夫性假设：隐藏的马尔可夫链在任意时刻 t 的状态只依赖于其前一时刻的状态，与其他时刻的状态及观测无关，也与时刻 t 无关。即每个隐藏元素中的元素，只依赖于它前面一个元素。

(2) 观测独立性假设：任意时刻的观测只依赖于该时刻的马尔可夫链的状态，与其他观测即状态无关。即每一个隐藏元素能够直接确定一个观测元素。

隐马尔可夫模型两个基本假设如图 14-7 所示。

说明：X_1、X_2…、X_T 为隐状态；O_1、O_2、…、O_T 为显状态。

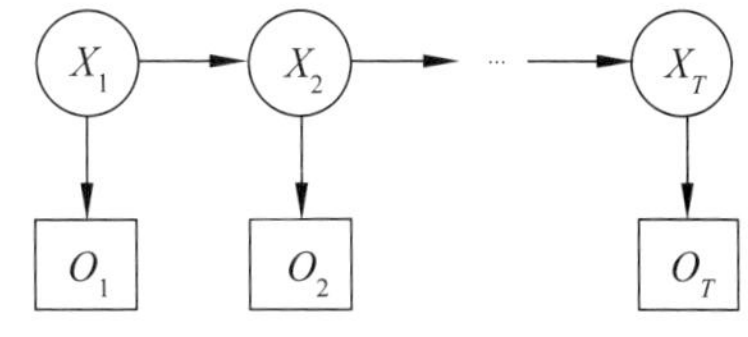

图 14-7　隐马尔可夫模型两个基本假设

从数学上理解，隐马尔可夫模型是指给定观测序列求解隐藏序列。一个观测序列可能对应无数个隐藏序列，目标隐藏序列就是概率最大的那一个隐藏序列，也就是说最有可能的那个序列。隐马尔可夫模型模拟时序序列发生过程的三个概率——初始状态概率、状态转移概率和发射概率(观测概率分布)，具体如下。

(1) 初始状态概率分布，即初始的隐含状态的概率分布，记为 π。

(2) 状态转移概率分布，即隐含状态间的转移概率分布，记为 A。

(3) 观测概率分布，即由隐含状态生成观测状态的概率分布，记为 B。

【例 14-13】 HMM 应用于天气与活动。

现知如下活动：①商场购物；②公园散步；③回家收拾房间。通过活动猜测对应的天气是晴天或下雨。采用隐马尔可夫模型进行分析，天气状况属于状态序列，而活动属于观测序列。

天气状况的转换是一个马尔可夫序列。不同天气产生不同活动的概率如下：雨天选择去散步、购物、收拾房间的概率分别是 0.1，0.4，0.5；晴天选择散步、购物、收拾房间的概率分别是 0.6，0.3，0.1。

天气的转换情况如下：今天下雨，下一天依然下雨的概率是 0.7，转换成晴天的概率是 0.3；今天晴天，下一天依然是晴天的概率是 0.6，转换成雨天的概率是 0.4。

初始概率，第一天下雨的概率是 0.6，晴天的概率是 0.4。

采用隐马尔可夫模型绘制“天气与活动”，如图 14-8 所示。

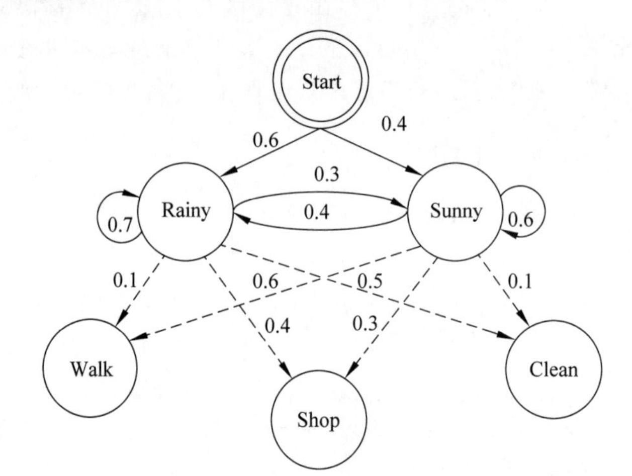

图 14-8 天气和活动的隐马尔可夫模型

第15章 情感分析

本章首先介绍了情感分析的基本概念，了解基于情感词典的文本匹配算法，然后介绍了Gensim库实现LDA算法，重点介绍了textblob和snownlp两个库。textblob用于英文文本的情感分析，snownlp用于中文文本的情感分析。最后，对小说人物和电影影评进行了情感分析。

情感分析

15.1 概述

15.1.1 认识情感分析

情感分析(Sentiment Analysis)又称为意见挖掘、倾向性分析等，对情感倾向性(喜、怒、哀、乐和批评、赞扬等)的文本进行分析、处理、归纳和推理，生成评论摘要、抽取情感标签等。自2000年年初以来，情感分析成为自然语言处理中最活跃的研究领域之一。

情感评论的文本往往具有以下特点。

(1) 文本短，很多评论就是一句话。

(2) 情感倾向明显，如“好”“可以”“漂亮”。

(3) 语言不规范，会出现网络用词、符号、数字等，如“666”“神器”。

(4) 重复性大，一句话中出现多次词语重复，如“很好，很好，很好”。

情感分析具有有监督和无监督两种研究方法。早期的有监督学习是指通过支持向量机、最大熵、朴素贝叶斯等实现，无监督学习是指基于词典、语义分析等方法实现。近年来，深度学习使得情感分析在分类回归任务中效果较好，特别是神经网络在情感分析中的应用成为研究的热点。

15.1.2 基于词典方法

基于情感词典的情感分析方法的主要思路如下：对文档分词，找出文档中的情感词、否定词以及程度副词，判断每个情感词之前是否有否定词及程度副词，与其划分为一组，将情感词的情感权值乘以－1或者乘以程度副词的程度值，将所有组得分累加，若总分大于0，则为积极情感；反之为消极情感。

基于词典方法的大致流程如下。

(1) 数据获取，包括数据爬虫、数据集等。

(2) 数据预处理,包括数据清洗、数据标准化等。

(3) 词表建构,包括中文分词、停止词处理、词性标注等。

(4) 情感分类,利用情感词典对文本进行字符串匹配,挖掘正面和负面情感信息,进行分类。

15.2 情感倾向分析

文本为“这手机的画面极好,操作也比较流畅。不过拍照真的太烂了!系统也不好。”下面对此文本进行情感倾向分析。

15.2.1 情感词

情感倾向分析中最简单最基础的方法就是识别文本中的情感词,积极情感词分值加1;消极情感词分值减1。文本中有“好”“流畅”两个积极情感词,“烂”一个消极情感词,其中“好”出现了两次,句子的情感分值就是1+1−1+1=2。

15.2.2 程度词

不同的程度词权值不同,如“极”“无比”“太”等程度词的权值乘4;“较”“还算”等程度词权值乘2,“只算”“仅仅”等程度词权值乘0.5。文本中的情感词“好”“流畅”和“烂”前面都有一个程度词,根据程度词的不同权值,文本的情感分值就是1×4+1×2−1×4+1=3。

15.2.3 感叹号

感叹号用于句尾,表示惊叹等强烈情感,确定叹号可以为情感值加2(正面)或减2(负面)。文中“太烂了”后面有感叹号,情感分值为4×1+1×2−1×4−2+1=−1。

15.2.4 否定词

否定词“不”“不能”“非”“否”等词语使得积极情感变成消极情感,或者使得消极情感变成积极情感。如果情感词的前面存在否定词,需要确定否定词出现的次数,单数则情感分值乘以−1,偶数则情感保留原来分值。文中的“好”前面只有一个“不”,所以“好”的情感值乘以−1。文本的情感分值为4×1+1×2−1×4−2+1×(−1)=−1。

15.3 textblob

TextBlob是用Python编写的开源文本处理库,执行自然语言处理任务。例如,词性标注、名词性成分提取、情感分析、文本翻译等。textblob官网如下:https://textblob.readthedocs.io/en/dev/,如图15-1所示。

使用命令pip install -U textblob安装textblob,如图15-2所示。

textblob语料库的配置命令为:python -m textblob.download_corpora,如图15-3所示。

TextBlob

Star 7,452

TextBlob is a Python (2 and 3) library for processing textual data. It provides a consistent API for diving into common natural language processing (NLP) tasks such as part-of-speech tagging, noun phrase extraction, sentiment analysis, and more.

TextBlob: Simplified Text Processing

Release v0.16.0. (Changelog)

TextBlob is a Python (2 and 3) library for processing textual data. It provides a simple API for diving into common natural language processing (NLP) tasks such as part-of-speech tagging, noun phrase extraction, sentiment analysis, classification, translation, and more.

Fork me on GitHub

```
from textblob import TextBlob

text = '''
The titular threat of The Blob has always struck me as the ultimate movie
monster: an insatiably hungry, amoeba-like mass able to penetrate
virtually any safeguard, capable of--as a doomed doctor chillingly
describes it--"assimilating flesh on contact.
Snide comparisons to gelatin be damned, it's a concept with the most
devastating of potential consequences, not unlike the grey goo scenario
proposed by technological theorists fearful of
artificial intelligence run rampant.
'''
```

图 15-1　textblob 官网

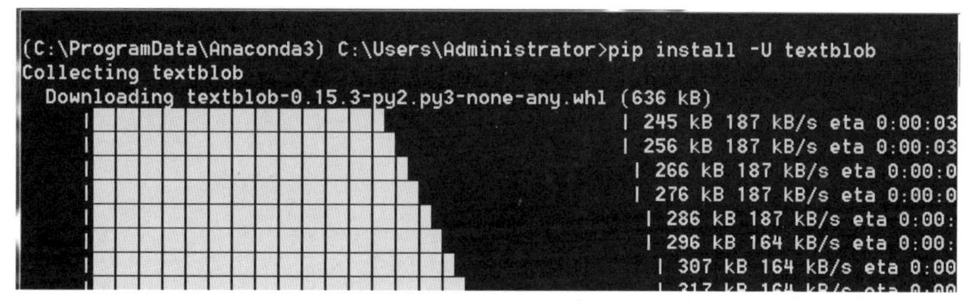

图 15-2　textblob 安装

```
(C:\ProgramData\Anaconda3) C:\Users\Administrator>python -m textblob.download_co
rpora
[nltk_data] Downloading package brown to D:\nltk_data...
[nltk_data]   Package brown is already up-to-date!
[nltk_data] Downloading package punkt to D:\nltk_data...
[nltk_data]   Package punkt is already up-to-date!
[nltk_data] Downloading package wordnet to D:\nltk_data...
[nltk_data]   Package wordnet is already up-to-date!
[nltk_data] Downloading package averaged_perceptron_tagger to
[nltk_data]     D:\nltk_data...
[nltk_data]   Package averaged_perceptron_tagger is already up-to-
[nltk_data]       date!
[nltk_data] Downloading package conll2000 to D:\nltk_data...
[nltk_data]   Package conll2000 is already up-to-date!
[nltk_data] Downloading package movie_reviews to D:\nltk_data...
[nltk_data]   Package movie_reviews is already up-to-date!
Finished.
```

图 15-3　textblob 安装语料库

引入 textblob，命令如下。

```
from textblob import TextBlob
```

15.3.1 分句分词

textblob 提供 sentences 和 words 方法进行分句和分词。

【例 15-1】 分句和分词举例。

```
from textblob import TextBlob
testimonial = TextBlob ("Now I will introduce myself briefly. My name is Yuanzhe
Zhou. I was born in xi'an city, Shaannxi province. I am now a computer teacher in Xi'
an University of Posts and Telecommunications。")
print(testimonial.sentences)
print(testimonial.words)
```

程序运行结果如下。

```
[Sentence("Now I will introduce myself briefly."),
Sentence("My name is Yuanzhe Zhou."),
Sentence("I was born in xi'an city, Shaannxi province."),
Sentence ( " I am now a computer teacher in Xi ' an University of Posts and
Telecommunications。")]
WordList(['Now', 'I', 'will', 'introduce', 'myself', 'briefly', 'My', 'name', 'is
', 'Yuanzhe', 'Zhou', 'I', 'was', 'born', 'in', "xi'an", 'city,', 'Shaannxi',
'province','I', 'am', 'now', 'a', 'computer', 'teacher', 'in', "Xi'an",
'University', 'of', 'Posts', 'and', 'Telecommunications。'])
```

15.3.2 词性标注

词性标注给每个词语标注词类标签(如形容词、动词、名词等)。textblob 提供 tags 方法进行词性标注。

【例 15-2】 词性标注。

```
text = "Python is a high-level, general-purpose programming language."
from textblob import TextBlob
blob = TextBlob(text)
blob.tags
```

程序运行结果如下。

```
[('Python', 'NNP'),
('is', 'VBZ'),
('a', 'DT'),
('high-level', 'JJ'),
('general-purpose', 'JJ'),
('programming', 'NN'),
('language', 'NN')]
```

15.3.3 情感分析

textblob 提供 sentiment 方法进行情感分析，返回元组 Sentiment(polarity，subjectivity)。其中，polarity 得分为[－1.0，1.0]，靠近－1.0 表示消极，靠近 1.0 表示积极。subjectivity 得分为[0.0，1.0]，靠近 0.0 表示客观，靠近 1.0 表示主观。

【例 15-3】 情感分析。

```
text ="I feel sad today"
from textblob import TextBlob
blob =TextBlob(text)
blob.sentences[0].sentiment
```

程序运行结果如下。

```
Sentiment(polarity=-0.5, subjectivity=1.0)
```

15.3.4 单复数

textblob 提供 singularize()方法将名词的复数变为单数，pluralize()方法将单数变为复数。

【例 15-4】 单复数转换。

```
sentence =TextBlob('Use 4 spaces per indentation level.')
sentence.words[2].singularize()
sentence.words[-1].pluralize()
```

程序运行结果如下。

```
'space'
'levels'
```

15.3.5 过去式

textblob 提供 lemmatize()方法实现单词进行词形还原、动词找原型等功能。

【例 15-5】 词形还原、动词找原型。

```
from textblob import Word
w =Word("octopi")
print(w.lemmatize())                                    #默认只处理名词
w =Word("went")
print(w.lemmatize("v"))                                 #对动词原型处理
```

程序运行结果如下。

```
octopus
go
```

15.3.6 拼写校正

textblob 提供 correct()方法进行拼写校正。

【例 15-6】 拼写校正。

```
from textblob import TextBlob
b =TextBlob("I havv goood speling!")
print(b.correct())
```

程序运行结果如下。

```
I have good spelling!
```

15.3.7 词频统计

textblob 提供 word_counts()方法进行单词词频的统计。

【例 15-7】 词频统计。

```
from textblob import TextBlob
text =TextBlob("I am a boy,I am a student")
count=text.word_counts['am']
count1=text.word_counts['boy']
print(count)
print(count1)
```

程序运行结果如下。

```
2
1
```

15.4 SnowNLP

SnowNLP 是处理中文情感分析的类库，其安装命令为 pip install snownlp，如图 15-4 所示。

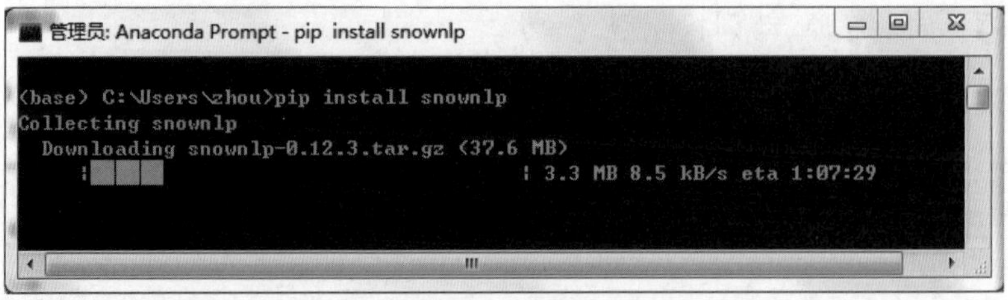

图 15-4 安装 SnowNLP

引入 SnowNLP，命令如下。

```
from snownlp import SnowNLP
```

SnowNLP 主要功能如表 15-1 所示。

表 15-1 SnowNLP 主要功能

方法名	功能	方法名	功能
words	分词	han	繁体转简体
sentences	断句	keywords	提取文本关键词
tags	词性标注	summary	提取摘要
sentiments	情感判断	sim	文本相似
pinyin	拼音		

15.4.1 分词

SnowNLP 提供 words 方法给出每句文本的分词序列。

【例 15-8】 分词。

```
from snownlp import SnowNLP
text ='我来到北京清华大学'
s =SnowNLP(text)
print(s.words)
```

程序运行结果如下。

```
['我', '来到', '北京', '清华大学']
```

15.4.2 词性标注

SnowNLP 提供 tags 方法给出每个词的词性。

【例 15-9】 词性标注。

```
from snownlp import SnowNLP
s =SnowNLP(u'这个东西真心很赞')          #引号前面的字母 u,表示文本是 Unicode 编码格式
tags =[x for x in s.tags]
print(tags)
```

程序运行结果如下。

```
[('这个', 'r'), ('东西', 'n'), ('真心', 'd'), ('很', 'd'), ('赞', 'Vg')]
```

15.4.3 断句

SnowNLP 提供 sentences 方法给出篇章的断句。

【例 15-10】 断句。

```
from snownlp import SnowNLP
text =u'''
自然语言处理是计算机科学领域与人工智能领域中的一个重要方向。
```

```
它研究能实现人与计算机之间用自然语言进行有效通信的各种理论和方法。
自然语言处理是一门融语言学、计算机科学、数学于一体的科学。
因此,这一领域的研究将涉及自然语言,即人们日常使用的语言,
所以它与语言学的研究有着密切的联系,但又有重要的区别。
自然语言处理并不是一般地研究自然语言,
而在于研制能有效地实现自然语言通信的计算机系统,
特别是其中的软件系统。因而它是计算机科学的一部分。
'''
s =SnowNLP(text)
print(s.sentences)
```

程序运行结果如下。

```
['自然语言处理是计算机科学领域与人工智能领域中的一个重要方向', '它研究能实现人与计算机之间用自然语言进行有效通信的各种理论和方法', '自然语言处理是一门融语言学、计算机科学、数学于一体的科学', '因此', '这一领域的研究将涉及自然语言', '即人们日常使用的语言', '所以它与语言学的研究有着密切的联系', '但又有重要的区别', '自然语言处理并不是一般地研究自然语言', '而在于研制能有效地实现自然语言通信的计算机系统', '特别是其中的软件系统', '因而它是计算机科学的一部分']
```

15.4.4 情绪判断

SnowNLP 提供 sentiments 方法给出每句话的情绪判断,其返回值为正面情绪的概率,越接近 1 表示正面情绪越强烈,越接近 0 表示负面情绪越强烈。

【例 15-11】 情绪判断。

```
from snownlp import SnowNLP
text1 ='这部电影真心棒,全程无尿点'
text2 ='这部电影简直烂到爆'
s1 =SnowNLP(text1)
s2 =SnowNLP(text2)
print(text1, s1.sentiments)
print(text2, s2.sentiments)
```

程序运行结果如下。

```
这部电影真心棒,全程无尿点 0.9842572323704297
这部电影简直烂到爆 0.0566960891729531
```

15.4.5 拼音

SnowNLP 提供 pinyin 方法给出每个汉字的拼音。

【例 15-12】 拼音。

```
from snownlp import SnowNLP
s =SnowNLP(u'这个东西真心很赞')
print(s.pinyin)
```

程序运行结果如下。

```
['zhe', 'ge', 'dong', 'xi', 'zhen', 'xin', 'hen', 'zan']
```

15.4.6 繁转简

SnowNLP 提供 han 方法用于繁体字转为简体字。

【例 15-13】 繁体字转为简体字。

```
from snownlp import SnowNLP
s =SnowNLP(u'「繁體字」「繁體中文」的叫法在臺灣亦很常見。')
print(s.han)
```

程序运行结果如下。

```
「繁体字」「繁体中文」的叫法在台湾亦很常见。
```

15.4.7 关键字抽取

SnowNLP 提供 keywords 方法抽取中文篇章的关键字。

【例 15-14】 关键字抽取。

```
from snownlp import SnowNLP
text =u'''
自然语言处理是计算机科学领域与人工智能领域中的一个重要方向。它研究能实现人与计算机之间用自然语言进行有效通信的各种理论和方法。自然语言处理是一门融语言学、计算机科学、数学于一体的科学。因此,这一领域的研究将涉及自然语言,即人们日常使用的语言,所以它与语言学的研究有着密切的联系,但又有重要的区别。自然语言处理并不是一般地研究自然语言,而在于研制能有效地实现自然语言通信的计算机系统,特别是其中的软件系统。因而它是计算机科学的一部分。'''
s =SnowNLP(text)
print(s.keywords(limit=10))
```

程序运行结果如下。

```
['语言', '自然', '计算机', '领域', '研究', '科学', '通信', '系统', '智能', '人工']
```

15.4.8 摘要抽取

SnowNLP 提供 summary 方法抽取篇章的摘要。

【例 15-15】 摘要抽取。

```
from snownlp import SnowNLP
text =u'''自然语言处理是计算机科学领域与人工智能领域中的一个重要方向。它研究能实现人与计算机之间用自然语言进行有效通信的各种理论和方法。自然语言处理是一门融语言学、计算机科学、数学于一体的科学。因此,这一领域的研究将涉及自然语言,即人们日常使用的语言,所以它与语言学的研究有着密切的联系,但又有重要的区别。自然语言处理并不是一般地研究自然语言,而在于研制能有效地实现自然语言通信的计算机系统,特别是其中的软件系统。因而它是计算机科学的一部分。'''
```

```
s =SnowNLP(text)
print(s.summary(limit=4))
```

程序运行结果如下。

```
['因而它是计算机科学的一部分', '自然语言处理是计算机科学领域与人工智能领域中的一个重要方向', '自然语言处理是一门融语言学、计算机科学、数学于一体的科学', '所以它与语言学的研究有着密切的联系']
```

15.4.9 词频和逆文档词频

SnowNLP 提供 tf 和 idf 方法统计词频和逆文档词频。

【例 15-16】 词频和逆文档词频统计。

```
from snownlp import SnowNLP
s =SnowNLP([
    ['性格', '善良'],
    ['温柔', '善良', '善良'],
    ['温柔', '善良'],
    ['好人'],
    ['性格', '善良'],
])
print(s.tf)
print(s.idf)
```

程序运行结果如下。

```
[{'性格': 1, '善良': 1}, {'温柔': 1, '善良': 2}, {'温柔': 1, '善良': 1}, {'好人': 1}, {'性格': 1, '善良': 1}]
{'性格': 0.33647223662121295, '善良': -1.0986122886681098, '温柔': 0.33647223662121295, '好人': 1.0986122886681098}
```

15.5 Gensim

15.5.1 认识 Gensim

Gensim 是一款开源的第三方 Python 工具包,用于抽取文档的语义主题。Gensim 支持包括 TF-IDF、word2vec、潜在语义分析(Latent Semantic Analysis,LSA)、潜在狄利克雷分布(Latent Dirichlet Allocation,LDA)等主题模型算法,支持流式训练,并提供了诸如相似度计算、信息检索等一些常用任务的 API 接口。

安装 Gensim 使用命令 pip install gensim,如图 15-5 所示。

Gensim 是一个通过衡量词组(如整句或文档)模式来挖掘文档语义结构的工具,具有如下三大核心概念: 文集(语料)、向量和模型。

(1) 语料(Corpus): 一组原始文本的集合。Gensim 会从文本中推断出结构、主题等,通常是一个可迭代的对象(如列表)。

(2) 向量(Vector): 由一组文本特征构成的列表,是一段文本在 Gensim 中的内部表

```
Installing collected packages: Cython, smart-open, gensim
  Attempting uninstall: Cython
    Found existing installation: Cython 0.27.3
    Uninstalling Cython-0.27.3:
      Successfully uninstalled Cython-0.27.3
Successfully installed Cython-0.29.14 gensim-3.8.3 smart-open-4.2.0
```

图 15-5　安装 Gensim

达。向量中的每一个元素是一个(key，value)的元组。

(3) 模型(Model)：定义了两个向量空间的变换。

1. 语料

```
from gensim import corpora
import jieba
documents =['工业互联网平台的核心技术是什么',
            '工业现场生产过程优化场景有哪些']
def word_cut(doc):
    seg =[jieba.lcut(w) for w in doc]
    return seg

texts=word_cut(documents)
##为语料库中出现的所有单词分配了一个唯一的整数 id
dictionary =corpora.Dictionary(texts)
print(dictionary.token2id)
```

程序运行结果如下。

```
{'互联网': 0, '什么': 1, '工业': 2, '平台': 3, '是': 4, '核心技术': 5, '的': 6, '优化':
7, '哪些': 8, '场景': 9, '有': 10, '现场': 11, '生产': 12, '过程': 13}
```

2. 向量

```
bow_corpus =[dictionary.doc2bow(text) for text in texts]
print(bow_corpus)
```

程序运行结果如下。

```
[[(0, 1), (1, 1), (2, 1), (3, 1), (4, 1), (5, 1), (6, 1)], [(2, 1), (7, 1), (8, 1), (9,
1), (10, 1), (11, 1), (12, 1), (13, 1)]]
##函数 doc2bow()只计算单词的出现次数,将单词转换为整数单词 id,并将结果作为稀疏向量返回,
##每个元组的第一项对应词典中符号的 ID,第二项对应该符号出现的次数
```

3. 模型

```
from gensim import models
#模型训练
tfidf =models.TfidfModel(bow_corpus)
print(tfidf)
```

程序运行结果如下。

```
TfidfModel(num_docs=2, num_nnz=15)
```

15.5.2 认识 LDA

LDA(Latent Dirichlet Allocation,潜在狄利克雷分布)是概率生成模型的一个典型代表,也将其称为 LDA 主题模型,在文本主题识别、文本分类以及文本相似度计算方面广泛应用。生成模型是指一篇文章的每个词可通过“以一定概率选择某个主题,并从这个主题中以一定概率选择某个词语”的过程。“主题”就是一个文本所蕴含的中心思想,一个文本可以有一个或多个主题。主题是关键词集合,同一个词在不同的主题背景下,出现的概率不同,如出现“林丹”名字的文章,很大概率属于体育主题,但也有小概率属于娱乐主题。

LDA 把文章看作词汇的组合,不同词汇的概率分布反映不同的主题。假设《体育快讯》和《经济周报》两篇文章共有三个主题“体育”“娱乐”“ 经济”。《体育快讯》的词汇分布概率会是{体育：0.7,经济：0.2,娱乐：0.1},而《经济周报》的词汇分布概率会是{体育：0.2,经济：0.7,娱乐：0.1}。

15.5.3 Gensim 实现 LDA

【例 15-17】 Gensim 实现 LDA。

```
from gensim import corpora, models
import jieba.posseg as jp, jieba
#文本集
texts =[
    '美国女排没输给中国女排,是输给了郎平',
    '为什么越来越多的人买 MPV,而放弃 SUV?跑一趟长途就知道了',
    '美国排球无缘世锦赛决赛,听听主教练的评价',
    '中国女排晋级世锦赛决赛,全面解析主教练郎平的执教艺术',
    '跑了长途才知道,SUV 和轿车之间的差距',
    '家用的轿车买什么好']
print("文本内容:")
print(texts)

flags =('n', 'nr', 'ns', 'nt', 'eng', 'v', 'd')      #词性
stopwords =('没', '就', '知道', '是', '才', '听听', '坦言', '全面', '越来越', '评价',
'放弃', '人')
words_ls =[]
for text in texts:
    words =[word.word for word in jp.cut(text) if word.flag in flags and word.word
not in stopwords]
    words_ls.append(words)

#分词过程,然后每句话/每段话构成一个单词的列表
print("分词结果:")
print(words_ls)
#去重,存到字典
```

```
dictionary =corpora.Dictionary(words_ls)
#print(dictionary)
corpus =[dictionary.doc2bow(words) for words in words_ls]

#按照(词 ID: 词频)构成 corpus
print("语料为词 ID: 词频")
print(corpus)

#设置了 num_topics =2 两个主题,第一个是汽车相关主题,第二个是体育相关主题
print("两个主题: 汽车和体育")
lda =models.ldamodel.LdaModel(corpus=corpus, id2word=dictionary, num_topics=2)
#for topic in lda.print_topics(num_words=4):
#print(topic)

print(lda.inference(corpus))
text5 ='中国女排向三连冠发起冲击'
bow = dictionary.doc2bow([word.word for word in jp.cut(text5) if word.flag in
flags and word.word not in stopwords])
ndarray =lda.inference([bow])[0]
print(text5)
for e, value in enumerate(ndarray[0]):
    print('\t 主题%d 推断值%.2f' %(e, value))
```

程序运行结果如下。

文本内容：

```
['美国女排没输给中国女排,是输给了郎平', '为什么越来越多的人买 MPV,而放弃 SUV?跑一趟长途就知道了', '美国排球无缘世锦赛决赛,听听主教练的评价', '中国女排晋级世锦赛决赛,全面解析主教练郎平的执教艺术', '跑了长途才知道,SUV 和轿车之间的差距', '家用的轿车买什么好']
```

分词结果：

```
[['美国', '女排', '输给', '中国女排', '输给', '郎平'], ['买', 'MPV', 'SUV', '跑', '长途'], ['美国', '排球', '无缘', '世锦赛', '决赛', '主教练'], ['中国女排', '晋级', '世锦赛', '决赛', '主教练', '郎平', '执教', '艺术'], ['跑', '长途', 'SUV', '轿车', '差距'], ['家用', '轿车', '买']]
语料为词 ID: 词频
[[(0, 1), (1, 1), (2, 1), (3, 2), (4, 1)], [(5, 1), (6, 1), (7, 1), (8, 1), (9, 1)], [(2, 1), (10, 1), (11, 1), (12, 1), (13, 1), (14, 1)], [(0, 1), (4, 1), (10, 1), (11, 1), (12, 1), (15, 1), (16, 1), (17, 1)], [(6, 1), (8, 1), (9, 1), (18, 1), (19, 1)], [(7, 1), (19, 1), (20, 1)]]
两个主题: 汽车和体育
(array([[6.4499283 , 0.55005926],
       [0.55364376, 5.446342 ],
       [0.67411083, 6.325868 ],
       [7.8076534 , 1.1923145 ],
```

```
        [0.5491263 , 5.45086 ],
        [0.5770352 , 3.4229548 ]], dtype=float32), None)
中国女排向三连冠发起冲击
        主题 0 推断值 1.45
        主题 1 推断值 0.55
```

15.6 小说人物情感分析

15.6.1 流程

【例 15-18】 莫泊桑的著名小说《我的叔叔于勒》有非常明显的情绪变化，主人公一家起先对叔叔于勒持有积极态度，但后来转变为厌恶。利用 SnowNLP 对小说进行逐段分析，观察情感值是否会像预期一样，先高后低。

程序具体步骤如下。

步骤 1. 使用 SnowNLP 对小说逐段进行情感分析评分。

步骤 2. 使用 Matplotlib 将情感分析评分以散点图的形式进行数据可视化。

15.6.2 代码

```
from snownlp import SnowNLP
source =open("d:\\data.txt","r", encoding='utf-8')
                                             #《我的叔叔于勒》保存在 data.txt 中
line =source.readlines()


#对文中的每一段进行情感倾向分析
senti =[]
for i in line:
    s =SnowNLP(i)
    #print(s.sentiments)                      #输出每段文字的情绪
    senti.append(s.sentiments)


#取横坐标为段落编号,纵坐标为分值,画成散点图
import matplotlib.pyplot as plt
import numpy as np
x =np.array(range(len(senti)))
y =np.array(senti)
plt.scatter(x,y)
plt.show()
```

程序运行结果如图 15-6 所示，横坐标为段落编号，纵坐标为分值。随着小说情节的展开，最初的大部分数据靠近 1，说明主人公对于叔叔于勒持有积极态度，其后数据远离 1，说明态度转为厌恶。

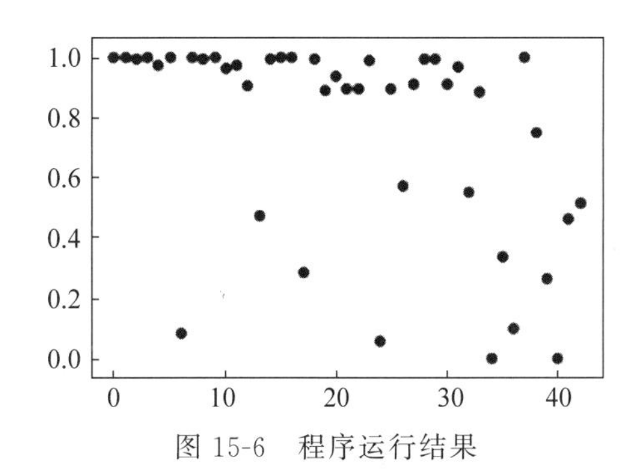

图 15-6 程序运行结果

15.7 电影影评情感分析

15.7.1 流程

【例 15-19】 采用 SnowNLP 对《天气之子》影评进行情感分析，具体步骤如下。

步骤 1. 采用 requests 对豆瓣的天气之子的评论进行爬取。

步骤 2. 采用 jieba 进行分词，消除停止词 stopwords 的影响。

步骤 3. 使用 SnowNLP 对电影评论进行逐个情感分析评分。

步骤 4. 使用 Matplotlib 将情感分析评分以直方图的形式进行数据可视化。

15.7.2 代码

```
import codecs
import jieba.posseg as pseg

import matplotlib.pyplot as plt
import numpy as np
from snownlp import SnowNLP
import requests                                             #爬虫库
from lxml import etree

#构建停止词表
stop_words ='d:\\stopwords.txt'
stopwords =codecs.open(stop_words,'r',encoding='utf8').readlines()
stopwords =[ w.strip() for w in stopwords ]
#jieba 分词后的停止词性 [标点符号、连词、助词、副词、介词、时语素、'的'、数词、方位词、代词]
stop_flag =['x', 'c', 'u','d', 'p', 't', 'uj', 'm', 'f', 'r', 'ul']

class File_Review:
    #进行中文分词、去停止词
    def cut_words(self, filename):
        result =[]
        with open(filename, 'r', encoding='UTF-8') as f:
```

```
            text =f.read()
            words =pseg.cut(text)
        for word, flag in words:
            if word not in stopwords and len(word) >1:
                result.append(word)
        return result                                    #返回数组
#return ' '.join(result)                                  #返回字符串

    #统计词频
    def all_list(self, arr):
        result ={}
        for i in set(arr):
            result[i] =arr.count(i)
        return result

    #情感分析
    def sentiments_analyze(self):
        f =open('d:\\comments.txt', 'r', encoding='UTF-8')
        connects =f.readlines()
        sentimentslist =[]

        sum =0
        for i in connects:
            s =SnowNLP(i)
            #print s.sentiments
            sentimentslist.append(s.sentiments)
            if s.sentiments >0.5:
                sum+=1
        print("好评数据为%d"%sum)
        print("评价总数为%d"%len(sentimentslist))

        plt.hist(sentimentslist, bins=np.arange(0, 1, 0.01), facecolor='g')
        plt.xlabel('Sentiments Probability')
        plt.ylabel('Quantity')
        plt.title('Analysis of Sentiments')
        plt.show()
if __name__=='__main__':
    for i in range(0,10):
        #爬取豆瓣电影《天气之子》短评的网址

        url='https://movie.douban.com/subject/30402296/comments?start={}&limit
=20&sort=new_score&status=P'.format(i*20)
        headers = {'User-Agent': 'Mozilla/5.0 (Windows NT 6.3; Win64; x64)
AppleWebKit/537.36 (KHTML, like Gecko) Chrome/77.0.3865.120 Safari/537.
36 chrome-extension'}
```

```
        r =requests.get(url,headers=headers)
        html=etree.HTML(r.text)
        #对评论进行提取
        pinglun=html.xpath('//*[@id="comments"]/div/div[2]/p/span/text()')
        #保存评论数据到 d://comments.txt 文档
        for i in pinglun:
            with open('d://comments.txt','a',encoding='utf-8') as fp:
                fp.write(i+'\n')
#File_Review类实例化
file_review =File_Review()
#对电影评论数据进行分词
result =file_review.cut_words('d:\\comments.txt')
#统计词频
word_count =file_review.all_list(result)
#筛选出词频大于 2 的数据
word_count={k:v for k,v in word_count.items() if v>=2}
#情感分析
file_review.sentiments_analyze()
```

程序运行结果如下。

```
好评数据为 745
评价总数为 889
```

程序运行结果如图 15-7 所示，大部分数据靠近 1，说明评论偏向于积极情感。

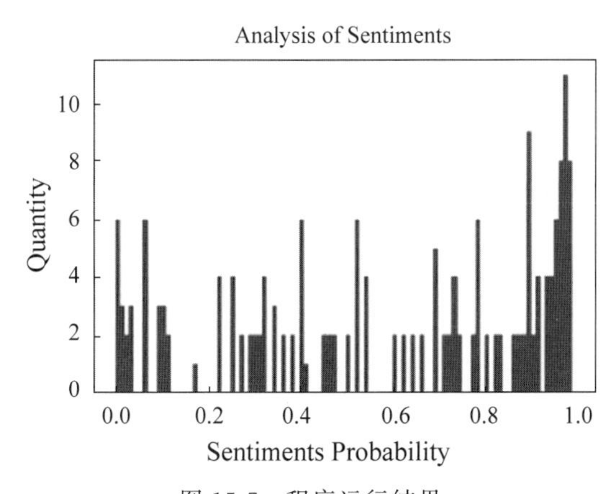

图 15-7 程序运行结果

附录 A

教学大纲

课程名称：Python 与自然语言处理

适用专业：计算机科学与技术，软件工程，人工智能，大数据等

先修课程：概率论与数理统计，Python 程序设计语言

总学时：56 学时　　　　　　**授课学时**：30 学时

实验(上机)学时：26 学时

一、课程简介

自然语言处理是人工智能研究的重要方向之一。通过学习和研究人类学习语言的基本规律，掌握多种让“机器”能够自动进行模式识别的原理和方法。这是一门综合性、交叉性的学科，涉及计算机、概率论、语言学、视觉科学等众多学科，已经成为 21 世纪最具有活力、发展最迅猛的学科之一。

本课程包括自然语言处理概述、Python 语言简述、Python 数据类型、Python 流程控制、Python 函数、Python 数据分析、Sklearn 和 NLTK、语料清洗、特征工程、中文分词、文本分类、文本聚类、指标评价、信息提取和情感分析等内容。

二、课程内容及要求

第 1 章　自然语言处理概述(2 学时)

主要内容：

1. 人工智能发展历程
2. 自然语言处理
3. 机器学习算法
4. 自然语言处理相关库
5. 语料库

基本要求：了解人工智能发展历程、自然语言处理相关内容；机器学习算法相关概念；了解基于 Python 与自然语言处理的关系；了解语料库的相关概念。

重点：自然语言处理相关内容，机器学习算法。

难点：基于 Python 的相关库。

第 2 章 Python 语言简述(2 学时)

主要内容:

1. Python 简介
2. Python 解释器
3. Python 编辑器
4. 代码书写规则

基本要求:了解 Python 简介,熟悉 Python 解释器,掌握 Python 编辑器,了解代码书写规则。

重点:掌握 Python 编辑器,了解代码书写规则

难点:掌握 Python 编辑器

第 3 章 Python 数据类型(4 学时)

主要内容:

1. 常量、变量和表达式
2. 基本数据类型
3. 运算符与表达式
4. 列表
5. 元组
6. 字符串
7. 字典
8. 集合

基本要求:理解数据类型的概念、作用以及 Python 语言的基本数据类型;掌握常量、变量基本概念;掌握 Python 语言各类运算符的含义、运算符的优先级和结合性、表达式的构成以及表达式的求解过程。掌握序列基础知识;熟练掌握列表的定义、常用操作和常用函数;熟练掌握元组的定义和常用操作;熟练掌握字典的定义和常用操作;掌握字符串格式化、字符串截取的方法;理解与字符串相关的重要内置方法。熟练掌握字典的定义和常用操作;熟练掌握集合的定义和常用操作。

重点:数据类型的作用、变量的定义,各类运算符以及构成的表达式的求解;序列、列表、元组的定义和常用操作;字典、集合的定义和常用操作。

难点:运算符的优先级和结合性;列表常用函数的应用,字符串的应用;字典及集合的应用。

第 4 章 Python 流程控制(4 学时)

主要内容:

1. 数据输入与输出
2. 顺序结构
3. 单分支选择结构
4. 双分支选择结构
5. 多分支选择结构

6. while 循环结构
7. for 语句结构
8. 循环的嵌套

基本要求：掌握程序的三种基本结构；掌握顺序结构程序设计；熟练掌握 Python 语言中输入输出格式的规则和用法。熟练掌握 if 语句的三种形式和用法以及 if 语句的嵌套使用；掌握分支结构的应用。熟练掌握循环结构 while、for 语句的规则和用法；熟悉 continue、break、pass 语句的用法；掌握循环结构的嵌套规则。

重点：数据的输入输出；if 语句的三种形式和使用方法；while、for 语句的规则和用法；循环结构的应用。

难点：格式化输出的规则和用法。分支结构的应用。循环的嵌套。

第 5 章　Python 函数(4 学时)

主要内容：

1. 函数声明与调用
2. 函数传参
3. lambda 函数
4. 递归函数

基本要求：理解函数的作用；熟练掌握函数定义和函数调用的规则和用法；掌握函数参数传递的规则和用法；lambda 函数；理解函数的嵌套和递归调用。

重点：函数的作用、定义和调用；参数分类。

难点：函数的参数传递、递归调用。

第 6 章　Python 数据科学(4 学时)

1. 科学计算
2. NumPy
3. SciPy
4. Matplotlib
5. Pandas
6. Seaborn

基本要求：了解科学计算的基本概念；掌握 NumPy、SciPy、Matplotlib、Pandas、Seaborn 的函数使用方法。

重点：NumPy、SciPy、Matplotlib 和 Pandas。

难点：NumPy、Matplotlib 和 Pandas。

第 7 章　Sklearn 和 NLTK(4 学时)

主要内容：

1. Sklearn
2. 基于 Sklearn 机器学习
3. NLTK

4. NlTK 语料库

5. NlTK 文本分类

基本要求：了解 Sklearn 的基本功能，数据集，了解基于 Sklearn 的机器学习流程。了解 NLTK 的基本功能、NLTK 语料库以及 NL 文本分类。

重点：Sklearn 与 NLTK。

难点：Sklearn 与 NLTK。

第 8 章　语料清洗(4 学时)

主要内容：

1. 数据清洗方法

1.1 缺失值清洗

1.2 异常值清洗

1.3 重复值清洗

2. 数据转换

3. Missingno

4. 词云

基本要求：了解数据清洗，掌握缺失值、异常值和重复值的处理方法；掌握 Missingno 和词云使用方法。

重点：数据转换、数据清洗。

难点：缺失值、异常值和重复值清洗方法。

第 9 章　特征工程(4 学时)

主要内容：

1. 特征预处理

1.1 规范化

1.2 标准化

1.3 鲁棒化

1.4 正则化

2. 独热编码

3. CountVectorizer

4. TF-IDF

基本要求：了解特征预处理，掌握规范化和标准化的处理方法。掌握独热编码、CountVectorizer 和 TF-IDF 基本原理和使用方法。

重点：特征工程预处理，独热编码。

难点：独热编码，CountVectorizer，TF-IDF。

第 10 章　中文分词(4 学时)

主要内容：

1. 常见中文分词方法

1.1 基于规则和词表方法

1.2 基于统计方法

2. jieba 分词库

3. HanLP 分词库

基本要求：了解常见中文分词方法，掌握 jieba 分词库和 HanLP 分词库。

重点：jieba 分词库和 HanLP 分词库。

难点：jieba 分词库和 HanLP 分词库。

第 11 章　文本分类(4 学时)

主要内容：

1. 历史回顾

2. 贝叶斯定理

3. 朴素贝叶斯分类

3.1 GaussianNB 类

3.2 MultinomialNB 类

3.3 BernoulliNB 类

4. 支持向量机

4.1 线性核函数

4.2 多项式核函数

4.3 高斯核函数

5. 贝叶斯进行垃圾邮件分类

基本要求：了解文本分类的历史回顾、文本分类的相关方法；掌握贝叶斯定理、朴素贝叶斯分类；了解支持向量机原理，掌握线性核函数、多项式核函数和高斯核函数。

重点：贝叶斯定理、朴素贝叶斯分类。

难点：朴素贝叶斯分类、支持向量机分类。

第 12 章　文本聚类(4 学时)

主要内容：

1. 文本聚类步骤

2. 主成分分析

3. K-Means 算法步骤

4. K-Means 评估指标

4.1 调整兰德系数

4.2 轮廓系数

5. 掌握 K-Means 进行英文文本和中文文本聚类。

基本要求：了解文本聚类步骤，掌握主成分分析、K-Means 算法步骤、调整兰德系数和轮廓系数、K-Means 进行英文文本和中文文本聚类。

重点：聚类算法，主成分分析，K-Means 算法步骤。

难点：主成分分析，K-Means 算法流程，K-Means 进行英文文本和中文文本聚类。

第13章 评价指标(4学时)

主要内容:

1. 混淆矩阵
2. 准确率
3. 精确率
4. 召回率
5. F1 Score
6. ROC曲线
7. AUC面积
8. 分类评估报告
9. 中文分词准确率和召回率
10. 未登录词和登录词召回率

基本要求: 掌握混淆矩阵、准确率、精确率与召回率、F1 Score、ROC曲线、AUC面积和分类评估报告、中文分词的指标、未登录词和登录词召回率。

重点: 混淆矩阵和分类评估报告。

难点: 混淆矩阵,精确率与召回率,ROC曲线,AUC面积,中文分词的指标,未登录词和登录词召回率。

第14章 信息提取(4学时)

主要内容:

1. 相关概念

1.1 信息

1.2 信息熵

1.3 互信息

2. 正则表达式

2.1 基本语法

2.2 re模块

3. 命名实体

4. 马尔可夫模型

基本要求: 了解信息提取的相关概念,如信息、信息熵、互信息等。掌握正则表达式的基本语法和re模块。了解命名实体和马尔可夫模型的特点和使用方式。

重点: 正则表达式的基本语法和re模块,马尔可夫模型。

难点: 正则表达式的基本语法和re模块。

第15章 情感分析(4学时)

主要内容:

1. 情感分析概述
2. 基于情感词典方法
3. textblob

3.1 分句和分词

3.2 词性标注

3.3 情感分析

4. SnowNLP

4.1 分词

4.2 词性标注

4.3 断句

4.4 情绪判断

5. 小说人物情感分析

6. 电影影评情感分析

基本要求：了解情感分析概念，了解基于情感词典的文本匹配算法，掌握 textblob 和 SnowNLP，掌握小说人物和电影影评情感分析。

重点：掌握 textblob 和 SnowNLP。

难点：掌握 textblob 和 SnowNLP，掌握小说人物和电影影评情感分析。

三、教学安排及学时分配

教学安排及学时分配如表 A-1 所示。

表 A-1 教学安排及学时分配

教学环节及学时 / 主要内容	学时分配			
	讲课	习题课	实验	小计
自然语言处理概述	2			2
Python 语言简介	2			2
Python 数据类型	2		2	4
Python 流程控制	2		2	4
Python 函数	2		2	4
Python 数据科学	2		2	4
Sklearn 和 NLTK	2		2	4
语料清洗	2		2	4
特征工程	2		2	4
中文分词	2		2	4
文本分类	2		2	4
文本聚类	2		2	4
评价指标	2		2	4

续表

主要内容 \ 教学环节及学时	学时分配			
	讲课	习题课	实验	小计
信息提取	2		2	4
情感分析	2		2	4
	30		26	56

四、考核方式

课堂考勤、作业：10%。主要考核对每堂课点名情况，缺课、迟到、早退情况，平时练习情况。

实验成绩：30%。考核学生是否能应用课堂所学知识解决具体应用问题。

考试成绩：60%。主要考核学生运用所学知识解决简单应用问题和复杂应用问题的能力。考试形式为闭卷笔试。

五、建议教材及参考文献

建议教材：

周元哲. Python与自然语言处理[M]. 北京：清华大学出版社，2021.

参考文献：

[1] 周元哲. Python机器学习导论——基于Sklearn[M]. 北京：清华大学出版社，2021.
[2] 段小手. 深入浅出Python机器学习[M]. 北京：清华大学出版社，2016.
[3] 周元哲. Python数据分析与机器学习[M]. 北京：机械工业出版社，2022.

参考文献

[1] 周元哲. Python 程序设计基础[M]. 北京：清华大学出版社，2015.
[2] 周元哲. Python 程序设计习题解析[M]. 北京：清华大学出版社，2017.
[3] 周元哲. Python3.X 程序设计基础[M]. 北京：清华大学出版社，2019.
[4] 周元哲. Python 测试技术[M]. 北京：清华大学出版社，2019.
[5] 周元哲.数据结构与算法(Python 版)[M]. 北京：机械工业出版社，2020.
[6] 周元哲. Python 机器学习导论：基于 Sklearn[M]. 北京：清华大学出版社，2021.
[7] Peter H. 机器学习实战[M]. 李锐，李鹏，曲亚东，等译. 北京：人民邮电出版社，2013.
[8] 张良均，王路，谭立云，等. Python 数据分析与挖掘实战[M]. 北京：机械工业出版社，2015.
[9] 周志华. 机器学习[M]. 北京：清华大学出版社，2016.
[10] 李航. 统计学习方法[M]. 北京：清华大学出版社，2012.
[11] 何晗. 自然语言处理入门[M]. 北京：人民邮电出版社，2019.
[12] Wes M. 利用 Python 进行数据分析[M]. 徐敬一，译. 北京：机械工业出版社，2018.
[13] 于祥雨，李旭静，邵新平. 人工智能算法与实战(Python＋PyTorch)[M]. 北京：清华大学出版社，2020.
[14] 段小手. 深入浅出 Python 机器学习[M]. 北京：清华大学出版社，2016.
[15] 吕云翔，马连韬. 机器学习基础[M]. 北京：清华大学出版社，2018.
[16] 肖云鹏，卢星宇. 机器学习经典算法实践[M]. 北京：清华大学出版社，2018.
[17] 唐聃等. 自然语言处理理论与实战[M]. 北京：电子工业出版社，2018.
[18] 白宁超，唐聃，文俊.Python 数据预处理技术与实践[M]. 北京：清华大学出版社，2019.
[19] 魏伟一，李晓红.Python 数据分析与可视化[M]. 北京：清华大学出版社，2020.
[20] 刘顺祥.从零开始学 Python 数据分析与挖掘[M]. 北京：清华大学出版社，2021.
[21] 曹洁，崔霄，等.Python 数据分析[M]. 北京：清华大学出版社，2020.
[22] 机器学习和自然语言处理[EB/OL][2021-01-10]. https://www.cnblogs.com/baiboy/.
[23] NLTK 最详细功能介绍[EB/OL][2021-01-10]. https://www.cnblogs.com/chen8023miss/p/11458571.html.
[24] Sklearn 简介[EB/OL][2021-01-10]. http://www.scikitlearn.com.cn/.
[25] 中文自然语言处理入门实战[EB/OL][2021-01-10]. https://blog.csdn.net/valada/article/details/80892583.
[26] 自然语言处理(NLP)入门与实践[EB/OL][2021-01-10]. https://www.imooc.com/learn/1069.
[27] AI 工程师(自然语言处理)[EB/OL][2021-01-10]. https://www.mooc.cn/course/14124.html.

图书资源支持

感谢您一直以来对清华版图书的支持和爱护。为了配合本书的使用，本书提供配套的资源，有需求的读者请扫描下方的“书圈”微信公众号二维码，在图书专区下载，也可以拨打电话或发送电子邮件咨询。

如果您在使用本书的过程中遇到了什么问题，或者有相关图书出版计划，也请您发邮件告诉我们，以便我们更好地为您服务。

我们的联系方式：

地　　址：北京市海淀区双清路学研大厦 A 座 714

邮　　编：100084

电　　话：010-83470236　010-83470237

客服邮箱：2301891038@qq.com

QQ：2301891038（请写明您的单位和姓名）

资源下载：关注公众号“书圈”下载配套资源。

资源下载、样书申请

书圈

获取最新书目

观看课程直播